기관총 입문

이영욱 저

도서출판
진영사

기관총 입문

이영욱 저

2024년 05월 30일 초판 인쇄
2024년 06월 03일 초판 발행

발행인: 박진영
발행처: 도서출판 진영사
인천광역시 부평구 주부토로 236 인천테크노밸리 U1 지식산업센터 B동 1507호
전화 : 032)505-4207
팩스 : 032)505-4206
E-mail : 0183734207@hanmail.net
신고번호 : 제2007-000001호(2007.01.19.)

ISBN: 978-89-6541-663-0 93390
값: 18,000원

머리말

세계의 국방기술의 성장은 괄목할만한 수준으로 나날이 발전되고 있으며 각종 첨단무기는 앞다투어 선보이면서 하루가 다르게 새로운 변신을 통해 국방과학 기술분야의 대혁신의 시대로 나아가고 있다.

"평화를 원하면 전쟁을 준비하라" 는 맥아더 장군의 명언처럼 인류는 고대로부터 지금까지 전쟁과는 불과분의 관계를 가지고 살아오고 있다. 우리 민족의 역사를 돌이켜보면 상무정신(尙武情神)이 퇴색될 때 마다 무수한 외침을 받아 수난을 당해 온 것을 역사를 통해 알 수 있다. 이를 볼 때 상무정신이란 무력을 숭상한다는 말이 아니고 자국을 수호할 수 있는 힘을 유비무한(有備無患)의 정신으로 항시 키우고 있어야 한다는 말일 것이다. 아울러 국방력이라 할 때 많은 사람들은 무형의 전력과 더불어 첨단 무기체계에 대한 생각을 한다. 틀리지 않은 생각이지만, 우리는 최일선 전투상황을 생각해 볼 필요가 있다. 전투원은 개인화기를 가지고 전투에 임하며, 개인화기가 없을 시는 이미 전투력의 전부가 없다 해도 과언이 아니다. 또한 무형전투력의 끝이라 할 수 있는 필승의 신념과 자신감은 사라지게 될 것이다. 아울러 최일선 전투현장에서는 많은 지원화력이 집중되어 전략적, 전술적 목표에 대한 전투가 이루어지지만 최일선 전투제대 자체내에 보유하고 있는 지원공용화기는 전투원에게 있어 가장 중요한 화기가 될 것이다. 즉, 군에 있어 국방력의 근간이 되는 각 개인 및 전투 부대의 직접적인 전투력이라 할 수 있는 개인화기, 기관총의 성능보장은 그 만큼 중요하다 하겠다.

본 교재는 국방기술관련 전문서적으로 대학의 군사학, 국방기술학 분야의 교육에 도움을 주고자 군에서 보유중인 화기인 기관총의 기본원리를 중심으로 기초적인 영역과 작동, 정비절차 및 고장에 대처하는 능력 등 기본 지식을 함양하는데 중점을 두고 작성되어 졌다.

끝으로 이 책이 발간을 위해 도와주신 모든 분들께 감사드립니다.

2024년 4월

저자

목 차

제1편 개관

제2편 총기별 기능

부 록

제1편

개 관

제1장 기관총의 발전역사

제2장 총기 작동원리

제3장 탄자의 역할

제4장 총열의 가열과 임계온도

제5장 M60 기관총과 K3 기관총의 피탄지 비교

제6장 공용화기 발전추세

제1장 기관총 발전 역사

기관총은 1862년 미국 남북 전쟁시 10개의 총열을 묶은 GATLING 기관총이 등장하였고, 1884년에 Hiram Maxim이 개발한 Maxim 기관총은 대포 발사체를 장전하는 것과 같은 원리로 작동하는 자동화된 총기로서, 군사사용에 혁명을 일으켰습니다. 제1차 세계대전 이후, 기관총의 개발은 계속되었으며, 특히 더 나은 냉각 시스템, 더 높은 사격 속도, 더 효율적인 장전 시스템 등의 기술적 발전이 이루어졌습니다. 2차 세계대전에서는 독일의 MG-34 모델과 같은 가벼운 공냉식 모델이 등장하였다.

그림 1. Gatling, Maxi 기관총(왼쪽부터)

1930년대 미국은 장갑차량 등의 철판을 관통시킬 수 있는 구경 50의 브라우닝 중기관총을 개발 보급하였으며, 2차 세계대전이 끝날 무렵에는 독일의 다목적 기관총인 MG-42 기관총의 영향을 받아 새로운 기관총을 개발하기 시작하였고 1950년대 후반에 이를 완료하여 베트남전에 M60 기관총을 선보였다. 우리나라는 1960년대 후반에 M60 기관총을 도입하여 지금까지도 일부 보병 무기체계로서 활용하고 있으며 이어 국내기술로 개발한 K-3 기관총이 현대식 화기로 위력을 과시하여 소부대의 화력지원에 큰 역할을 담당하고 있다.

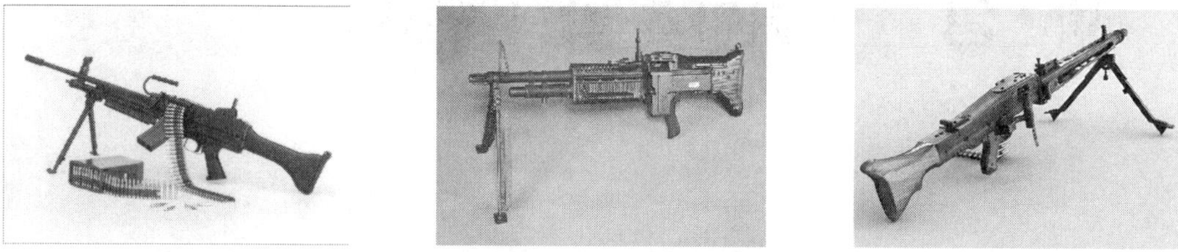

그림 2. MG-42, M60, K3기관총(왼쪽부터)

현재 우리 군에서 사용하고 있는 기관총은 크게 경(經), 중(中), 중(重)기관총으로 구분되며 해당화기는 아래 표에서 보는 바와 같다.

표 1. 기관총의 분류기준

구 분	분 류 방 법	화 기
경(經)	· 소총과 동일한 구경의탄약사용(7.62밀리 미만) · 양각대 이용	K-3
중(中)	· 소총보다 약간 큰 구경의 탄약사용 (7.62 ~ 12.7밀리 미만) · 삼각대 이용	M60 CAL30
중(重)	· 12.7밀리 이상의 탄약사용 · 삼각대(거치대)이용	CAL50 K-6

제2장 총기 작동원리

소총이나 기관총이나 기능순환의 단계를 걸쳐 기능이 작동된다. 기관총 또한 소총과 같이 기능순환 8단계를 통해 사격이 이루어지는데 여기서 연발사격은 소총에 비해 그 원리가 매우 간단하게 이루어진다.

소총의 경우 치자와 점사발자, 노리쇠 뭉치의 복합적인 기능으로 단발, 연발, 3발점사가 이루어지지만 기관총의 경우는 원래가 연발을 목적으로 하는 총이기 때문에 방아쇠를 당기는 순간 단발자와 노리쇠의 걸림 작용이 풀려서 연발사격이 이루어진다.

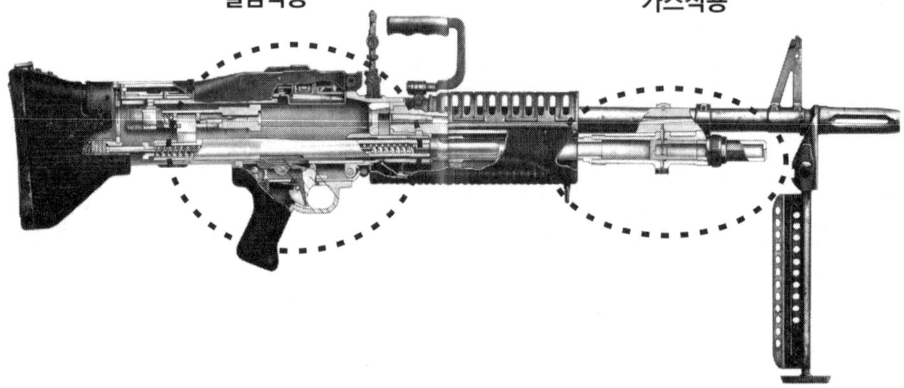

그림 1. M60 기관총 단면도

가스활대의 후퇴에서 나타나는 바와 같이 탄약이 발사되면 약실에 찬 가스의 일부는 가스통으로 들어가게 된다. 가스통으로 들어간 가스의 힘으로 피스톤을 작동시키고 이것이 다시 가스활대를 작동하게 되는데, 이때 가스활대와 연결된 노리쇠뭉치도 같이 후퇴하면서 기능의 순환이 이루어지게 된다.

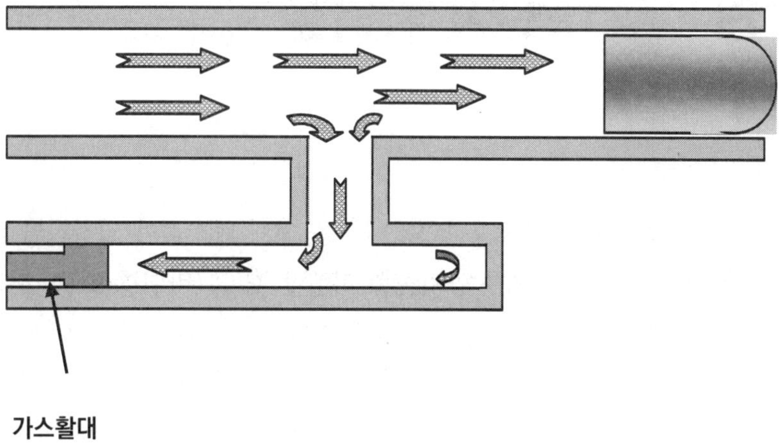

그림 2. 가스활대의 후퇴

방아쇠를 당기고 있으면 그림3 -① 과 같이 단발자가 가스활대를 고정시키지 못하게 되어 기능순환이 연속적으로 이루어지게 되고, 그림3-② 와 같이 방아쇠를 놓으면 가스활대가 단발자에 걸려서 사격이 멈추게 되는 것이다.

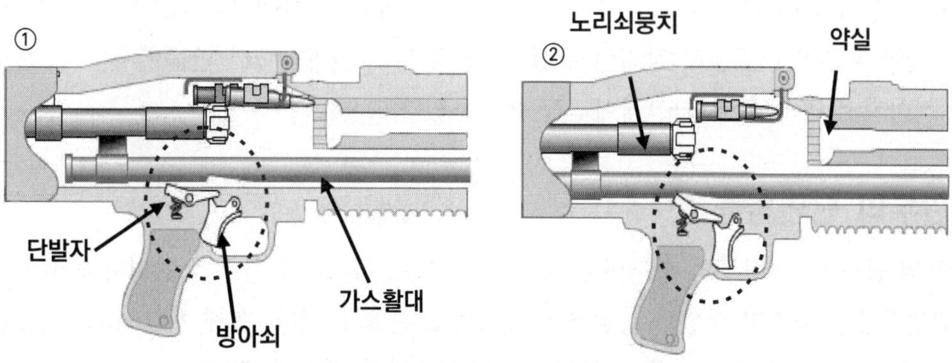

그림 3. 단발자와 노리쇠 뭉치의 걸림턱 작용

제3장 탄자의 역할

소총이나 기관총으로 동일한 목표물을 향해 사격을 해도 탄착점이 일정하지 않다는 것을 알 수 있다. 그것은 사격 후 탄자가 공기중을 비행할 때 그 비행경로, 즉 탄도에 영향을 미치는 요소가 있기 때문이다. 이와같이 탄도에 영향을 미치는 요소는 아래의 4가지로 구분할 수 있다.

1. 총구속도

같은 탄약을 사격하더라도 총구속도가 같지는 않다. 이는 추진장약과 총기의 상태 등 총기의 구성요소가 가지는 미세한 차이에 의해 총구 속도가 달라지기 때문이다. 이러한 총구 속도의 차이로 인해 탄자가 비행하는 경로가 달라지게 된다.

2. 탄자의 형상

아래 그림과 같이 탄두부분이 예각을 보일수록 탄두에 가하여지는 공기의 압력이 감소하고, 탄미 부분이 비스듬히 잘리어져 있을수록 탄두의 밑바닥에서 만들어지는 준 진공지대가 작아져서 공기의 저항도 작아짐을 볼 수 있다.

3. 탄두의 단면하중

탄두의 중량이 그 탄두의 횡단면에 대하여 가지는 비율을 그 탄두의 단면하중이라 하는데, 단면하중은 공기의 저항과 반동력의 세기와도 관계가 있다. 현재 사용되고 있는 탄약들은 이러한 여러 가지 요소들을 복합적으로 고려하여 제작한 것이다.

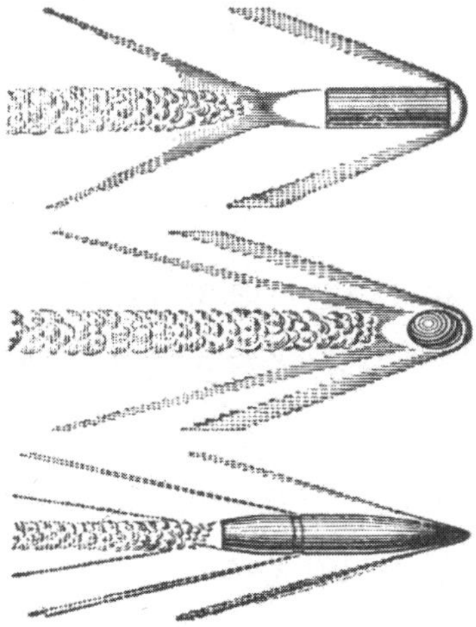

그림 1. 탄두의 형상에 따른 공기저항

4. 대기의 조건

대기의 온도와 압력 및 습도 그리고 바람의 영향은 탄도의 변화를 초래한다. 바람을 예로 들면 아래 표에서처럼 8 ㎧ 의 옆바람이 불 때 800 m 표적을 향해 사격하면, 4.2 m의 편차량을 나타낼 정도이다.

표 1. 사격시 옆바람에 의한 편차

사거리(m)	경탄자(9.6g)의 편차량(㎝)		
	미풍(2㎧)	화풍(4㎧)	강풍(8㎧)
100m	1	3	6
500m	34	140	140
800m	110	420	420

기온은 섭씨 1도의 변화에 탄두 초속이 약 1㎧가 변하게 된다. 따라서 여름과 겨울의 기온차가 심한 나라에서는 동일탄을 사용하더라도 수 십㎧ 큰 초속도차이를 나타낸다.

표 2. 온도 10°C변화에 따른 상하편차

사거리(m)	평균탄착점의 상하 편차량(㎝)	
	경탄자(9.6g) 사용시	중탄자(11.8g)사용시
400	4	4
800	35	28
1000	80	59

제4장 총열의 가열과 임계온도

기관총은 통상 500 여발을 연속적으로 사격하게되면 총열이 가열되고 총열 직경이 확장하기 때문에 사격 및 총열수명에 나쁜 영향을 미친다. 따라서 적절하게 총열을 교환해 주어야 한다.

총열이 가열되어 뜨거워지는 효과는 100℃의 온도 증가마다 약 0.028㎜ 크기로 총열의 직경이 증가하여, 탄자와 총열 사이에 간격이 생기고 이 틈으로 추진가스가 새어나오면서 탄자의 운동 방향과 대칭축을 이루는 각(이축각)이 허용치를 넘게 된다. 또 가스의 누출로 인해 총구 속도가 저하되어 결국 탄착점이 한 곳으로 모이지 않고 흩어지는 결과를 초래하게 된다.

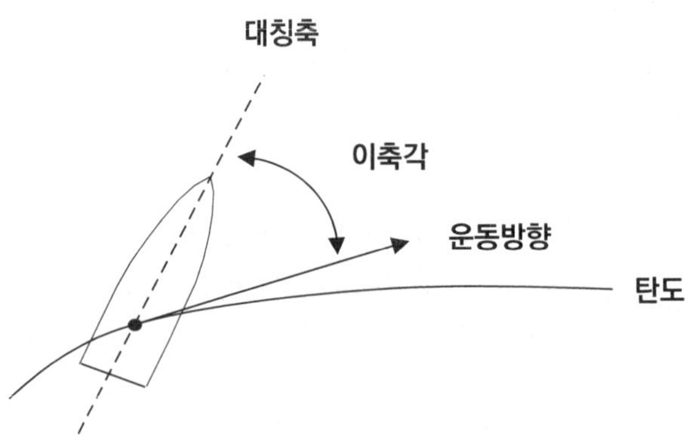

그림 1. 이축각의 발생

뿐만 아니라 총열의 온도가 올라감에 따라 총열 재료의 강도가 떨어져 결국은 영구변형이 생기기 쉽고 총열이 손상된다. 그림 2에서 보듯이 약 600℃ 이상에서는 탄자를 입힌 피복재가 총열 재료보다 경도가 더 높음을 알 수 있다. 따라서 강선이 시작되는 점에서 강선이 탄자로부터 큰 힘을 받기 때문에 온도상승으로 무르게 된 강선은 많이 마모되어 질것이다.

이와 같이 강선의 마모와 손상이 누적될 경우 탄자는 충분한 회전력을 받을 수 없다. 따라서 강외에서 탄도는 안정성이 낮아지므로 탄자의 뒷부분부터 표적 에 맞는 전도까지도 일어날 수 있다.

결국 총열 온도의 상승은 강선의 마모와 추진가스로 인한 부식을 가속시키고, 탄자의 속도를 떨어뜨리며, 총구속도를 불균일하게 만들고 회전속도를 줄인다.

고온에 의하여 손상된 총열로 계속 사격할 경우 부정확한 사격이 계속될 것이고 극단적인 경우에는 탄자의 비행이 불안정하게 된다. 이러한 현상을 방지하기 위해서는 총열이 탄자보다 무르게 되는 임계온도를 넘지 말아야 할 것이다.

우리가 기관총 사격시 일정 발수를 사격한 후에 총열을 교환하게 하는 것은, 실험에 의하여 총열의 경도와 온도와의 관계를 고려한 조치라고 볼 수 있다.

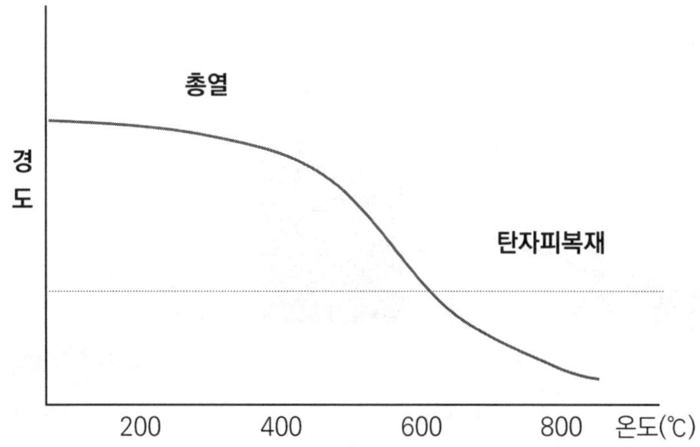

그림 2. 총열재료의 온도에 따른 경도변화

제5장 M60 기관총과 K3 기관총의 피탄지 비교

기관총은 소총과 달리 단발사격보다는 연발사격으로 지역 및 밀집부대를 살상하는 역할을 하는 화기이다.

따라서 기관총으로부터 여러 발의 탄약이 발사되면 각 탄자는 총의 진동 및 대기조건 등에 의해 약간씩 다른 탄도, 즉 다른 비행경로를 갖게 된다. 이와 같이 약간씩 다른 탄도의 묶음을 집속탄도라고 한다.

피탄지란 이러한 집속탄도가 지면이나 표적에 맞는 부분을 말한다.

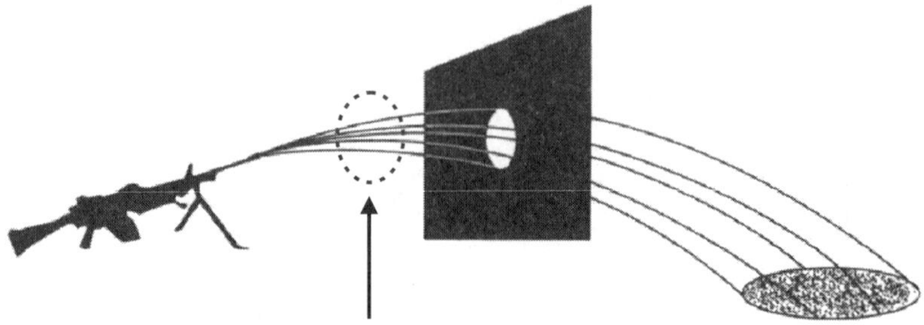

그림 1. 집속탄도와 피탄지

그런데 K-3 기관총과 M60 기관총의 피탄지 형태를 보면 약간 차이가 있는 것을 알 수 있다.

K-3의 경우는 약간 둥그스름한 타원형이고 M60의 경우는 좌우가 좁은 형태를 띠고 있다.

이렇게 피탄지 형태의 차이가 나는 이유는 외부요인과 내부설계상의 요인으로 나눌 수 있다.

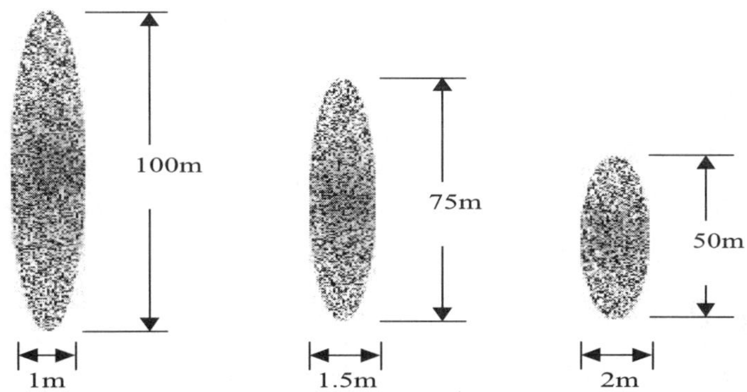

사거리
400m　　800m　　1100m

그림 2. M60 기관총의 피탄지 형태

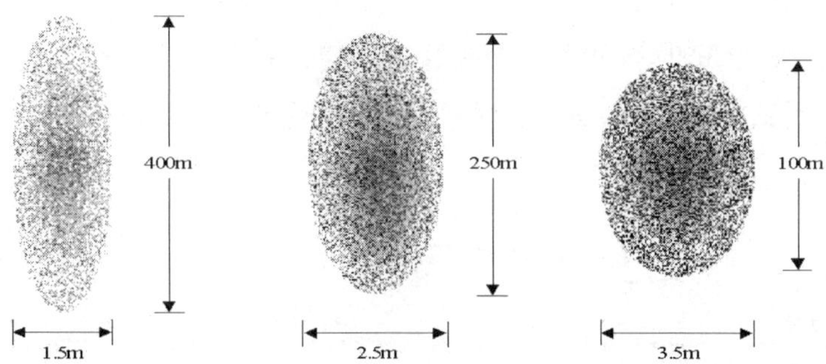

사거리
400m　　600m　　800m

그림 3. K-3 기관총의피탄지 형태

1. 외부요인

외부요인에 의한 이유는 수발의 탄알이 발사되었을 때 총의 진동, 탄알의 불균등, 대기의 조건 등에 의해 탄도가 흐트러지기 때문이다. 또한 사격시 목표가 정확하게 측정된 거리에 출현되지 않으며, 항상 안정된 상태로 사격하는 것이 아니기 때문이다.

2. 내부 설계상 요인

내부 설계상의 요인은 탄자가 갖는 에너지와 평탄도 유지를 들 수 있다. K-3기관총은 5.56㎜탄을, M60기관총은 7.62㎜탄을 사용하는데 발사시 총구에서 탄자가 가지고 있는 에너지는 M60 기관총의 경우 대략 3,500J 정도이고, K-3 기관총의 경우 대략 1,700J 정도이다. 이는 같은 지점을 맞추더라도 얼마나 더 나아갈 힘이 있느냐의 차이이며, 이 결과로 M60 기관총의 사거리가 더 길게 되는 것이다.

다음으로 평탄도란, 포물선을 그리는 탄도가 얼마나 더 직선에 가깝느냐는 개념으로서 평탄도가 클수록, 즉 탄도가 직선에 가까워질수록 명중오차가 줄어들게 된다. 평탄도와 관련된 특성치는 탄도계수 C_0로 표시하며 그 값은 다음과 같다.

$$C_0 = \frac{m}{d^2 k^2}$$

m = 탄자의 질량

d = 탄자의 직경

k = 탄자의 형태 및 속도에 따른 종합 계수로서 실제사격으로 얻어지는 측정치

이 식에서 알 수 있듯이 탄도계수를 향상시키려면 질량이 무거워야 하고, 탄자의 직경은 감소되어야 한다. 하지만 단순히 탄자의 질량을 무겁게 하고 탄자의 직경을 감소하는 것만으로 탄도계수가 향상되지는 않는다.

식에서 보는 바와 같이 탄자의 형태 및 속도에 따른 실 측정치가 있으며, 이는 강선의 회전률이나 강선의 수, 추진제 등에 따라 무수히 다양하게 변화할 수 있는 요소이기 때문이다.

우리나라가 M60 기관총을 대체하는 한국형 기관총 K-3를 개발하면서 구경을

5.56㎜로 하여 소총과 같은 탄을 사용할 수 있도록 한 것은, 평탄도를 유지하기 위한 탄자 직경의 감소로는 볼 수 없으며, 소총탄과의 호환성 유지와 기관총 무게 감소로 인한 1인 운용 효과를 얻기 위한 노력으로 볼 수 있을 것이다.

만약, 종합계수 k를 무시한 탄도계수만을 본다면 M60 기관총이 K-3 기관총보다 크다.

결국 탄자가 갖는 에너지와 평탄도를 염두에 두고 피탄지 형태를 분석해보면, M60 기관총의 경우가 K-3 기관총보다도 피탄지 좌우상하폭이 작기 때문에, 동일한 사거리에서의 명중오차가 적음을 의미한다고 할 수 있다.

즉, 피탄지만을 놓고 봤을 때는 K-3기관총이 M60보다 오히려 정확성 면에서 신뢰도가 떨어진다고 볼 수 있다.

하지만 유효사거리내에서 기관총 무게감소로 인한 사수의 사격안정성등을 생각해본다면 실제 전투상황시 어느 총이 우수한가는 직접적인 비교가 어려울 것이다.

제6장 공용화기 발전추세

세계 각국은 차기 소총과 더불어 기관총 및 유탄발사기를 통합, 대체할 수 있는 차세대 공용화기를 개발하고 있다.

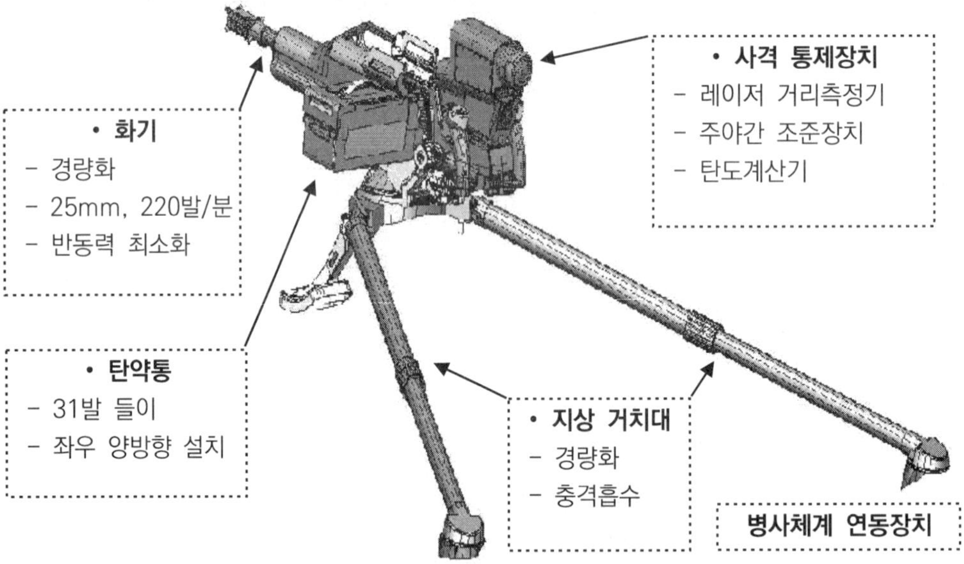

그림 1. OCSW 구성도

특히 미국의 경우는 차세대 공용화기를 OCSW(Objective Crew Served Weapon)라 하여, 현재 개발을 마무리하고 시험평가를 하고 있는 단계에 와있다. 각 구성품의 기능을 살펴보면 다음과 같다.

1. 화기

고강도 강철과 복합재료를 이용하여 경량화하였고, 25㎜ 탄을 사용하며 분당 220발을 사격할 수 있다.

2. 사격통제장치

직접관측용 광학장치 및 레이저 거리측정기, 주야간 조준장치를 구비하고 있으며 탄도계산기도 장착하여, 주야간 2,000m 이상의 사거리에서 정확한 조준점을 제공한다. 또한 각 탄이 발사되기직전에 자동으로 신관을 설정하여 표적성질에 따른 타격효과를 극대화 시킨다.

3. 지상 거치대

경량화되고 충격흡수력이 좋아 화기를 안정화시킨다.

4. 표적획득 및 조준장치

그림 2. OCSW 사격모습

신속히 표적을 획득하고 분산도 1 mil 이내의 정밀조준이 가능하다.

이 밖에 소염을 제어하는 총구장치와 미래 병사체계와 연동할 수 있는 연동장치를 장착하고 있으며, 탄은 31발들이 탄통을 좌우 양방으로 부착할 수 있다.

제2편

총기별 기능

제1장 M60 기관총

1. 개요

M60 기관총은 한국전쟁을 경험으로 1957년 미국에서 개발, M16 소총의 도입과 시기를 같이하여 1968년 한국도입 및 현재 대우정밀에서 생산하여 분대를 지원용 공용화기로 사용되고 있다.

가. 종류

M60 ················ 보병부대 공용화기, 수륙양용 APC
M113 우측장착

M60C ············ OH계열의 헬리콥터 양쪽 1정씩 2정장착

M60D ············ OH계열의 헬기용 M60C와 비슷하나 뒷잡이를 부착(M48A5K전차 탄약수용)

M60E2 ··········· 전차용(M48A3K, M48A5K)

※ M60C는 좌우 양쪽으로 송탄 가능하며 솔레노이드에 의한 전기식 격발 장치이다.

나. 제원

구 분		단 위	내 용
무 게	양각대 총의 무게	kg	10.432
	M122 삼각대의 무게 (전륜기 뭉치 포함)		8.84
	전륜기 뭉치		2.495
길 이	총의 길이	cm	110.49

<table>
<tr><th colspan="3">구 분</th><th>단 위</th><th>내 용</th></tr>
<tr><td rowspan="2">기계적 특 성</td><td colspan="2">강선회전율</td><td>inch</td><td>12"/1회전</td></tr>
<tr><td colspan="2">강 선</td><td></td><td>4조 우선</td></tr>
<tr><td rowspan="7">조작상 특 성</td><td colspan="2">탄자가 총구를 떠날 때 속도</td><td>m/s</td><td>853</td></tr>
<tr><td colspan="2">약실압력</td><td>kg/㎠</td><td>371.65</td></tr>
<tr><td rowspan="2">유 효 발 사 속 도</td><td>보통사
(10분마다 총열교환)</td><td rowspan="3">발 / 분</td><td>100</td></tr>
<tr><td>급사
(2분마다 총열교환)</td><td>200</td></tr>
<tr><td colspan="2">최대발사속도
(1분마다 총열교환)</td><td>550</td></tr>
<tr><td rowspan="2">사거리</td><td>최대</td><td rowspan="2">m</td><td>3,725</td></tr>
<tr><td>유효</td><td>1,100</td></tr>
</table>

다. 특징

M60 기관총은 구경이 7.62밀리로 총열은 공냉식이며, 송탄은 탄대에 의해 장전되고, 작동방식은 가스활대에 의한 가스작용식, 총열신속교환 및 두격 고정식이며, 사격방법은 양각대를 이용한 견착사격과 삼각대에 거치하여 지속사격을 가능케 하였으며 사격은 연발사격이 가능한 자동식이다.

2. 구조 기능

가. 외부 명칭

(1) 소염기

소염기는 연기와 섬광을 분산시켜준다.

(2) 가늠쇠

가늠쇠는 총열에 부착되어 있으며 고정 가늠쇠이다.

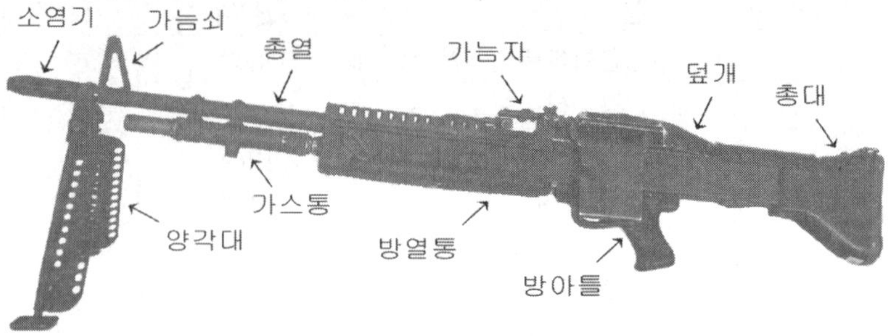

그림 1. 기관총 외부명칭

(3) 양각대

양각대는 총열에 연결되어 있으며 길이를 조정할 수 있어 사격간 총의 높이를 조정할 수 있다.

(4) 가스통

가스통은 가스통 연장부, 가스 구멍마개, 가스통 나사로 구성 되어 있으며 내부에는 가스 피스톤이 있다.

(5) 운반손잡이

운반손잡이는 기관총을 단거리 이동시킬 때 사용하며 사격간 운반손잡이를 좌나 우로 눕힐 수 있도록 되어 있다.

(6) 가늠자뭉치

이동할 때에는 가늠자 뭉치를 접을 수 있다. 가늠자 뭉치의 사거리 눈금은 300m부터 최대 유효사거리인 1100m까지 매 100m 단위로 표시되어 있다.

(7) 개머리판뭉치

개머리판에는 사격간 기관총을 어깨에 받쳐주는 어깨 받침쇠와 개머리판 분해시 사용되는 걸쇠구멍이 있다.

(8) 방아틀뭉치

방아틀뭉치는 크게 방아쇠, 자물쇠, 엽판용수철로 구성되어있으며 자물쇠는 안전과 사격 두 가지 기능이 있고 사격시나 노리쇠를 후퇴시킬 때는 사격위치에 둔다.

(9) 삼각대

M122 삼각대는 M60기관총을 견고하게 고정시킬 수 있는 장치로서 사용된다. 기관총을 삼각대에 설치하여 사용함으로써 사격통제와 조정을 정확히 실시할 수 있다.

나. 기능 작용

(1) 송탄 작용

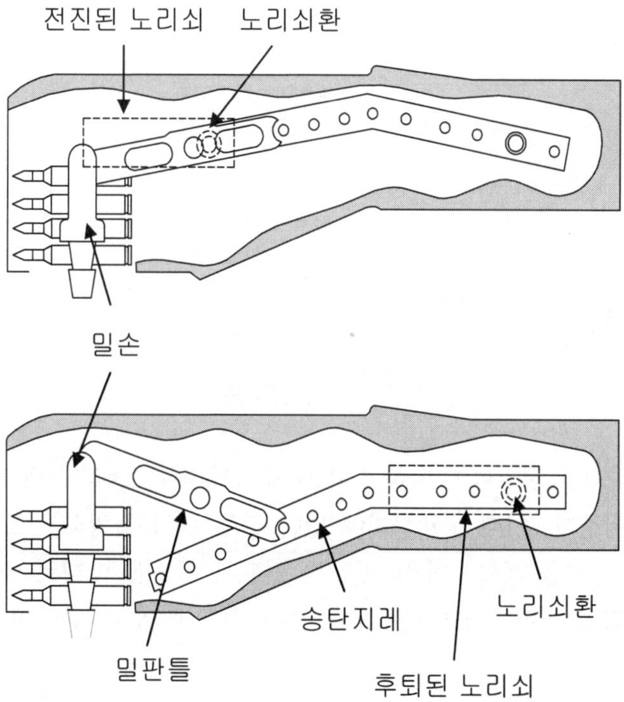

그림 2. 송탄작용

(가) 노리쇠가 앞으로 전진 할 때 노리쇠환은 송탄지레를 우로 이동시키고 밀판틀은 좌로 이동한다. 밀판틀 끝에 있는 밀손은 좌측에 있는 다음 탄을 걸어 송탄홈으로 들어갈 준비가 된다.

(나) 사격후 노리쇠가 후퇴할 때 노리쇠 위의 노리쇠환은 송탄지레를 좌로 이동시킨다. 이때 밀판틀은 우로 이동하며 밀판틀 끝에 있는 송탄 걸림쇠가 탄약 1발을 걸어, 우로 이동시켜서 송탄홈에 놓이게 한다.

(2) 장전 작용

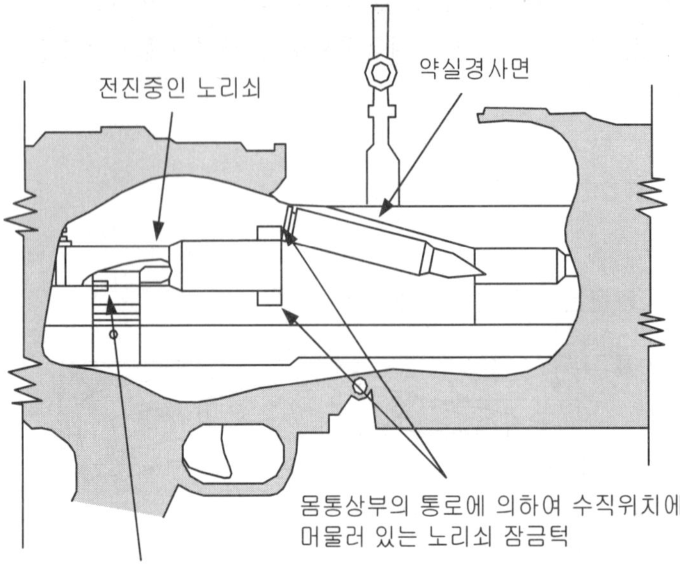

그림 3. 장전작용

(가) 노리쇠가 전진함에 따라 노리쇠 윗 잠금턱은 탄약의 뒷 가장자리를 앞으로 밀어준다. 이때 덮개뭉치에 있는 전후 탄약 눌림쇠는 노리쇠의 윗 잠금턱이 탄약을 정확하게 밀어줄 수 있도록 탄약을 아래로 눌러주고 전면 탄약 눌림쇠는 탄약이 탄띠로부터 풀려 나오게 될 때 탄약띠의 전방 이동을 막아준다.

(나) 노리쇠 윗 잠금턱은 탄약을 앞으로 전진시키고 약실의 경사진 면은 탄자의 끝이 약실의 아래쪽으로 운반되도록 해준다.

(다) 탄약이 약실에 완전히 장전되면 칼퀴는 탄약의 뒷 가장자리를 물게되고 노리쇠 앞의 차개가 압축된다.

(3) 잠금 작용

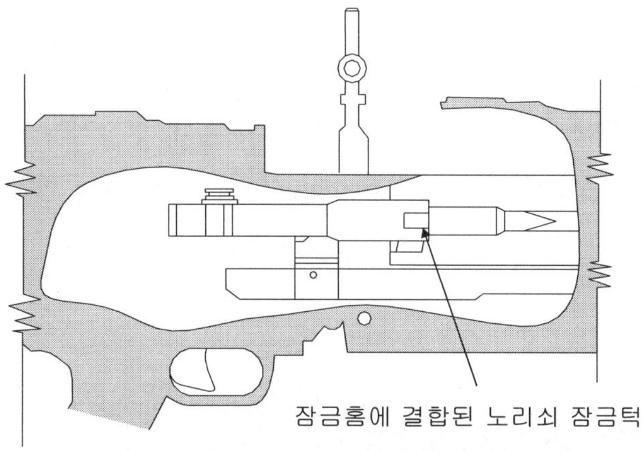

그림 4. 잠금작용

(가) 탄약이 장전됨에 따라 노리쇠 잠금턱은 총열의 노리쇠 잠금홈 안으로 들어간다. 이때 노리쇠의 위 및 아래 잠금턱은 노리쇠 잠금홈 내부의 노리쇠 잠금면과 접촉하게 되며 노리쇠는 시계방향으로 회전을 시작한다.

(나) 가스활대가 전진을 계속할 때 가스활대 연결쇠는 연결된 노리쇠 물림구멍을 따라 노리쇠와 별도로 전진하며 이때 노리쇠는 노리쇠 연결쇠에 의해 시계방향으로 1/4쯤 회전 한다. 이때 잠금 작용은 완료된다.

(4) 격발 작용

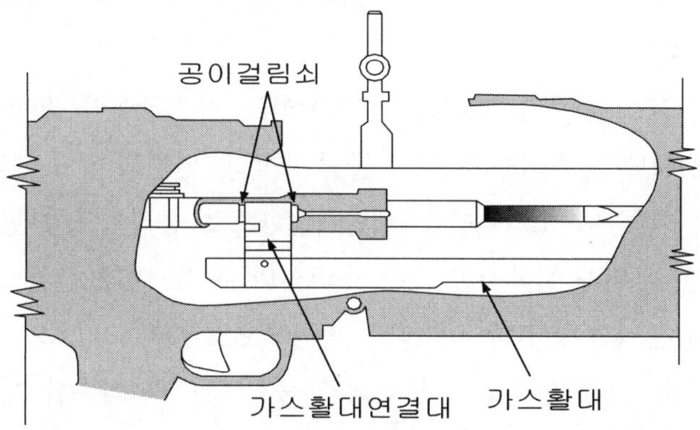

그림 5. 격발작용

(가) 방아쇠를 당기면 단발자 전면이 올라가고 후미는 단발자못을 축으로 아래로 내려간다. 따라서 단발자의 후단턱에서 가스활대 하단턱이 분리되면서

가스활대가 전진하고 가스활대에 연결된 노리쇠도 전진한다. 노리쇠가 완전히 전진하여 잠겨지면 가스활대는 노리쇠 몸과는 별도로 짧은 거리를 전진한다.

(나) 이때 공이 걸림쇠 사이에 물려진 가스활대 연결쇠는 공이를 전진시킨다.

(다) 공이 끝은 노리쇠 전면에 있는 공이 구멍으로 나와 탄약의 뇌관을 때린다.

(5) 풀림작용

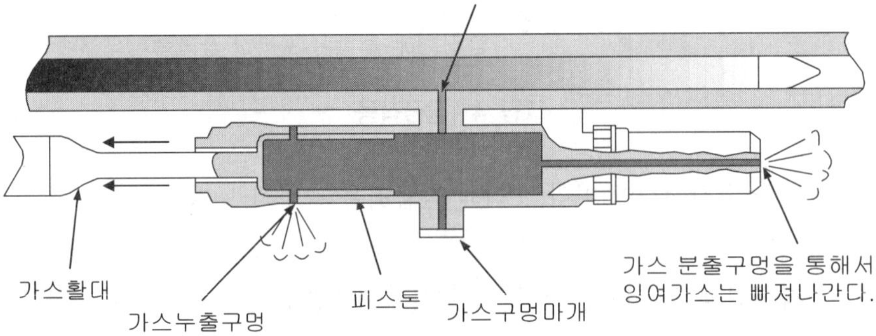

그림 6. 풀림작용

(가) 탄약이 폭발되고 탄자가 가스구멍을 통과하면 팽창된 가스의 일부는 가스구멍을 통하여 가스통 속으로 들어간다.

(나) 신속히 팽창된 가스는 빈 가스피스톤 속으로 들어가서 가스피스톤을 후퇴시킨다.

(다) 가스피스톤은 가스활대를 후퇴시키고 가스활대가 후퇴를 계속함에 따라 가스활대 연결쇠는 노리쇠 물림 구멍과 연결되어 노리쇠 물림 구멍을 따라 후퇴하며 노리쇠를 시계반대방향으로 움직이도록 한다. 이때 약실 잠금홈 내부와 접촉하고 있는 노리쇠의 위 및 아래 잠금턱은 시계 반대방향으로 1/4쯤 회전하여 노리쇠 잠금홈으로부터 노리쇠가 풀리게 된다. 풀림은 가스활대 연결쇠가 노리쇠의 물림 구멍과 접촉할 때 시작하며 노리쇠 잠김뿔이 총열의 노리쇠 잠금홈에서 빠져 나왔을 때 끝나게 된다.

(6) 추출작용

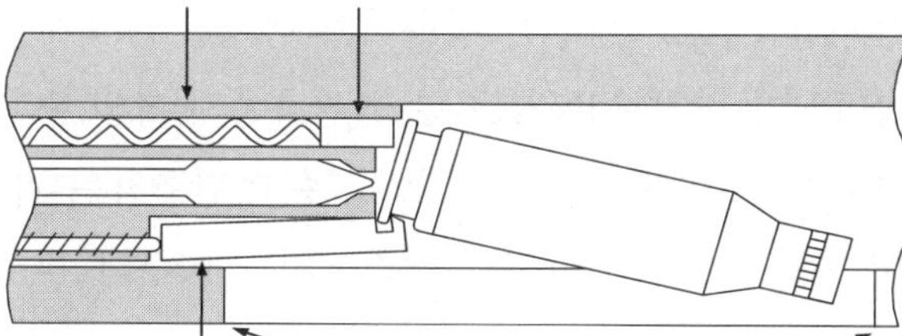

그림 7. 추출 및 추출작용

(가) 풀림 작용이 시작될 때 축출작용도 동시에 시작된다.

(나) 풀림 작용에 의해서 노리쇠가 회전하면 탄피의 뒷 가장자리를 물고 있던 칼퀴가 약실밖으로 탄피를 물고 나오는 것을 추출작용이라 한다.

(7) 축출작용

(가) 탄피가 약실에서 빠져나옴에 따라 차개용수철이 팽창하여 차개가 탄피의 좌측 뒷면을 밀어 탄피의 앞부분은 총몸통의 우측으로 밀리게 된다

(나) 노리쇠가 후퇴하면 탄피의 좌측 뒷 가장자리를 밀고 있는 차개와 탄피의 우측 뒷 가장자리를 걸고 있는 칼퀴는 탄피가 방출구에 도달함과 동시에 총몸밖으로 나가도록 한다.

(다) 빈 탄약띠는 노리쇠가 후퇴함에 따라 탄약이 송탄홈에 들어오게 되므로 송탄받침 우측에 있는 탄약띠 방출구를 통하여 총몸통 우측으로 밀려 나간다.

(8) 격발 준비작용

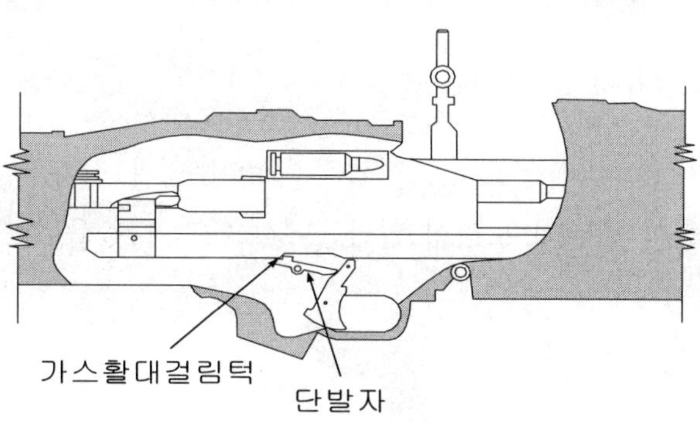

그림 8. 격발 준비작용

(가) 팽창된 가스가 가스피스톤을 통해 가스활대는 최초 노리쇠 몸과는 별도로 움직여 공이를 후퇴시킨다. 이어서 가스활대 연결쇠는 풀림 작용과 함께 공이 용수철을 뒤로 완전히 압축시켜 공이를 후퇴시킨다.

(나) 총의 방아쇠가 당겨지고 있는 한 기관총은 최초의 7단계 기능이 자동적으로 이루어진다. 이때 방아쇠를 놓아 주면 단발자는 가스활대 걸림턱을 물게 되며 기능순환이 중단되고 격발준비가 이루어진다.

3. 분해 및 결합

분해 및 결합은 기관총의 구조를 이해하고 정비를 통하여 고장을 방지하기 위하여 실시하며, 어떠한 상황에서도 신속한 분해 및 결합이 가능 하도록 숙달되어야 한다. 분해결합 시기는 일상 손질시, 사격 전·후 손질시, 주유시, 응급처치시, 기술검사시 실시한다.

분해결합은 보통 및 특별분해결합으로 구분된다. 보통분해는 사용자가 단독으로 총몸의 활동부분만을 분해하는 것이며, 특별분해 결합은 정비요원만이 실시하는 것으로 개머리판, 완충기, 활대, 방아틀, 총열, 몸통뭉치를 분해 하는 것이다.

가. 주의사항

분해결합시 주의사항은 순서에 준하여 실시하고 무리한 힘을 가하지 말고 충분한 여유를 가지고 실시하며 부분품의 파손 및 망실에 유의하여야 한다.

나. 보통분해 및 결합

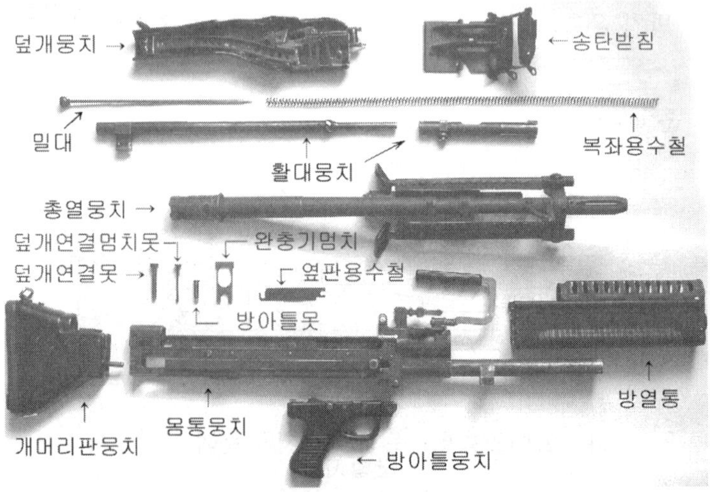

그림 9. 보통분해

(1) 분해 요령

(가) 개머리판 뭉치

먼저 덮개 멈치 지레를 제껴 덮개를 열어 세운 다음 어깨 받침쇠를 들어 올리고 분해구의 뾰족한 끝을 걸쇠구멍에 삽입하여 걸쇠를 아래로 누르면서 개머리판 뭉치를 직후방으로 당긴다.

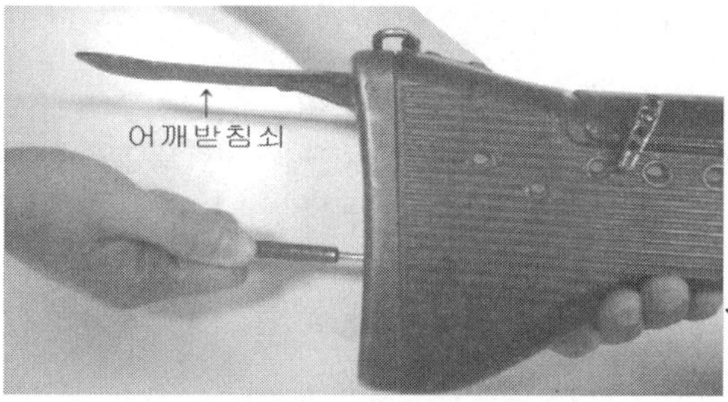

그림 10. 개머리판 뭉치의 분해

(나) 완충기 뭉치

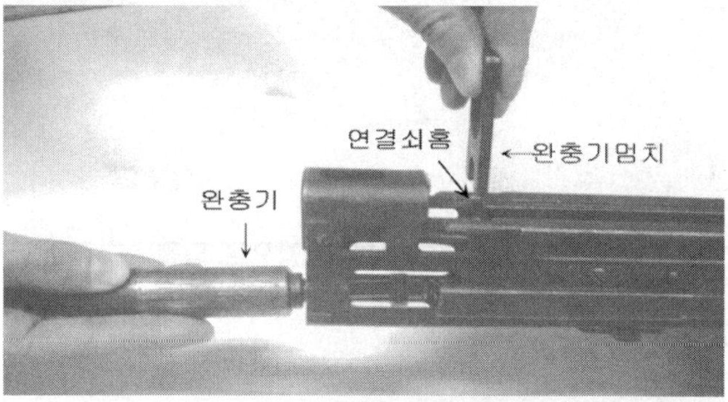

그림 11. 완충기 멈치 분해

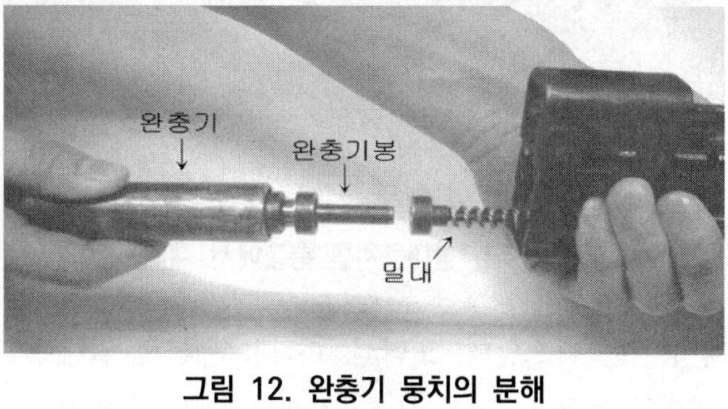

그림 12. 완충기 뭉치의 분해

완충기 뭉치는 완충기 멈치와 완충기로 구성되어 있다.

1) 오른 손바닥으로 노출된 완충기를 잡고 안으로 가볍게 밀면서 몸통으로부터 완충기 멈치를 위로 올려 분해한다.
2) 완충기를 잡은 오른손의 힘을 서서히 풀면서 복좌용수철이 팽창하도록 하여 밀대가 총 몸통의 뒷 끝에 나올 때까지 완충기 뭉치를 뒤로 당겨 분해한다.

주 의

완충기 뭉치에 가했던 압력을 갑자기 제거하면 밀대와 복좌용수철이 튀어나온다.

(다) 활대 뭉치

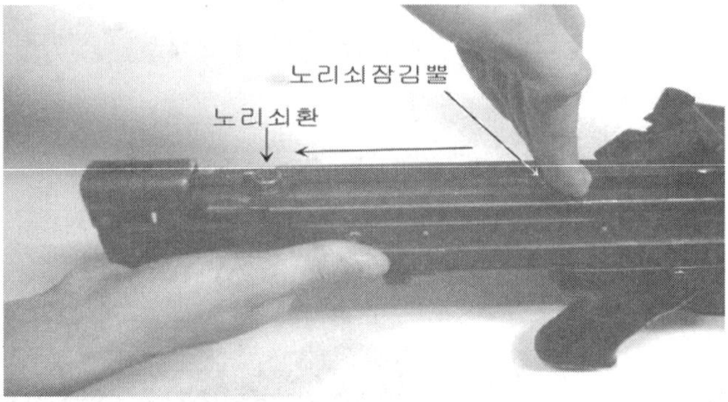

그림 13. 노리쇠를 후방으로 당김

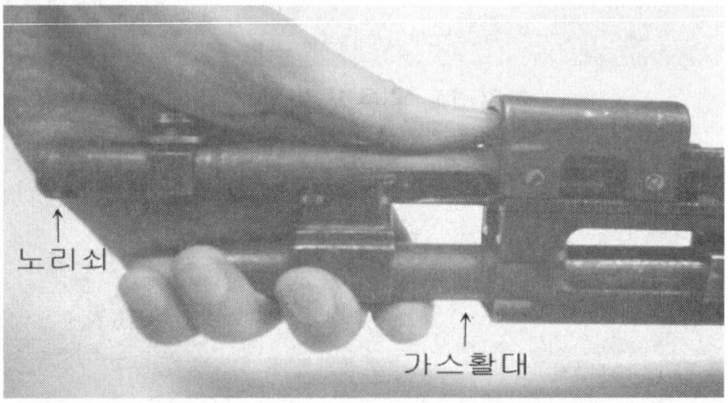

그림 14. 활대뭉치를 총몸에서 제거

활대 뭉치는 가스활대, 노리쇠, 복좌용수철 및 밀대로 구성되어 있다.

1) 밀대와 복좌용수철을 몸통으로부터 당겨 분해한다.
2) 왼손으로 방아틀뭉치를 쥐고 오른손으로는 손잡이를 잡아 노리쇠 잠김

뿔이 노리쇠 잠김홈으로부터 분리 되도록 손잡이를 후퇴시킨다.

3) 다시 우수로 방아틀뭉치를 쥐고 인지로 노리쇠 잠김뿔을 직후방으로 당긴다.
4) 가스활대와 노리쇠가 몸통 후방으로 약 10cm나왔을 때 노리쇠가 돌지 않도록 좌수로 감싸쥐고 몸통으로부터 분해한다.
5) 가스활대와 노리쇠 뭉치를 잡은 좌수의 힘을 서서히 풀면서 우수로 노리쇠의 앞부분을 잡고 약간 뒤로 당기면서 노리쇠를 시계방향으로 1/4 회전시킨다. 이때 가스활대로부터 노리쇠를 분리시켜서는 안된다.

(라) 방아틀 뭉치

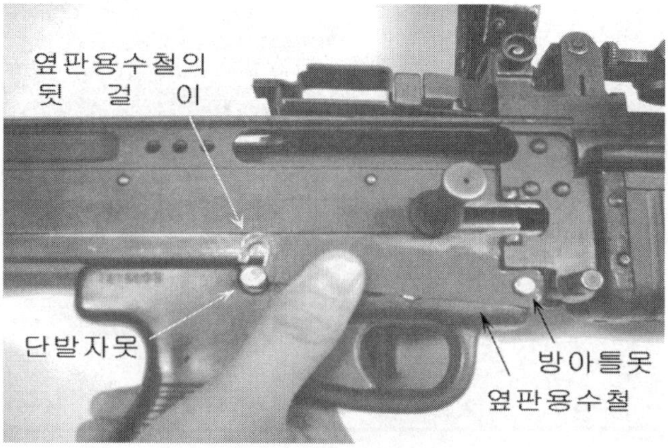

그림 15. 옆판 용수철의 분해

방아틀 뭉치는 방아틀(단발자, 단발자못, 단발자 용수철과 마개, 방아쇠못, 방아쇠)과 방아틀 못(단발자못과 교환 가능)과 옆판 용수철로 구성되어 있다.

1) 옆판 용수철의 뒷걸이를 누르면서 위로 밀어올리면 단발자 못으로부터 옆판 용수철이 분리된다. 다시 옆판 용수철을 후방으로 당겨주면 방아틀 못으로부터 분해된다.
2) 방아틀의 우측에서 좌측으로 방아틀 못을 밀어 분해한다.
3) 방아틀을 앞으로 밀면서 방아틀의 앞부분을 약간 아래 로 회전시켜 분해한다.

그림 16. 방아틀 뭉치의 분해(1)

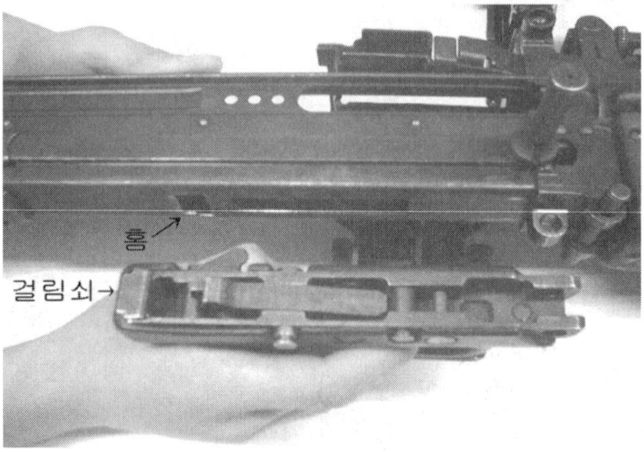

그림 17. 방아틀 뭉치의 분해(2)

(마) 총열 뭉치

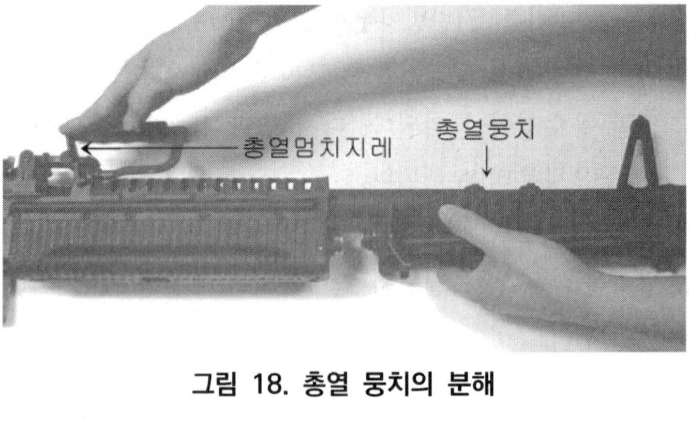

그림 18. 총열 뭉치의 분해

총열 뭉치는 총열, 소염기, 가늠쇠, 양각대 뭉치와 가스통으로 구성되어있다.

1) 우수로 총열 멈치지레의 좌측 부분을 우측으로 밀면서 총열 멈치지레를 수직으로 세운다.
2) 총열 뭉치를 앞으로 당겨 분해한다.

(바) 몸통 뭉치

이렇게 분해되고 남는 것이 몸통 뭉치이다. 몸통 뭉치는 몸통, 총대뭉치, 가늠자, 덮개, 송탄받침 및 운반손잡이로 구성된다.

(2) 결합 요령

(가) 총열 뭉치

1) 총열 멈치 지레가 수직 위치에 있는가 확인하고 총열의 후미를 총열집 속으로 삽입한다.
2) 이때 가스통 나사를 총대 뭉치에 있는 가스활대관에 맞추고 총열 멈치 지레를 수평으로 눕힌다.

(나) 방아틀뭉치

1) 방아틀뭉치를 우수로 쥐고 몸통 뭉치의 뒤를 약간 올린 비스듬한 상태에서 방아틀뭉치의 뒷 상단에 있는 걸림쇠를 총 몸통 바닥에 있는 홈에 갖다대어 물리도록 한다.
2) 방아틀뭉치의 앞을 위로 회전시키고 몸통에 있는 구멍과 방아틀뭉치의 구멍을 일치시킨 다음 좌측으로부터 방아틀 못을 끼워 넣는다.
3) 옆판 용수철의 구부러진 부분이 방아틀의 측면에 닿도록 하고 용수철의 앞 걸이를 방아틀 못에 걸고 용수철의 뒷걸이를 위에서 아래로 회전시켜 단발자 못에 완전히 물리도록 걸어준다.

(다) 활대 뭉치

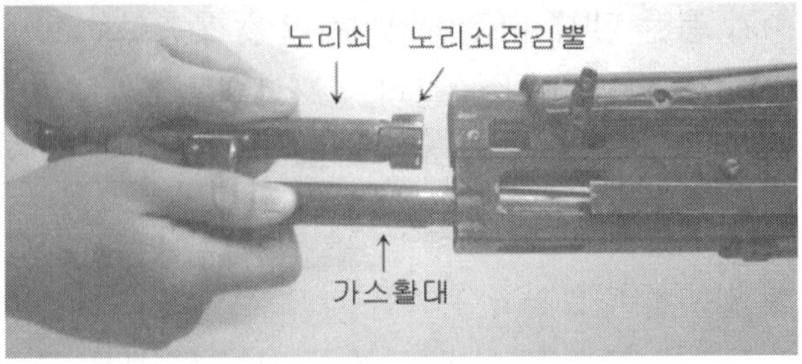

그림 19. 활대 뭉치를 총몸에 삽입

1) 가스활대의 끝을 몸통에 밀어 넣는다.
2) 가스활대를 한손에 잡고 다른 손으로 노리쇠의 뒤를 앞으로 밀어 노리쇠 잠김뿔이 수직으로 위치하게 한다. 다음 노리쇠환을 위로 해서 활대 뭉치를 총 몸통 내부로 밀어 넣는다.

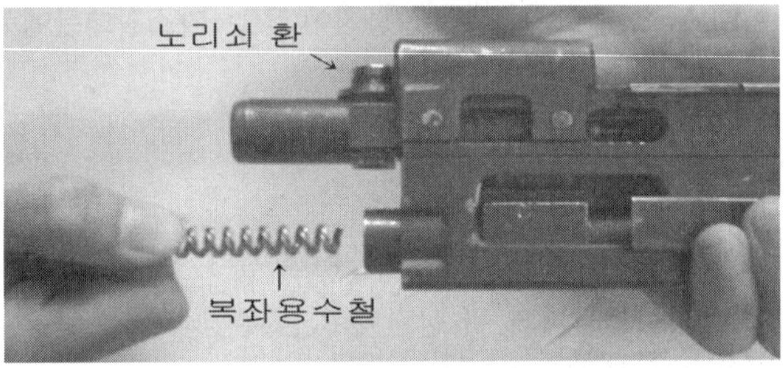

그림 20. 복좌용수철의 삽입(1)

3) 복좌용수철과 밀대를 가스활대 뒤의 홈에 삽입하고 밀대를 앞으로 밀면서 방아쇠를 당겨 격발한다. 밀대의 후부가 몸통으로부터 2.5㎝정도 남을때까지 밀대를 앞으로 민다.

그림 21. 복좌용수철의 삽입(2)

(라) 완충기 뭉치

1) 완충기 봉을 밀대의 뒤에 있는 홈에 맞춘다.

2) 가스활대와 노리쇠가 충분히 앞으로 전진 할 때 까지 완충기의 뒤를 앞으로 민다.

3) 완충기 뭉치에 있는 완충기 연결쇠 걸이가 총 몸통 내부에 있는 연결쇠 홈과 일치될 때까지 완충기를 앞으로 밀어 복좌용수철이 압축되게 한다.

(마) 개머리판 뭉치의 결합

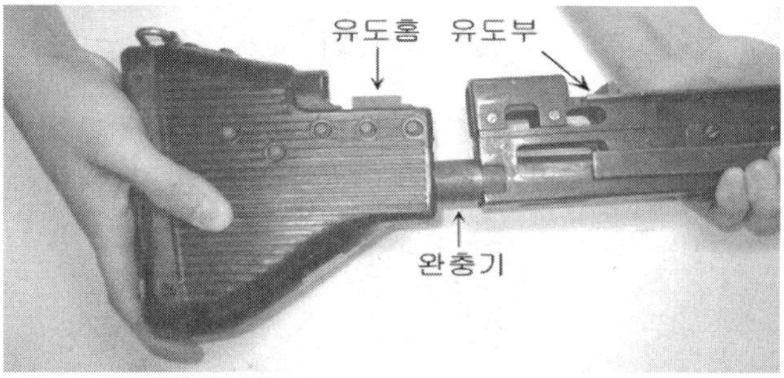

그림 22. 개머리판 뭉치의 결합

1) 총 몸통의 유도부에 개머리판의 유도홈을 맞춘다.

2) 개머리판 내부의 걸쇠에 완충기가 걸리도록 개머리판을 앞으로 민다.

3) 이것으로 결합이 완료된다.

(3) 정확한 결합의 확인

정확한 결합을 점검하기 위하여 손잡이를 뒤로 당기고 다시 그것을 앞으로 밀어준 다음 덮개를 닫고 방아쇠를 당겨 노리쇠 가 앞으로 전진되어야 한다.

다. 특별분해 및 결합

(1) 방아틀뭉치

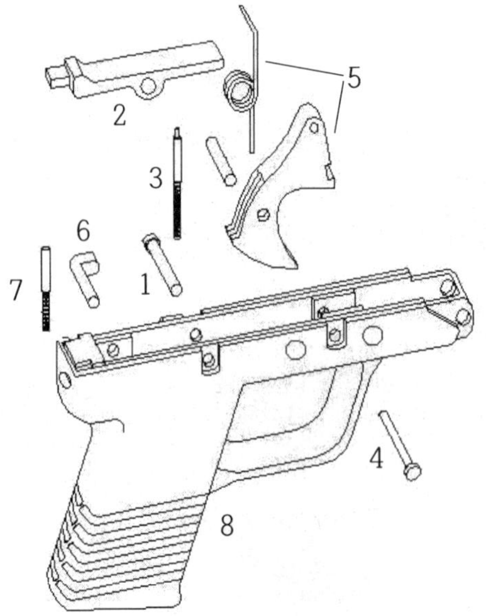

그림 23. 방아틀뭉치

① 단발자못 ② 단발자 ③단발자 용수철 및 집
④ 방아쇠못 ⑤ 방아쇠 및 방아쇠 용수철 ⑥ 조정간
⑦ 조정간 용수철 및 집 ⑧ 방아틀

(가) 공구 : 1/8" 펀치, 망치

(나) 분해 요령

1) 단발자를 누르면서 단발자못을 우측에서 좌측으로 밀어서 분해한다.

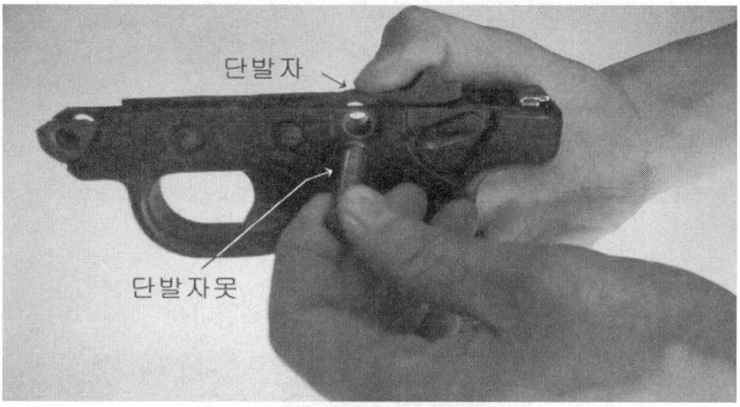

그림 24. 단발자못 분해

2) 방아틀 뭉치 위로 단발자를 들어서 분해한다.

3) 단발자 용수철 마개와 단발자 용수철을 분해한다.

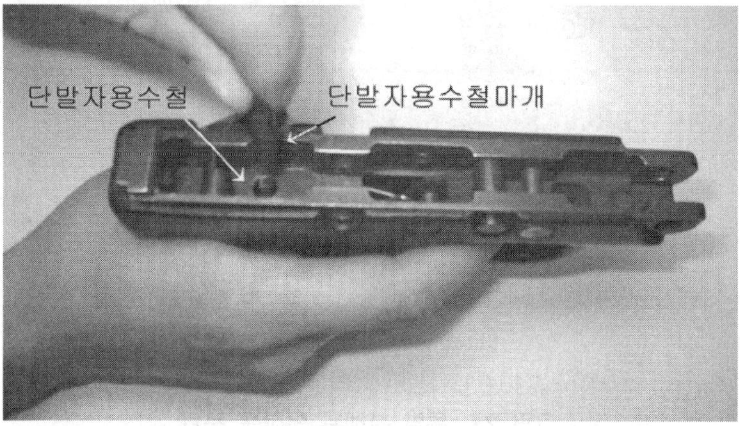

그림 25. 단발자 용수철마개 분해

4) 방아쇠못을 좌측에서 우측으로 밀어서 분해한다.

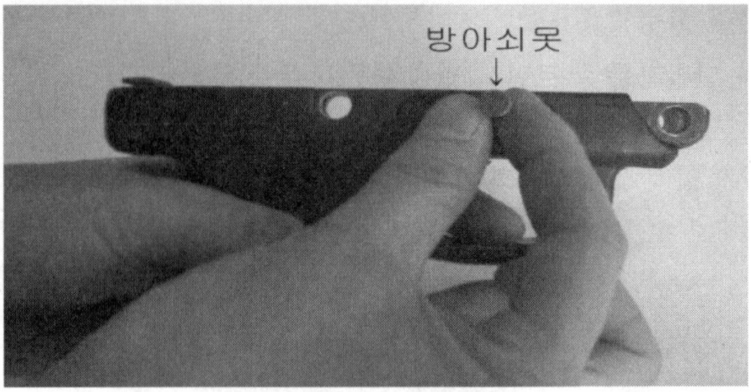

그림 26. 방아쇠못 분해

5) 방아틀의 위로 방아쇠를 들어서 분해한다.

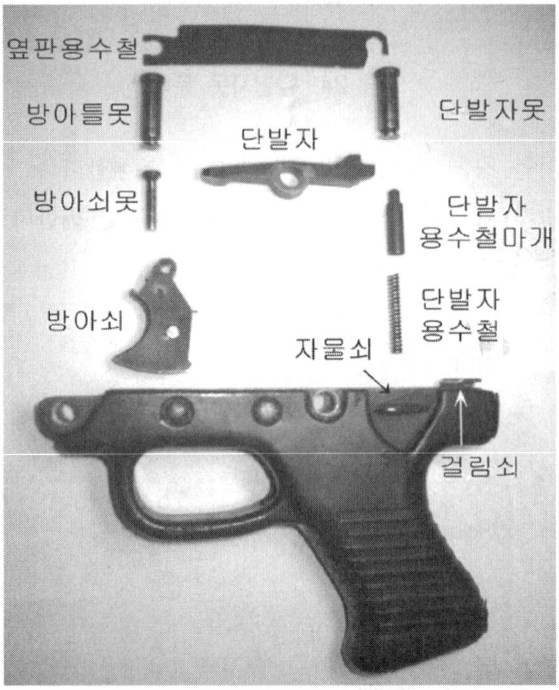

그림 27. 특별 분해된 방아틀 뭉치

(다) 결합 요령

1) 방아쇠 용수철을 뒤로 위치하도록 해서 용수철이 방아틀뭉치 내부 홈아래로 들어가도록 하여 뒤에서 아래로 방아쇠를 결합시킨다.

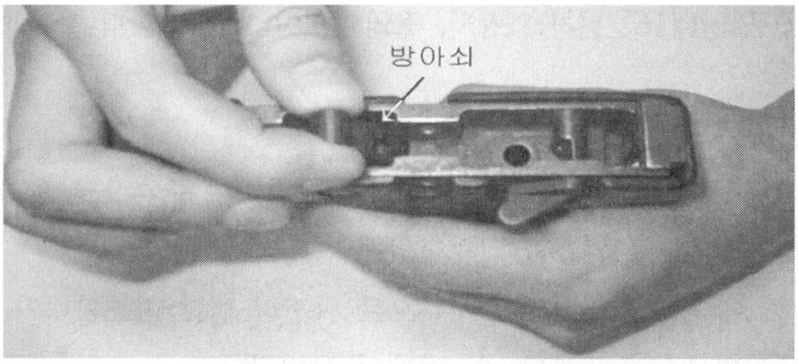

그림 28. 방아쇠 결합

2) 방아쇠 구멍을 방아틀 몸에 있는 구멍과 일치시키고 방아쇠 못을 우측에서 좌측으로 결합한다.

3) 단발자 용수철과 단발자 용수철마개를 방아틀의 뒷자리에 결합한다. 단발자의 가스활대 걸이가 위로 오고 뒤에 위치하도록 하여 단발자를 아래로 누르면서 단발자못을 좌측에서 우측으로 밀어서 결합한다.

(2) 노리쇠 뭉치

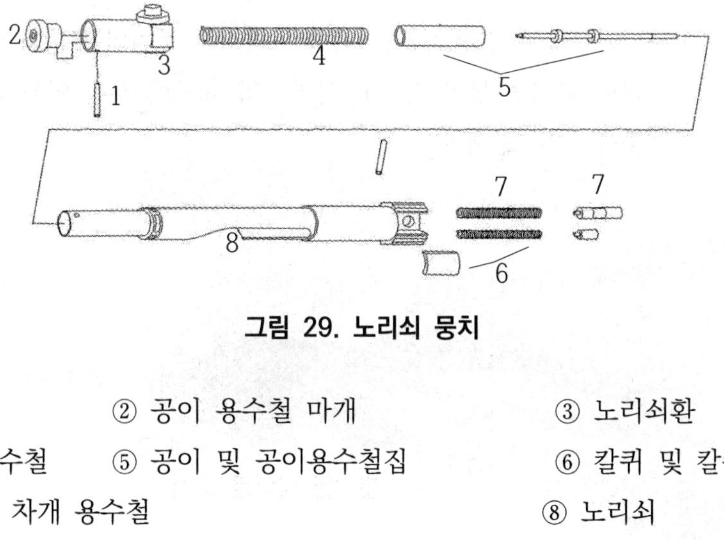

그림 29. 노리쇠 뭉치

① 마개못 ② 공이 용수철 마개 ③ 노리쇠환
④ 공이 용수철 ⑤ 공이 및 공이용수철집 ⑥ 칼퀴 및 칼퀴 용수철
⑦ 차개 및 차개 용수철 ⑧ 노리쇠

(가) 공구 : 1/16" 펀치 , 망치, 플라이어

(나) 분해 요령

1) 가스활대의 정면이 몸쪽으로 향하게 하여 한손으로 노리쇠를 쥐고 다른 한 손으로 가스활대를 힘있게 잡는다.

가스활대를 노리쇠의 뒷부분으로 완전히 밀고 가스활대의 앞을 위로 들어 올리면 노리쇠로부터 가스활대가 분리된다.

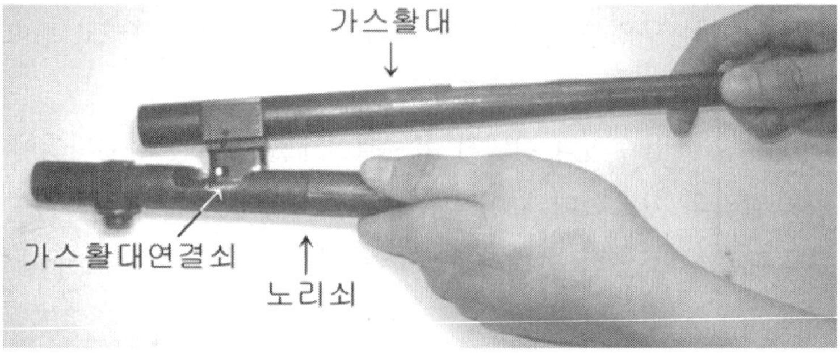

그림 30. 가스활대 분해

2) 노리쇠를 들어 노리쇠 마개못이 노리쇠환 뭉치의 구멍과 일치하도록 노리쇠환 뭉치를 돌려 맞추고 분해구의 뾰족한 끝을 이용하여 노리쇠 마개못을 눌러 분해한다.

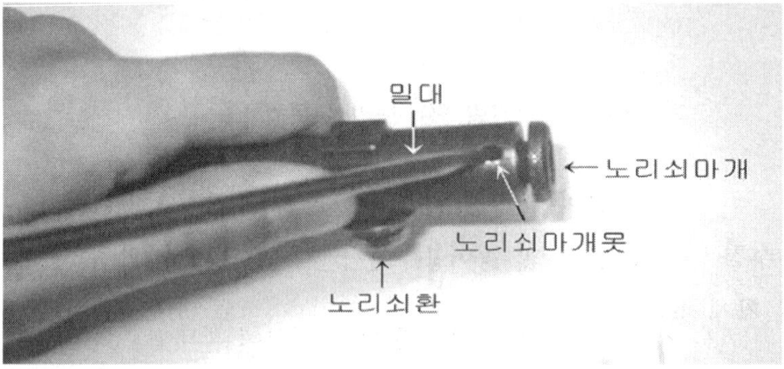

그림 31. 노리쇠 마개못 분해

3) 노리쇠 마개를 좌로 돌려 분해한다.
4) 노리쇠환 뭉치를 뒤로 당겨 분해한다.
5) 노리쇠 몸의 앞을 높게하면 공이 용수철, 공이 베어링, 공이가 분해된다.
6) 마지막으로 남는 것이 노리쇠 몸이다. 노리쇠 정면의 칼퀴는 칼퀴 플런져 및 용수철을 핀 펀치로 좌에서 우로 제거하고, 차개는 차개핀 및 용수철을 좌에서 우로 제거하면 분해된다.

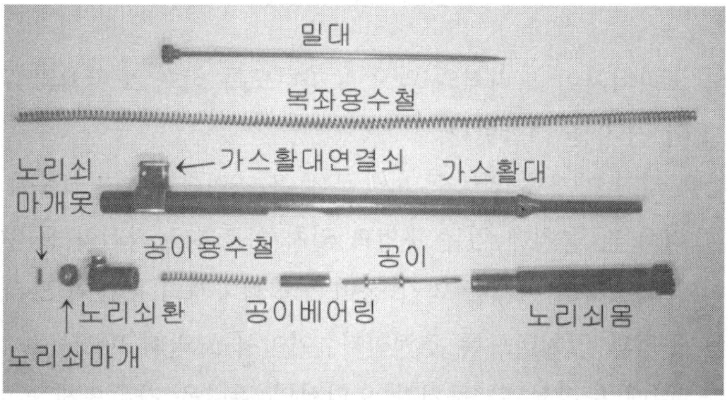

그림 32. 특별 분해된 활대뭉치

(다) 결합 요령

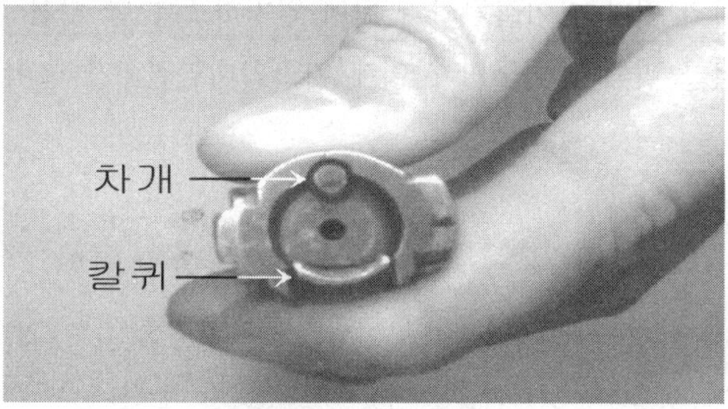

그림33. 노리쇠 정면

1) 노리쇠의 정면을 아래로 향하도록 하여 손바닥으로 노리쇠 몸을 쥐고서 노리쇠 몸의 후미로부터 공이치기 끝이 아래로 향하게 하여 공이를 삽입한다.
2) 이어서 노리쇠 몸속으로 공이베어링의 작은 구멍이 아래로 향하게 하여 공이베어링을 삽입하고 공이용수철을 공이베어링 속으로 결합한다.

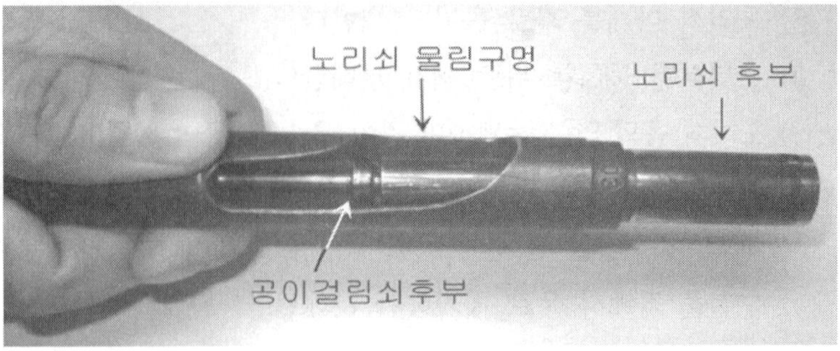

그림 34. 공이 결합

3) 노리쇠환이 노리쇠의 앞으로 향하도록 하여 노리쇠의 뒤로부터 노리쇠 환 뭉치를 결합한다.

4) 노리쇠 마개를 우로 돌려서 몸에 꼭 조인다음 노리쇠몸에 있는 구멍이 노리쇠 환 뭉치에 있는 구멍과 일치 하도록 노리쇠환 뭉치를 돌려 맞춘다. 이어서 노리쇠 마개를 약간 풀어 노리쇠마개의 구멍이 노리쇠환 뭉치에 있는 구멍과 일치하도록 조정한다. 이어서 노리쇠 마개못을 그 구멍에 넣는다. 이때 노리쇠 환 뭉치가 노리쇠의 주변을 자유롭게 돌아야 한다.

5) 노리쇠 물림구멍을 위로해서 노리쇠의 앞이 몸쪽으로 향하게 한손으로 노리쇠를 안전하게 잡고 다른 손으로는 가스활대를 잡아 가스활대 연결쇠의 뒤가 공이걸림쇠의 뒤에 일치하도록 한 다음 가스활대를 뒤로 밀어 노리쇠 물림구멍 사이에 가스활대연결쇠가 놓이도록 한다.

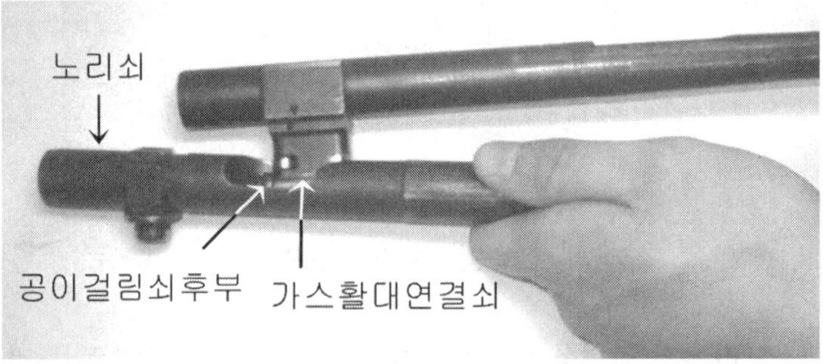

그림 35. 노리쇠와 가스활대의 결합

(3) 총열 뭉치

(가) 공구 : 종합분해구, 플라이어

(나) 분해 요령

1) 총열뭉치를 분해하기 위해 양각대를 펴서 설치한다.

2) 가스통 뒤에 있는 가스통나사를 분해구의 나사틀기로 좌로 돌려서 분해한다.

3) 총구의 앞을 들어 가스피스톤이 가스통으로부터 빠져나오도록 한다.

4) 가스구멍마개를 좌로 돌려 분해한 후 가스통 연장부도 좌로 돌려 분해하면 총열뭉치의 분해가 완료된다.

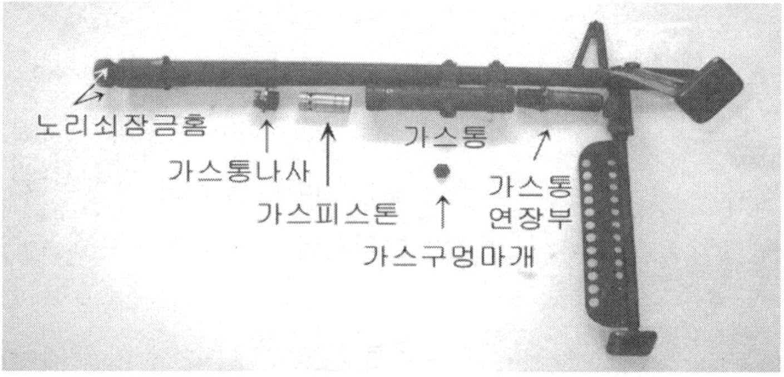

그림 36. 특별분해된 총열 뭉치

(다) 결합 요령

총열뭉치의 결합은 역순으로 한다. 특히 결합시 가스피스톤의 구멍난 부분을 앞으로 가게하고 작은 구멍이 7개 있는 부분을 뒤로 가게하여 가스통 속으로 결합한다.

(4) 몸통 뭉치

(가)공구 : 일자 드라이버, 1/8" 펀치, 망치

(나) 분해 요령

1) 손잡이 분해

가) 지레받침나사를 좌로 돌려 몸통으로부터 분해한다.

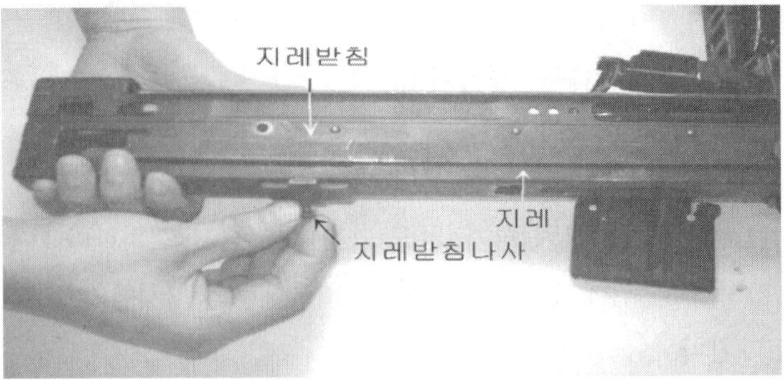

그림 37. 지레받침과 지레받침나사의 분해

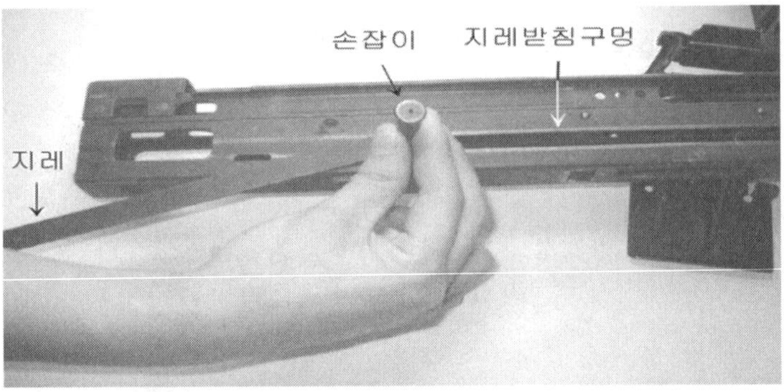

그림 38. 손잡이의 분해

나) 지레받침을 몸통 밖으로 당겨 몸통으로부터 분해한다.

다) 손잡이를 뒤로 당겨 지레받침 구멍으로부터 분해한다.

2) 총대뭉치 분해

덮개를 닫고 덮개가 아래로 향하도록 몸통뭉치를 뒤집어 놓는다. 총대뭉치의 하단에 있는 걸림쇠 구멍에 분해구의 뾰족한 끝을 삽입하여 위에서 아래로 눌러 총대걸림쇠를 늦추어준다. 다음 총대뭉치의 뒤를 가볍게 올리면서 앞쪽으로 밀어 분해한다.

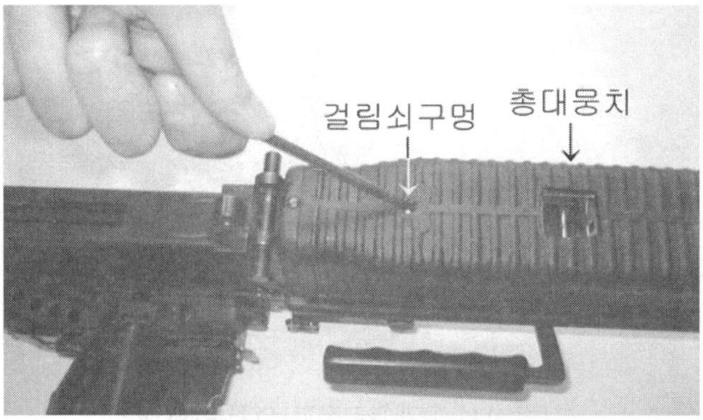

그림 39. 총대뭉치의 분해(2)

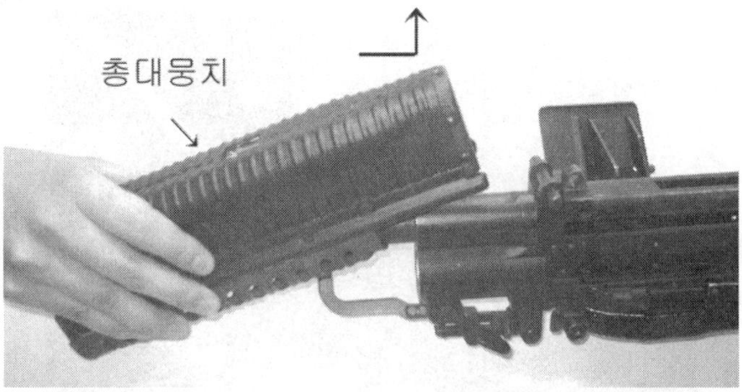

그림 40. 총대뭉치 분해(2)

3) 덮개뭉치 분해

가) 분해구의 뾰족한 끝으로 덮개연결 멈치못을 안으로 밀어 덮개 연결 멈치못을 분해한다.

나) 덮개멈치 못이 분해된 쪽의 홈을 분해구로 밀어 덮개연결 못을 분해한다.

다) 몸통으로부터 덮개를 들어 올린다.

그림 41. 덮개연결못과 멈치못 분해

4) 덮개가 분해 되었을 때 몸통으로부터 송탄받침을 들어올려 분해한다.

그림 42. 송탄받침 분해

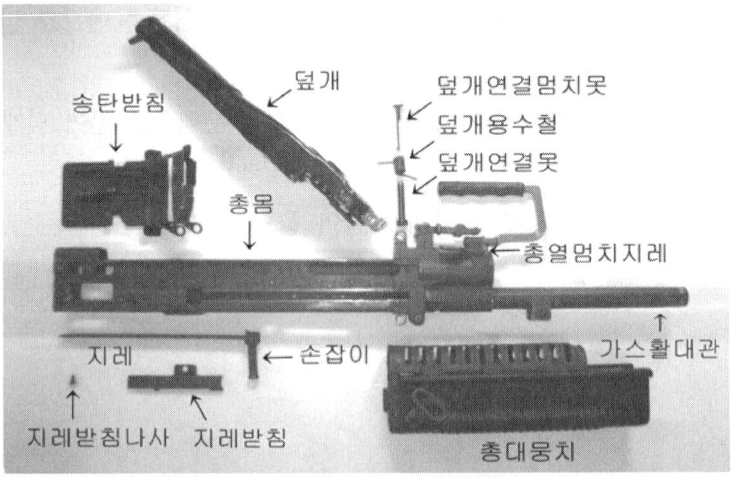

그림 43. 특별 분해된 몸통뭉치

(다) 결합 요령

1) 송탄 받침을 결합하기 위하여 몸통에 있는 고정장치의 좌측에 송탄받침 고리가 위치하도록 정렬시켜 결합한다.

2) 덮개 결합

가) 덮개용수철을 덮개 몸에 결합한 후 몸통에 있는 고정장치의 홈 사이에 결합한다.

나) 덮개 뭉치를 수직으로 세우고 한측면으로부터 연결 못을 끼우고 나서 반대측면에서 덮개연결멈치 못을 끼운다.

3) 총대뭉치 결합

가) 가스활대관이 총대뭉치안에 있는 공기조절판에 부딪 히지 않도록 확인하면서 총대뭉치를 가스활대관 위로 유도한다. 가스활대관 끝과 총대뭉치에 있는 홈을 일치시킨다.

나) 총대뭉치를 완전히 결합하기 위해서는 총대뭉치 후면 밑을 손바닥으로 가볍게 친다.

4) 손잡이 결합

가) 받침홈의 후면 네모진 구멍에 손잡이와 지레를 끼우고 밀어 넣는다.

나) 몸통의 홈에 지레받침의 하부쇠를 삽입하여 지레위에 지레받침을 위치시킨 다음 나사구멍을 적절히 조절하여 지레받침 위쪽을 제자리로 밀어 붙인다.

다) 지레받침 나사를 끼우고 우로 돌려 잠근다.

(5) 덮개 뭉치

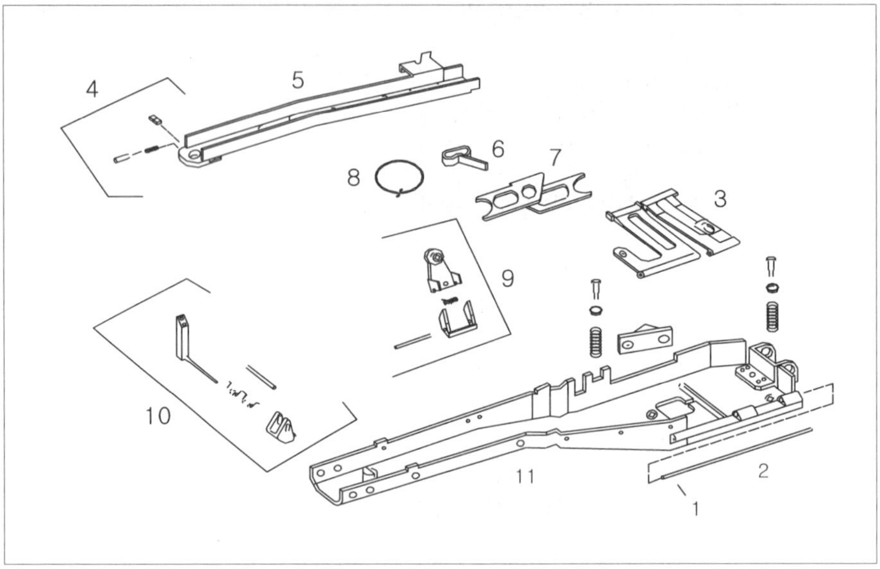

그림 44. 덮개 뭉치

① 짜개핀	②탄알늘림쇠 고정못	③ 전 · 후방 탄알늘림쇠
④ 플런져	⑤송탄지레	⑥ 밀판틀 고정 용수철
⑦ 밀판틀	⑧ 밀판틀 용수철	⑨ 밀손 및 송탄폴
⑩ 덮개 멈치	⑪ 덮개	

(가) 공구 : 롱로즈 플라이어, 일자 드라이버

(나) 분해 요령

1) 롱로즈 플라이어를 사용하여 탄알늘림쇠 고정못의 짜개핀을 제거한다.

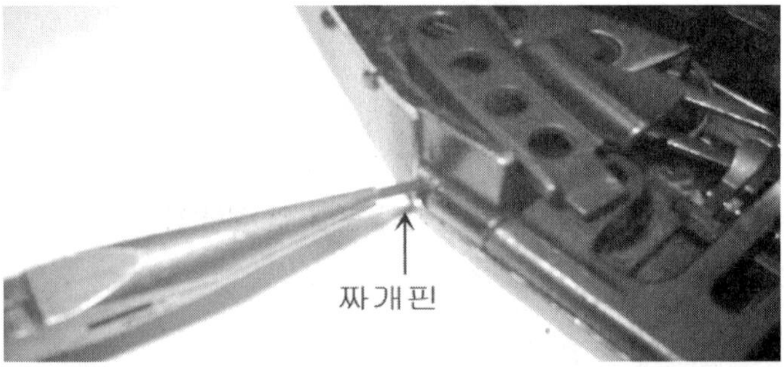

그림 45. 짜개핀 분해 및 결합

2) 롱로즈 플라이어를 사용하여 탄알눌림쇠 고정못을 제거하고 전·후방 탄알 눌림쇠를 제거한다.

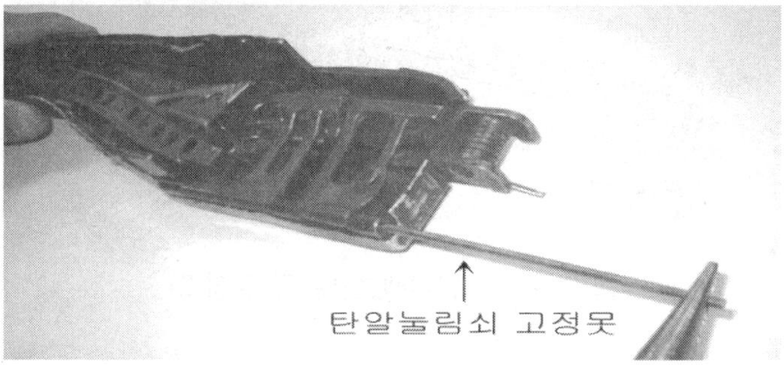

그림 46. 탄알 눌림쇠 고정못 분해 및 결합

그림 47. 탄알 눌림쇠 분해 및 결합

3) 롱로즈 플라이어를 이용하여 송탄지레 플런져를 뒤로 당기고 송탄지레를 제거한다.

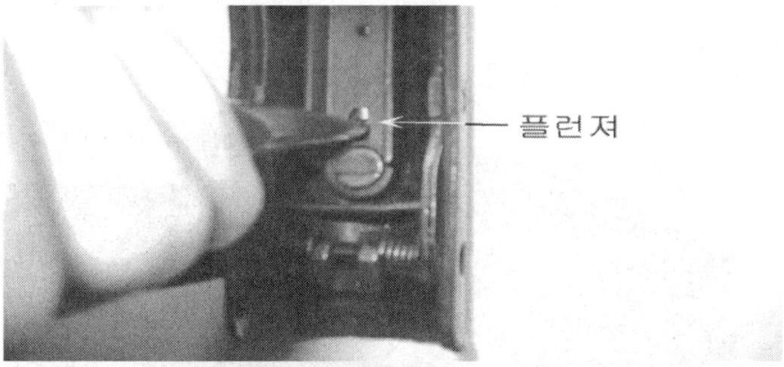

그림 48. 송탄지레 분해 및 결합(1)

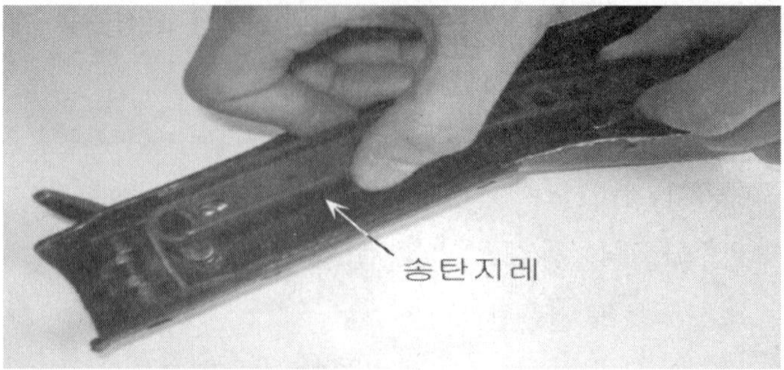

그림 49. 송탄지레 분해 및 결합(2)

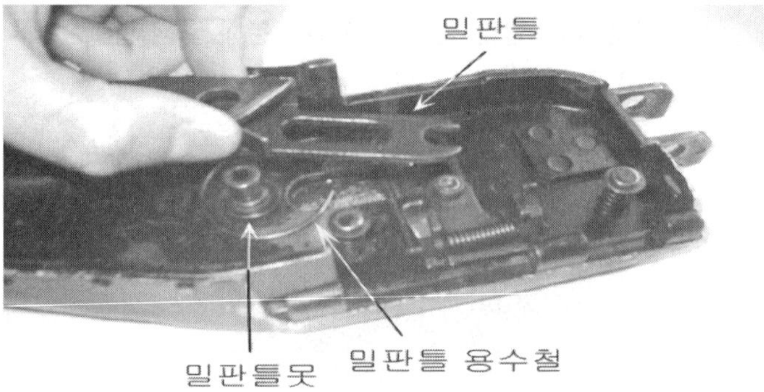

그림 50. 밀판틀 분해 및 결합

4) 일자 드라이버로 밀판틀 용수철을 눌른 상태에서 밀판틀 고정 용수철을 당겨 밀판틀을 분해하고 밀판틀 용수철을 제거한다.

5) 밀손 및 송탄폴 뭉치를 제거한다.

그림 51. 밀손 분해 및 결합

(다) 결합 요령

1) 밀손 및 송탄폴 뭉치를 결합한다.

2) 밀판틀 용수철을 결합하고 밀판틀고정 용수철을 당겨 결합하고 밀판틀 용수철을 결합한다.
3) 송탄지레를 밀탄틀에 걸고 롱로즈 플라이어로 송탄지레 플런져를 뒤로 당겨서 결합한다.
4) 전·후방 탄알눌림쇠를 결합하고 롱로즈 플라이어를 사용하여 탄알눌림쇠 고정못을 결합한다.
5) 롱로즈 플라이어를 사용하여 탄알눌림쇠 고정못의 짜개핀을 결합한다.

4. 검사정비

가. 검사의 종류 : 육안검사, 기능검사, 게이지 검사

(1) 육안 검사

모든 외관은 신품과 거의 동일해야 하며 모든 노출 표면은 홈이나 깍임이 없이 방청 방부가 되어야 한다. 기관총과 장치대는 망실된 부분품이 없어야 한다.

(2) 기능 검사

(가) 방아틀뭉치

작동 여부를 점검한다. 개머리판에 홈이나 만곡으로 인하여 제거나 설치에 제한을 가하는 손상이 있어서는 안된다.

(나) 덮개뭉치

송탄지레는 만곡이 없어야 한다. 납땜한 구성품이 단단한가 확인하며 용수철은 홈이나 만곡이 없어야 하며 밀판틀은 손상이 없이 제기능을 발휘해야 한다.

(다) 완충기 및 가스활대

모든 리벳은 단단히 조여져 있어야 하며 홈이나 만곡이 있어서는 안되며 용접 부분이 파손되거나 이완되어서는 안된다.

(3) 게이지 검사

두격, 표준노리쇠, 공이 돌출량, 공이구멍, 방아쇠 압력검사 등을 실시하여 이상여부를 점검한다.

(가) 두격 검사

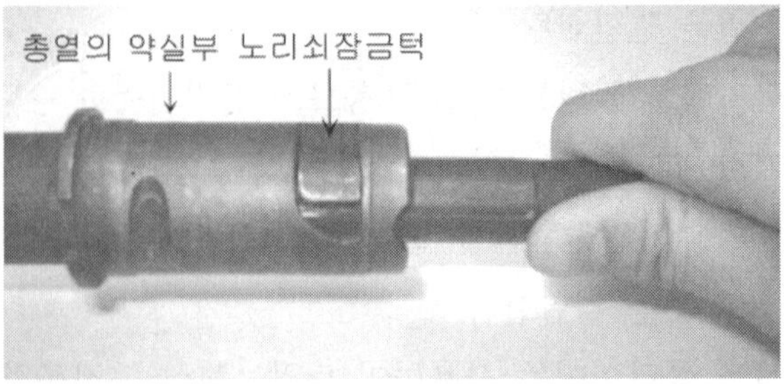

그림 52. 두격 검사

1) 검사 게이지 : 1.636인치 기지용 두격 과대 게이지와1.6455인치 야전용 두격 과대 게이지
2) 판정법 : 두격 게이지를 노리쇠 선단에 물려서 장전시킨 다음 노리쇠의 잠금 위치를 보고 판정하며 노리쇠가 불완전 폐쇄되면 정상이나 완전 폐쇄되면 표준 노리쇠 검사를 실시한다.

(나) 표준 노리쇠 검사

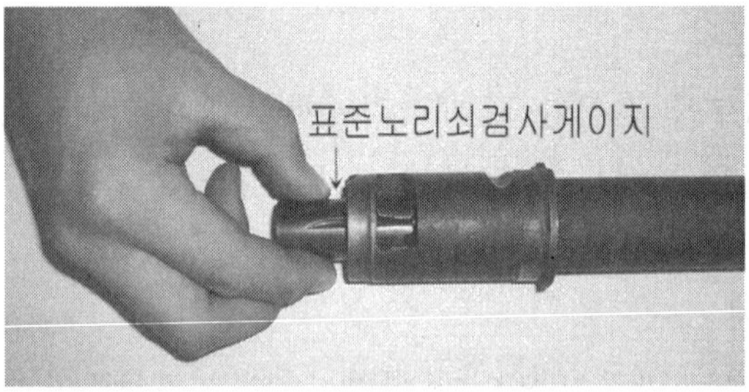

그림 53. 표준노리쇠 검사

1) 검사게이지 : 표준 노리쇠
2) 판정법 : 표준 노리쇠가 완전 폐쇄되면 두격 과대로서 총열을 교환하고 표준 노리쇠가 불완전 폐쇄되면 노리쇠 마모로서 노리쇠를 교환한다.

(다) 공이 돌출량 검사

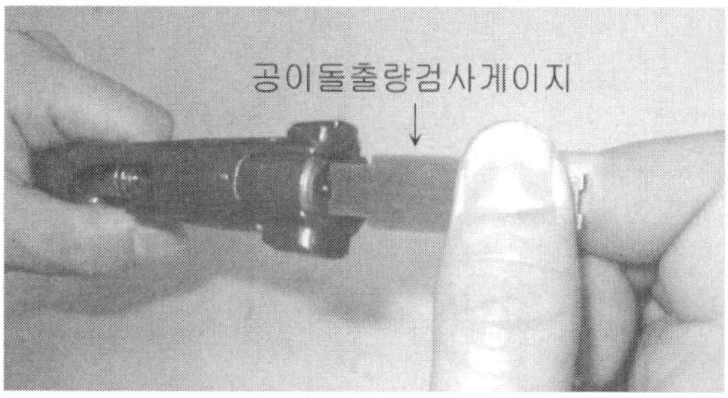

그림 54. 공이 돌출량 검사

1) 검사게이지 : 최소 0.035인치, 최대 0.043인치인 게이지
2) 판정법 : 최소부분은 통과해서는 안되고 최대부분은 통과해야 한다. 공이 돌출 범위가 0.035~0.043인치가 아니면 공이를 교환한다.

(라) 공이구멍 검사

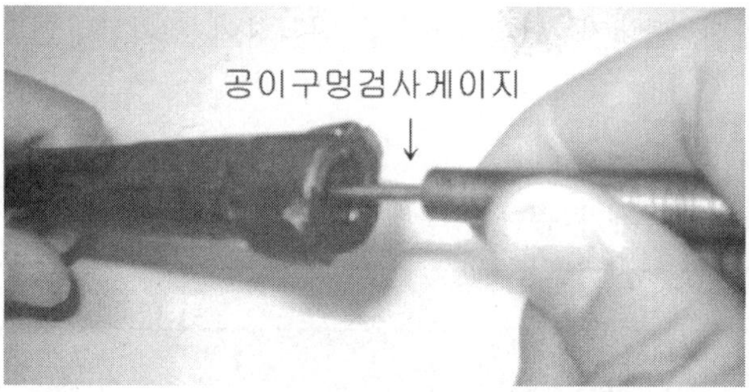

그림 55. 공이구멍 검사

1) 검사게이지 : 0.108" NO GO 게이지
2) 판정법 : 게이지를 공이구멍에 삽입시켰을 때 안 들어가면 정상, 들어가면 공이구멍 확장으로 노리쇠를 교환한다.

(마) 방아쇠 압력 검사

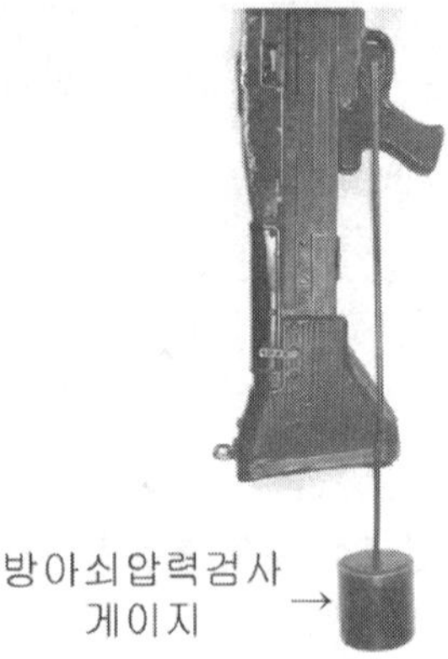

그림 56. 방아쇠 압력 검사

1) 검사게이지 : 최소 2.7kg, 최대 5.1kg인 2개의 추
2) 판정법 : 최소 게이지로는 격발되지 않고 최대 게이지로는 격발 되어야 정상이며 최소 게이지가 격발 되거나 최대 게이지로 격발 안되면 가스 활대, 단발자, 단발자용수철 점검하여 조치한다.

다. 고장배제

고장이란 기능순환이 갑자기 중단된 상태를 말하며 응급처치를 하여도 기능작동이 안 되면 고장배제를 하여야 한다.

기능장애 또는고장	원 인	배 제 법
송탄불능	가스 압력 부족	가스구멍 손질
	송탄걸림쇠 또는 송탄걸림쇠 용수철 결함	교 환
	전면 또는 후면 탄약눌림쇠 결함	교 환
	노리쇠환 결함	교 환
송탄불능	송탄지레 및 밀판틀 용수철 결함	교 환
	노리쇠환 결함	교 환
	주유의 불충분	주 유
	탄약 또는 탄약띠 결함	새로운 탄약 또는 탄약띠 교환
	탄약띠 설치의 잘못	탄약띠의 연결된 부분을 위로해서 바로 끼운다.
	복좌용수철의 파손 및 약화	용수철 교환
	몸통에 장애물	장애물 제거

기능장애 또는고장	원 인	배 제 법
장전 불능	가스통에 누적된 탄소	가스통 손질
	몸통에 누적된 탄소	몸통의 손질
	불량한 탄약	탄약의 교환
잠금 불능	노리쇠 잠김홈의 오물	총열 손질
	복좌용수철의 약화	복좌용수철의 교환
격발 불능	공이 마모 또는 파손	공이 교환
	공이용수철 파손 또는 마모	공이용수철 교환
	탄약 결함	탄약 교환
	약실에 오물	손질 또는 총열교환
	복좌용수철의 약화 및 파손	용수철 교환

기능장애 또는고장	원 인	배 제 법
풀림 불능	노리쇠 잠김홈에 오물	손질또는 총열교환
	가스 압력 부족	가스구멍 손질 및 조임
추출 불능	칼퀴 또는 칼퀴용수철 파손	교환
	반동 부족	가스구멍, 가스활대관손질
	가스피스톤 거꾸로 설치	정확한 결합
방출 불능	반동 부족	가스구멍, 가스활대관손질
	차개 또는 차개용수철 파손	손질 또는 교환
격발 준비 불능	단발자 걸이의 파손 및 마모	교환
	가스활대걸이의 파손 및 마모	교환
	단발자 용수철 또는 단발자 용수철 마개의 파손 · 마모	교환
	몸통에 오물	손질
	반동부족	가스구멍, 가스활대관손질
초과 작용	단발자 걸이 및 가스 활대걸이의 파손 및 마모	교환
	단발자 용수철의 약화	교환
	짧은 반동	가스통 손질
완만 작용	과도한 마찰	손질 및 주유
	가스의 과도한 누적	가스구멍마개의 교환 및 조임

5. 야전 주요 고장사례 정비요령

가. 사례#1. 가스통 결합에 의한 작동중단

(1) 현상

가스통내 마모 또는 가스피스톤, 와셔, 가스통마개, 가스배출구등의 마모 및 손에 의해 가스가 가스활대를 밀어주지 못하므로써 풀림, 추출등의 기능작동이 중단 또는 연발 사격이 안되는 사례가 많이 발생하고 있다.

(2) 원인

(가) 가스피스톤 오결합으로 사격불가

(나) 오결합상태로 연발사격을 함으로써 가스피스톤 파손으로 사격불가

(다) 각 부품 마모 및 손에 의한 가스 누출로 사격불가

(라) 가스구멍 및 배출구 막힘으로 사격불가

(3) 정비요령

(가) 공구 : 종합분해구, 플라이어

(나) 분해 (앞 총열뭉치 분해 참조)

1) 총열을 제거한다.

2) 종합분해구로 가스통마개 및 와셔, 가스배출구를 제거한다.

3) 안전선을 제거하고 가스통플러그를 종합분해구로 제거한다.

4) 종합분해구의 압착기를 가스통플러그 구멍을 통해 바닥에 넣어 가스제거 확인

(다) 검사 및 정비

1) 가스통마개의 균열이나 헐거움을 검사한다.

2) 가스구멍 이물질, 가스피스톤의 적절한 이동 및 파손, 가스피스톤과 가스통이 불안전하여 작동로드의 추진력을 감소시키는지 검사한다.

3) 이상 발생시 교환 및 손질한다.

(라) 결합(앞 총열뭉치 결합 참조)

1) 결합은 분해의 역순이다.

2) 가스피스톤은 머리를 약실쪽으로 결합한다.

3) 가스통플러그는 2.3~6.8kg의 회전력으로 결합한다.

나. 사례#2. 가스활대 뭉치 결합에 의한 작동불량

(1) 현상

가스활대 뭉치 결합으로 풀림, 추출, 장전, 완충작용등의 기능작동 불량 또는 연발사격이 안되는 사례가 많이 발생하고 있다.

(2) 원인

(가) 가스활대와 노리쇠의 결합부에 과도한 마모 및 파손으로 사격 불가

(나) 복좌용수철 및 복좌용수철 받침의 휨 및 파손으로 사격 불가

(3) 정비요령

(가) 공구 : 1/16" 펀치, 망치, 플라이어

(나) 분해(앞개머리판, 완충기, 가스활대 뭉치 분해 참조)

(다) 검사 및 정비

1) 작동로드 뭉치의 손상이나 구동용수철 구멍안의 장애물 검사

2) 롤러 균열 및 자유로운 회전상태 및 요크의 결합상태 검사

3) 복좌용수철 받침의 손상정도 및 복좌용수철 가락이 파손되거나 끝이 분리 된다든지 심하게 만곡 및 약화상태 검사

4) 녹, 마모 및 파손 발견시 교환 및 손질한다

(라) 결합(앞 가스활대 뭉치, 완충기 개머리판 결합 참조)

다. 사례#3 노리쇠 뭉치 결합에 의한 작동 불량

(1) 현상

노리쇠 뭉치 결합으로 격발, 풀림, 추출 등의 기능작동 불량 및 단발 및 연발사격이 안되는 사례가 다수 발생하고 있다.

(2) 원인

(가) 노리쇠 잠금턱의 마모로 가스가 약실에서 새어 나오므로 추출 및 연발사격 불량

(나) 공이 용수철집의 오결합으로 연발사격 불가

(다) 노리쇠 뒷마개 멈치핀 망실로 뒷마개가 풀리면서 잠금불능현상 초래

(라) 총열 제거후 잦은 헛격발로 탄알받침과 노리쇠환이 부딪혀 노리쇠환의 균열 및 파손

(마) 공이 마모 / 파손으로 격발 불량

(3) 정비요령

(가) 공구 : 1/8" 펀치, 망치, 플라이어

(나) 분해(앞 가스활대 뭉치 분해 참조)

1) 마개 못을 제거하여 공이 용수철 마개, 노리쇠환 , 공이용수철, 공이 및 공이집을 분해한다.

2) 용수철 못을 제거하여 칼퀴, 칼퀴용수철, 차개 및 차개용수철을 분해한다.

(다) 검사 및 정비

1) 공이 용수철 장력 및 선의 파손 검사

2) 노리쇠 뭉치 안에서 공이의 작동상태 검사

3) 공이의 만곡, 끝의 형상 및 공이 돌출량/공이구멍 검사

4) 차개와 칼퀴의 마모상태, 자유로운 움직임 및 차개와 칼퀴 플런저 용수철의 장력 검사

5) 약실 및 노리쇠 표면에 넓이 0.16 ~ 0.08cm 이상 손상 및 부식된곳 유무 검사

6) 노리쇠환의 자유로운 회전상태 검사

7) 구성품의 굵힘, 손상, 적절한 기능 여부 검사후 이상 발생시 교환 및 손질한다.

(마) 결합(앞 가스활대 뭉치 결합 참조)

라. 사례#4 방아틀 뭉치 결함에 의한 사격 불량

(1) 현상

방아틀뭉치의 결함으로 사격차단 불량, 격발불량 등의 현상이 많이 발생되고 있다.

(가) 단발자의 마모 및 단발자 용수철의 장력 약화로 단발자가 가스활대 아랫부분 걸림턱을 걸어주지 못해 사격차단 불량

(나) 옆판용수철의 장력 약화로 총몸에서 이탈하면서 방아틀뭉치 고정못 망실로 방아틀 뭉치 고정 불가

(다) 방아틀뭉치 고무부분 주유로 인한 변형

(3) 정비요령

(가) 공구 : 1/8" 펀치, 망치

(나) 분해(앞 방아틀 뭉치 분해 참조)

1) 단발자 못을 제거한다.

2) 조정간, 단발자, 단발자 용수철 및 집, 안전자 용수철 및 집을 분해한다.

3) 방아쇠 못을 제거하여 방아쇠 뭉치를 분해한다.

4) 핀을 제거하여 방아쇠와 방아쇠 용수철을 제거한다.

(다) 검사 및 정비

1) 방아틀 고정못 유동, 단발자턱 표면 등 구성품의 손상여부 검사

2) 방아쇠 용수철, 단발자 플런져와 용수철, 안전 플런져와 용수철의 작동 상태 및 장력 검사

3) 고무 부분의 끈적거림이나 손자국이 생기는지 검사

4) 이상 발생시 부품을 수리 및 교환 한다.

(라) 결합(앞 방아틀 뭉치 결합 참조)

마. 사례#5 양각대 유동 및 파손에 의한 고정/사격 불량

(1) 현상

양각대 뭉치의 결함으로 총기 고정 및 사격시 총기 유동으로 사격 불량 현상이

많이 발생되고 있다.

(2) 원인

(가) 과도한 지면 충격에 의한 양각대 마모/파손으로 고정 불가

(나) 양각대 고정나사가 완전히 결합이 되지 않은 상태에서 장기간 사용으로 양각대 피봇의 고정턱 마모로 고정불가

(다) 양각대 발의 접합부가 떨어져 양각대 발의 유동으로 고정 불가

(3) 정비요령

(가) 공구 : 7/64" 드릴, 1/8" 펀치, 망치, 일자 드라이버

(나) 분해

1) 바이스를 조여서 총열을 고정한다.
2) 7/64인치 드릴을 사용하여 소염기 고정핀을 제거한다.
3) 양각대를 제거한다.
4) 좌, 우 다리뭉치의 선회축 고정 나사의 부풀은 끝부분을 갈아 없애고 선회축을 제거한다.

(다) 검사 및 정비

1) 다리의 작동상태 즉, 다리는 잘 끼워지는지, 다리 위치의 조정이 이루어지는지, 다리멈치는 접은 상태에서 다리를 지지하는지 검사한다.
2) 용수철과 나사의 손상 및 좌, 우 선회다리가 고정되는지 검사한다.
3) 이상 발견시 부품을 교환한다.

(라) 결합

1) 좌, 우 선회 다리뭉치를 결합하고 두 곳에다 나사를 단단히 박는다.
2) 양각대를 결합한다.
3) 소염기를 결합하고 1/8인치 펀치로 양선단에 핀을 견고하게 끼운다. 결합후 소염기와 양각대 사이의 간격은 0.5mm이다.

바. 사례#6 총대 뭉치 유동으로 조작 곤란

(1) 현상

총대 뭉치 유동으로 조작곤란 현상이 다수 발생하고 있다.

(2) 원인

(가) 총대 뭉치 U자 용수철 파손 및 망실

(3) 정비요령

(가) 공구 : 1/8" 펀치

(나) 분해(앞 총대뭉치 분해 참조)

(다) 검사 및 정비

1) 덮개의 이완여부/리벳의 견고성 검사

2) 멈치와 용수철 작동상태 검사

(라)결합(앞 총대뭉치 결합참조)

사. 사례#7 개머리판 유동 및 이탈로 인한 사격 곤란

(1) 현상

장비의 무리한 조작 및 충격으로 인한 개머리판 유동 및 이탈로 사격곤란 현상이 다수 발생하고 있다.

(2) 원인

(가) 무리한 조작 및 충격으로 개머리판과 총몸 결합부의 파손으로 고정 불가

(나) 장비 노후 및 잦은 충격으로 개머리판 결합부의 리벳팅이 떨어져서 고정이 불가

(3) 정비요령

(가) 어깨 받침의 기능 및 걸쇠의 작동상태 검사

(나) 경첩/핀의 안전성 검사

(다) 총몸에 완전 결합 여부 검사

(라) 고무 부침 및 접합 상태

(마) 리벳의 견고성 및 돌기 발생 여부

(바) 이상시 교환/수리(드릴을 사용하여 어깨받침쇠의 양쪽 4곳에 1/8인치의 구멍을 뚫고 수동식 리벳터를 사용하여 직경 1/8인치, 길이 1/4인치의 리벳을 장치한후 리벳 머리를 흑색 락카로 칠한다.)한다.

아. 사례#8 덮개 뭉치 결함에 의한 작동 중단

(1) 현상

덮개 뭉치내 부품의 굴곡 및 용수철 장력 약화로 송탄 및 장전작용이 불량하여 연발사격 및 기능작동중단 사례가 자주 발생하고 있다.

(2) 원인

(가) 탄알 눌림쇠의 굴곡이나 용수철의 장력 약화시 탄알이 노리쇠 전진로상에서 유동발생 및 장전작용 불량

(나) 덮개 멈치의 손상 및 약화로 송탄 불량

(다) 덮개 결합 부분 파손

(3) 정비요령

(가) 공구 : 4/16" 펀치, 4/64" 펀치, 망치, 롱로즈 플라이어

1) 분해

① 송탄지레를 제거한다.

② 밀판을 제거한다.

③ 연결못을 제거하여 탄알 눌림쇠를 분해하고 밀손을 제거한다.

④ 덮개 멈치를 제거한다.

(나) 검사 및 정비

1) 밀판 및 밀손, 송탄지레 파손/용수철 장력 약화, 균열 또는 마모시 교환

2) 덮개 경첩 용수철 장력 상태/덮개 걸쇠 작동상태 검사

3) 밀판, 송탄지레, 캠뭉치와 멈치 및 용수철 작동상태 검사

4) 연결못 짜개핀 상태, 덮개 걸쇠 지레, 덮개의 내부표면 이상유무 검사

5) 이상 발견시 교환한다.

6. 예방정비

예방정비란 규칙적으로 총기를 검사하고 정비하여 고장을 방지함으로서 항상 기능발휘가 가능한 상태로 유지하는 것이다.

품 목	점 검 절 차
총열 뭉치	· 앞뒤를 바꾸어가며 기울였을 때 가스피스톤이 자유로이 움직여야 한다. (피스톤이 움직이는 소리가 "찰칵"하고 들린다.)
총열 뭉치	· 마른 수입포로 총열 내부의 기름이나 오물을 손질한다. · 가스 피스톤이 움직이지 않으면 총열 결함으로 정비 의뢰한다.
방아틀 뭉치	· 노리쇠를 후퇴시킨 후 조정간을 "안전"(S)위치에 놓고 방아쇠를 당긴다. 조정간이 "안전"(S)위치에서 방아쇠가 작동될 때는 정비 의뢰한다.
덮개 뭉치	· 사용 전에 모든 활동부분을 엷게 주유한다.
총몸 뭉치	· 장전 손잡이는 작동이 잘되는지 점검 · 총열의 고정을 위한 총열 멈치 및 지레를 점검 · 장전손잡이의 변형이나 총열의 유동이 있으면 정비 의뢰한다.
기관총	· 사격이 불규칙하거나 원활하지 않을 때(탄매의 누적)는 보통 분해하여 필요한 정비를 실시한다. 작동불능일 때는 정비 의뢰한다.
기관총	· 보통분해, 손질, 검사 및 주유한다. · 가스활대 뭉치와 총열 뭉치의 흠 및 균열 검사 · 가스 피스톤이 자유롭게 움직이는지 점검
	· 방아틀 뭉치 부분품의 마모상태 점검 · 조정간이 "사격"(F) 위치에서 단발자가 움직이는지 점검 · 노리쇠 뭉치의 결함검사 · 총기를 결합하고 기능검사를 한다. 손상되거나 망실품이 있으면 정비 의뢰한다.

7. 부수기재

순위	재 고 번 호	품 명	단위	기준수	그림 번호
1	4933006529950	EXTRACTOR	개	1	1
2	5120004611075	WRENCH, OPEN & BOX	개	1	2
3	1005006085001	예비총열	개	1	3
4	1005003504100	수입솔(총몸)	개	1	4
5	1005005564174	수입솔(총강용)	개	1	5
8	1005006903115	수입솔(약실용)	개	1	6
7	1005007162920	꼬질대	개	1	7
8	1005007915420	부수기재주머니	개	5	8
9	8415375015868	내열성장갑	개	1	9
10	9150009356597	기름통	개	1	10
11	1005375011801	운반손잡이결합체	개	1	11

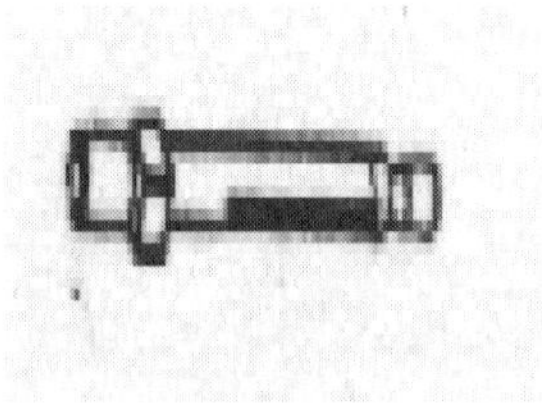
그림 1

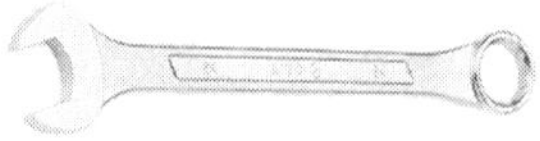
그림 2

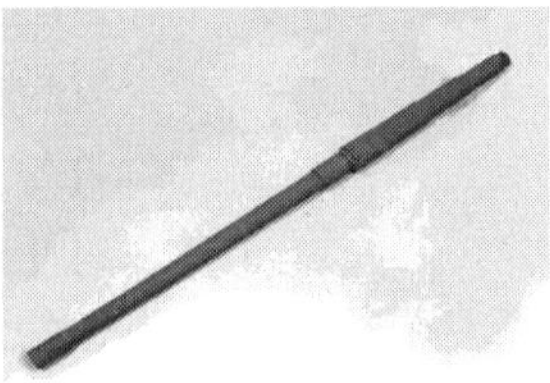
그림 3

그림 4

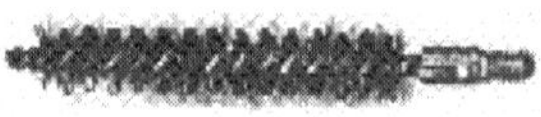
그림 5

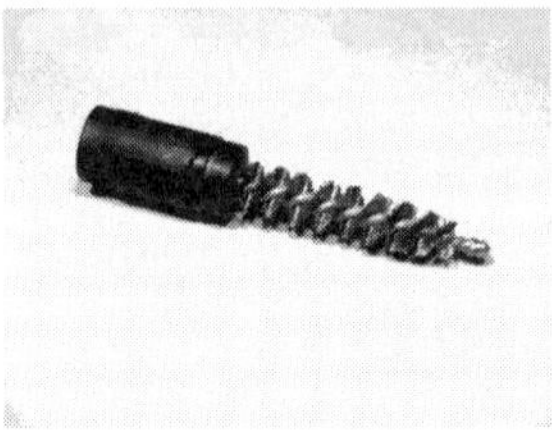
그림 6

그림 7

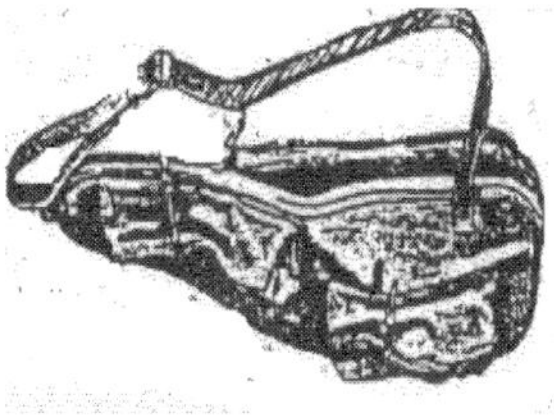
그림 8

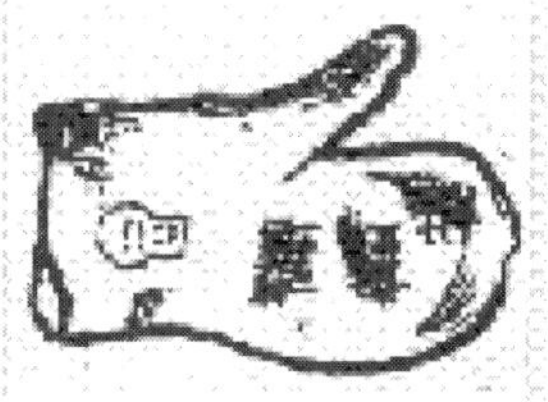
그림 9

그림 10

그림 11

제2장 K3 기관총

1. 개요

K3 기관총은 1978년, 1인 운용이 가능하고 개인화기와 동일 구경 탄약과 호환성을 겸비한 한국적 여건에 맞는 기관총 개발을 소요제기하여 1977년 국방과학연구소에서 연구개발 하였고 1979년~1987년까지의 시제 및 시험을 실시하여 1989년 한국형 분대지원용 기관총 K3를 생산하여 M60기관총을 대체 보급 운용중에 있다.

가. 제원

구 분			단 위	내 용
무 게	총의 무게 (탄통, 멜빵 제외)		kg	6.85
	탄통	200발 장전		3.15
		빈 탄통		0.21
	삼각대 (M122)			6.8
길 이	전체 길이		cm	103.0
	총열	소염기 포함		53.3
		소염기 제외		48.3
기계적 특 성	강선회전율		inch	7.3"/1회전
	강 선			6조 우선
조작상	탄자가 총구를 떠날 때 속도	K-100탄	m/s	915
		M193탄		960
	약실압력		psi	52,000

구 분				단 위	내 용
조작상	발사속도		최대	발/분	700~1,000
			유효		150~200
특성	사거리	최대	K-100탄	m	3,600
			유효		2,653
			K-100탄		800
			M193탄		460

나. 특징

K3 기관총은 구경이 5.56밀리로 K100탄을 주로 사용하며 KM193탄은 호환 사용 가능하다. 1개의 예비총열이 지급되며 석면수갑을 사용치 않고 신속히 총열을 교환할 수 있고, 총열은 공냉식이며 송탄은 탄대 및 탄알집에 의해 장전되고, 작동방식은 가스피스톤에 의한 가스작용식이며 사격은 자동식이다.

다. K3 기관총과 M60기관총의 차이점

항 목	K3	M60
구 경	5.56㎜	7.62mm
무 게(탄통제외)	6.85Kg	10.432Kg
전 장	103cm	110.5cm
강 선	6조 우선	4조 우선
강 선 회 전 율	7.3"	12"
총 열 길 이	483mm	508mm
최 대 사 거 리	3,600m(K-100탄)	3,725m
유 효 사 거 리	800m(K-100탄)	1100m
총 구 속 도	915m/sec	853m/sec
발 사 속 도	700~1,000발/분	550~650발/분
송 탄 방 식	탄대 및 탄창송탄	탄대송탄

2. 구조기능

가. 외부 명칭

그림 1. K3 기관총 외부명칭

(1) 총열 뭉치

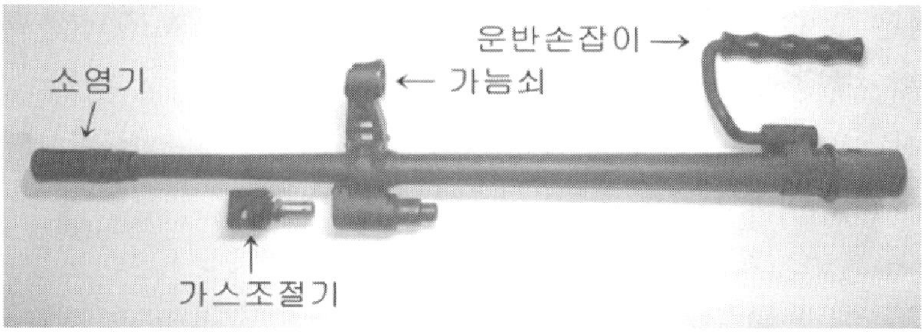

그림 2. 총열뭉치

(가) 소염기

소염기는 총열의 총구 끝에 부착되어 있고 소염기의 작은 홈은 사격간 연기와 섬광을 분산시켜준다.

(나) 가늠쇠

원형 가늠쇠울안에 상하 조정식 가늠쇠가 부착되어 있고 상하 조정식 가늠쇠는 예비총열의 영점 조정시 사용한다.

(다) 가스조절기

필요에 따라 가스 조절기를 회전시켜 가스 압력을 조절할 수 있으며, 가스 조절기 측면에 대, 중, 소 3개의 문자를 몸체 측면 화살표에 일치시켜 준다. 손질을 위해 가스 조절기 제거시는 가스 조절기 고정멈치를 꽂을대 끝으로 누르고 가스 조절기를 돌려서 가늠쇠 틀의 화살표와 가스 조절기의 조립선에 일치 시킨 후 빼낼 수 있다.

· 대 : 저온이나 먼지, 모래, 습기, 강우 등 악조건하에서 사용.
· 중 : 정상 조건에서 사용.
· 소 : 지속사격(분당 500발)으로 발사속도가 증가할 때 사용.

(라) 운반 손잡이

운반 손잡이는 기관총을 단거리 이동 시킬 때, 또는 총열교환시 사용하며 사격간 운반 손잡이를 오른쪽으로 눕힐 수 있도록 되어있다.

(2) 총몸 뭉치

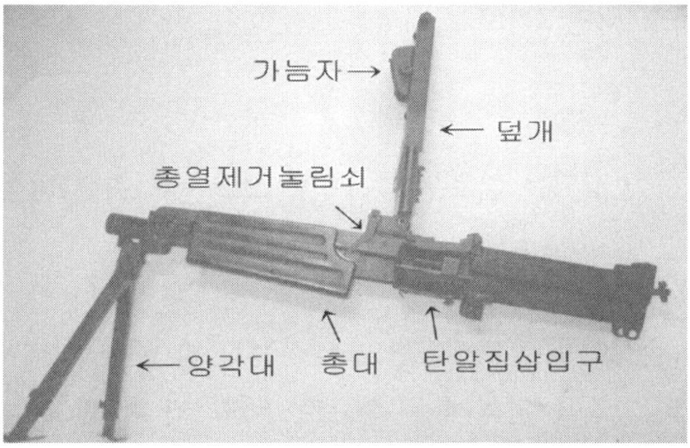

그림 3. 총몸 뭉치

(가) 총열제거 눌림쇠

총열 제거 및 결합에 사용하며 눌림쇠를 직후방으로 당긴다. 이때 노리쇠는 완전히 개방된 상태에서 실시해야 한다.

(나) 덮개

덮개는 덮개잠금쇠 좌우에서 동시에 눌러 주면서 열고 닫으며, 탄약띠 송탄을 위한 송탄 밀대 및 밑판틀을 내장하며 조준경 및 야시장비를 설치할 수 있도록 2개의 나사 구멍이 있다.

(다) 가늠자 뭉치

그림 4. 가늠자 뭉치

좌우 편차 조정을 위한 가늠자 편차 조정쇠와 상하 조정을 위한 가늠자 상하 조정나사 그리고 사거리를 조절하는 사거리 조정쇠가 있다.

(라) 총대

사격시 발생되는 열로부터 사수를 보호하기 위한 받침대를 총대라 한다.

(마) 장전 손잡이

장전 손잡이를 후퇴시키면 노리쇠는 격발 준비 상태에 놓인다. 사격시는 사수의 안전을 위해 총구 쪽으로 전진시킨 후 반드시 앞으로 눕힌다.

(바) 탄알집 삽입구

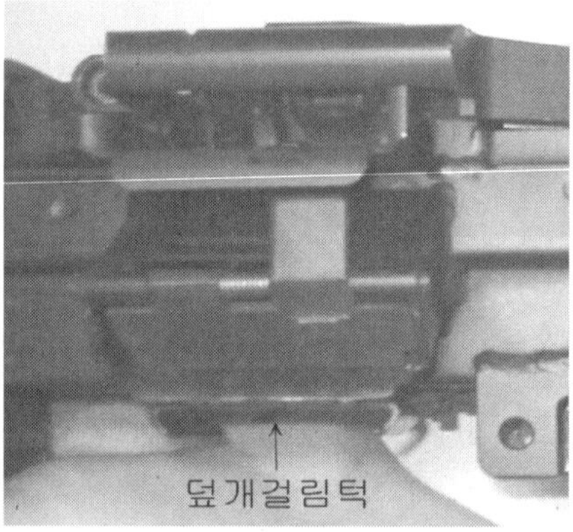

그림 5. 탄알집 삽입구

탄알집 장전시 탄알집 삽입구 덮개에 위치시킨 후 밀어 넣어서 탄알집 삽입구 덮개의 걸림턱에 탄알집 홈이 걸리게 한다. 제거시 탄알집 삽입구 덮개 상단 돌출부를 왼손 엄지로 당기면서 탄알집을 아래로 내리면 제거된다.

주 의

탄약띠와 탄알집은 동시에 사용할 수 없다.

(사) 양각대 뭉치

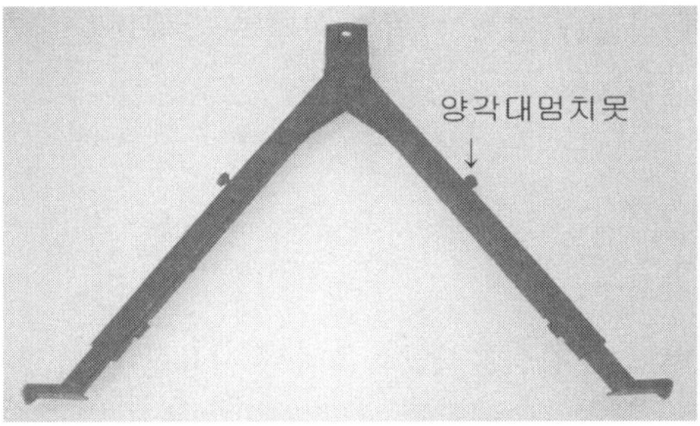

그림 6. 양각대 멈치

양각대 뭉치는 고정못에 의해 총몸 뭉치와 연결되며 사격간 명중률 향상을 위해 총을 지지하는데 사용되며 전, 후방향으로 접을 수 있고 또한 양각대 멈치못 높이를 3단계로 조절하며 이동간에는 접어서 이동하고 양각대를 총몸 뭉치로부터 제거시는 총대를 먼저 제거해야 가능하다.

(3) 방아틀 뭉치

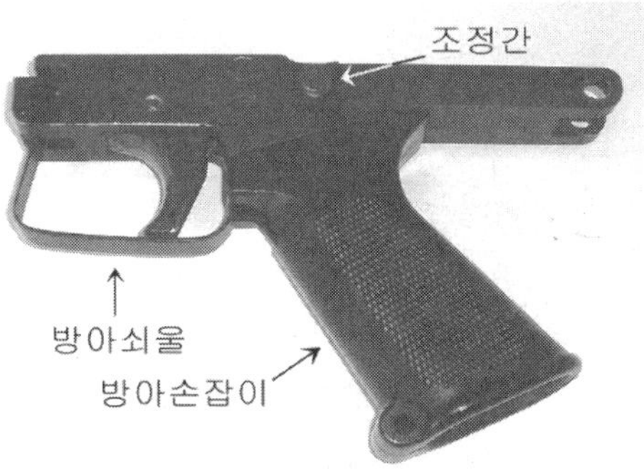

그림 7. 방아틀뭉치

(가) 조정간

안전 및 연발 사격을 조정한다. 조정간은 우에서 좌로 밀면 사격위치, 좌에서 우로 밀면 안전 위치가 된다.

조정간 사격위치는 조정간 좌측 돌출부에 적색 표시가 튀어 나온 상태이다.

(나) 방아쇠 울

동절기에 장갑을 낀채 사격을 하려면 방아쇠울의 전방 윗부분을 당기면서 아래로 내려주면 된다.

(4) 개머리 뭉치

(가) 어깨 받침쇠

사용시 어깨 받침쇠를 들어 올려서 사용한다.

(나) 개머리

고무로 된 개머리 반동판이 부착되어 있다.

(다) 개머리 연결쇠 고정못

개머리 연결쇠 고정못의 고리를 잡고 턱에 걸릴때까지 당기면 개머리 뭉치가 아래로 제껴진다.

이 상태에서 활동부 뭉치 및 밀대 뭉치를 제거 또는 설치할 수 있다.

나. 기능작용

(1) 송탄작용

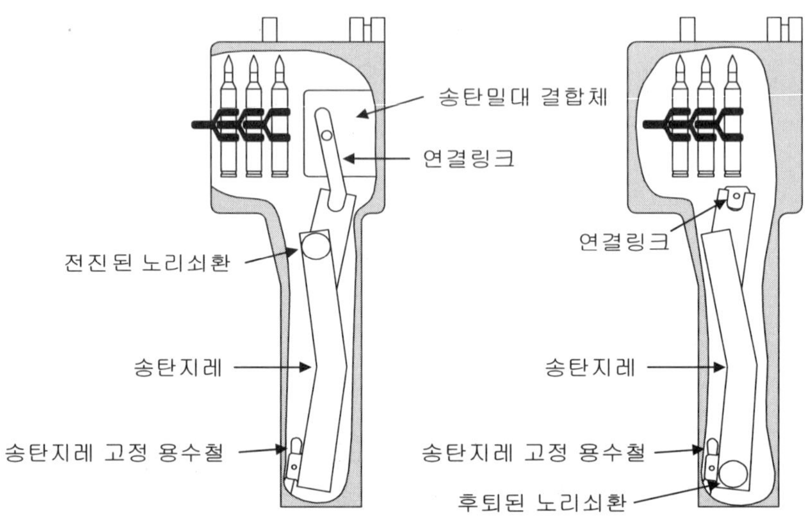

그림 8. 송탄작용

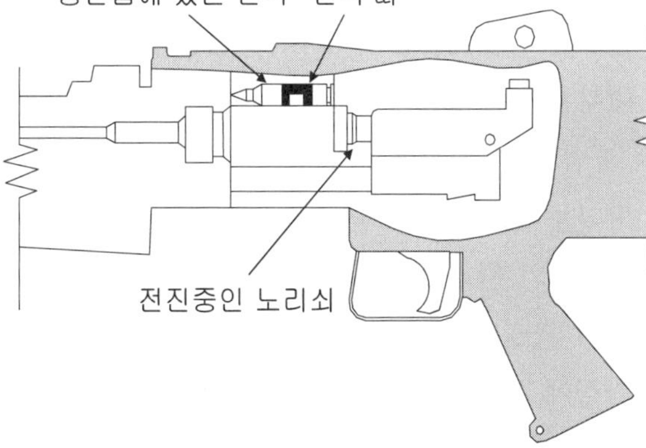

그림 9. 탄알과 접촉하고 있는 노리쇠 윗 잠금턱

(가) 노리쇠가 앞으로 전진하면 노리쇠환은 송탄지레을 우로 이동시키고 송탄 지레의 전방에 부착된 홈에 의하여 연결링크를 좌로 이동하여 좌측에 있는 다음 탄알을 걸어 밑판틀의 홈으로 들어갈 준비가 된다.(1/2송탄)

(나) 사격후 노리쇠가 후퇴할 때 송탄지레를 좌로 이동시킨다. 이때 송탄지레의 전방에 부착된 홈에 의하여 연결링크는 좌로 이동하며 연결링크에 결합되어 있는 송탄 밀대결합체는 탄알 1발을 걸어 우로 이동시켜 밑판틀의 홈에 놓이게 한다.(1/2송탄)

(2) 장전작용

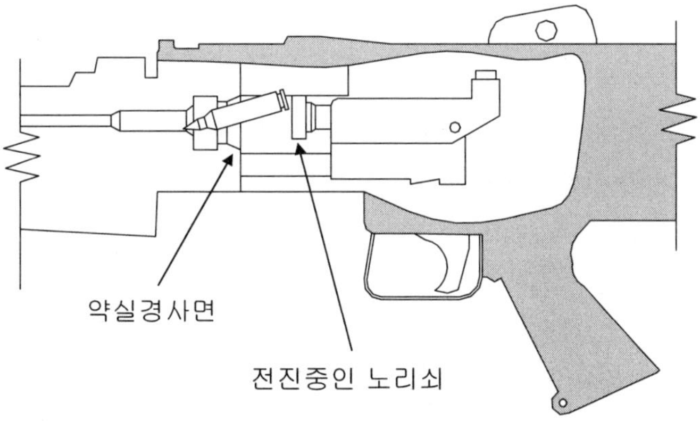

그림 10. 장전작용

(가) 노리쇠가 전진함에 따라 노리쇠 잠금턱의 윗부분이 탄알의 뒷 가장 자리를 앞으로 밀어준다. 이때 덮개 뭉치에 있는 탄알 눌림쇠 전,후는 노리쇠 잠금턱의 윗부분이 탄알을 정확하게 접촉하도록 탄알을 아래로 눌러주고 전면 탄알 눌림쇠는 탄알이 탄약띠로부터 풀려 나오게 될 때 탄약띠의 전방 이동을 막아준다.

(나) 노리쇠 잠금턱의 윗 부분은 탄알을 앞으로 전진 시키고 약실의 경사진면은 탄자의 끝이 약실의 아랫 쪽으로 운반되도록 해 준다.

(다) 탄알이 약실에 완전히 장전되면 칼퀴는 탄알의 뒷 가장자리를 물게 된다.

(3) 잠금작용

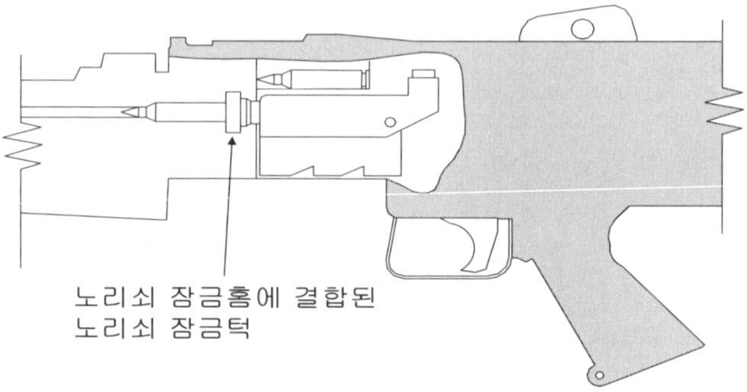

그림 11. 잠금작용

(가) 탄알이 장전됨에 따라 노리쇠 잠금턱은 총열의 노리쇠 잠금홈안으로 들어간다. 이때 노리쇠 잠금턱은 노리쇠 감금홈 내부의 노리쇠 잠금홈면과 접촉하게 되며 노리쇠는 시계 방향으로 회전을 시작한다.

(나) 가스 활대가 전진을 계속할 때 노리쇠 돌림못의 홈을 따라 노리쇠 돌림못이 돌아가며 노리쇠가 시계방향으로 1/16 회전한다.이때 잠금 작용이 완료된다.

(4) 격발작용

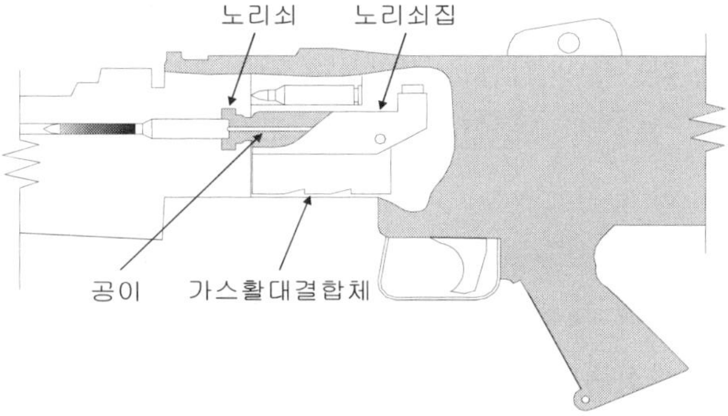

그림 12. 격발작용

(가) 노리쇠가 완전히 전진하여 멈추어지면 가스 활대는 노리쇠와는 별도로 짧은 거리를 전진한다. 이때 공이는 전진한다.

(나) 공이 끝은 노리쇠 전면에 있는 공이구멍으로 나와 탄의 뇌관을 타격한다.

(5) 풀림작용

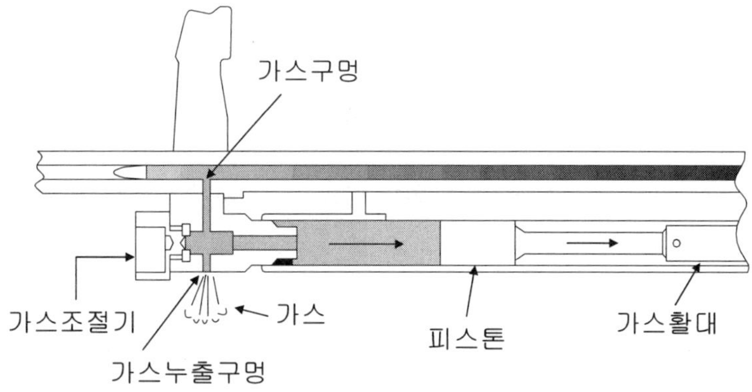

그림 13. 풀림작용

(가) 공이가 탄의 뇌관을 타격하여 격발되면 탄자가 가스 구멍을 통과하면서 팽창된 가스의 일부는 가스 구멍을 통하여 가스통으로 들어간다.

(나) 가스통으로 유입된 가스는 피스톤에 힘을 가하여 피스톤과 연결된 가스 활대를 후퇴시킨다.

(다) 가스 활대가 후퇴를 계속함에 따라 노리쇠 돌림못은 노리쇠 집의 홈을 따라 후퇴하며 노리쇠는 시계반대방향으로 회전한다. 이때 총열몸 내부의 노리쇠 잠금홈 면과 접촉하고 있는 노리쇠 잠금턱은 시계 반대 방향으로

1/16 회전하여 노리쇠 잠금홈을 따라 후퇴하여 곡선을 그리며 회전할 때 시작하며 노리쇠 잠금턱이 총열의 노리쇠 잠금홈에서 빠져 나왔을 때 끝나게 된다.

(6) 추출작용

(가) 풀림 작용이 시작될 때 추출 작용도 동시에 시작된다.

(나) 풀림 작용에 의해서 노리쇠가 회전하면 탄피의 뒷 가장자리를 물고 있던 칼퀴가 약실속의 탄피를 물고 약실 밖으로 후퇴하여 차개 위치까지 온다.

(7) 축출작용

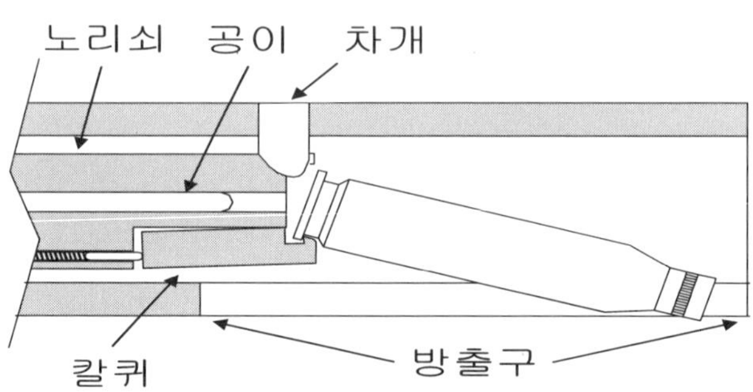

그림 14. 축출작용

(가) 탄피가 약실에서 빠져 나옴에 따라 차개 위치까지 이동한 탄피를 차개면이 탄피의 좌측상단을 타격하게 된다.

(나) 이와 동시에 탄피는 총몸 밖으로 빠져 나간다.

(다) 빈 탄약띠는 노리쇠가 전진함에 따라 다음 탄약띠가 송탄홈에 들어오게 되므로 총몸밖으로 밀려나간다.

(8) 격발준비작용

(가) 팽창한 가스가 가스 피스톤을 후퇴시킬 때 노리쇠가 시계 반대 방향으로 회전되면서 공이는 후퇴한다.

(나) 총의 방아쇠가 당겨지고 있는 한 기관총은 최초의 7단계 기능이 자동적으로 이루어진다. 이때 방아쇠를 놓아주면 후방단발자는 가스 활대 하단턱에 걸리게 되어 기능의 순환이 중단되고 격발준비가 이루어진다.

3. 분해 및 결합

분해 및 결합은 기관총의 구조를 이해하고 정비를 통하여 고장을 방지하기 위하여 실시하며, 어떠한 상황에서도 신속한 분해 및 결합이 가능 하도록 숙달되어야 한다. 분해결합시기는 일상 손질시, 사격 전·후 손질시, 주유시, 응급처치시, 기술검사시 실시한다.

분해결합은 보통 및 특별분해결합으로 구분된다. 보통분해는 사용자가 단독으로 총몸의 활동부분만을 분해하는 것이며, 특별분해 결합은 정비요원만이 실시하는 것으로 총의 모든 부분을 분해 하는 것이다.

가. 주의사항

분해결합시 주의사항은 순서에 준하여 실시하고 무리한 힘을 가하지 말고 충분한 여유를 가지고 실시하며 부분품의 파손 및 망실에 유의하여야 한다.

나. 보통분해 및 결합

그림 15. 보통분해

(1) 분해 요령

분해를 위한 준비로서 덮개 잠금쇠를 좌우측에서 눌러 덮개를 열고 개머리 연결쇠 고정못 고리를 좌로 당긴 후 개머리 뭉치를 아래로 내려 세운다.

(가) 밀대 뭉치의 분리

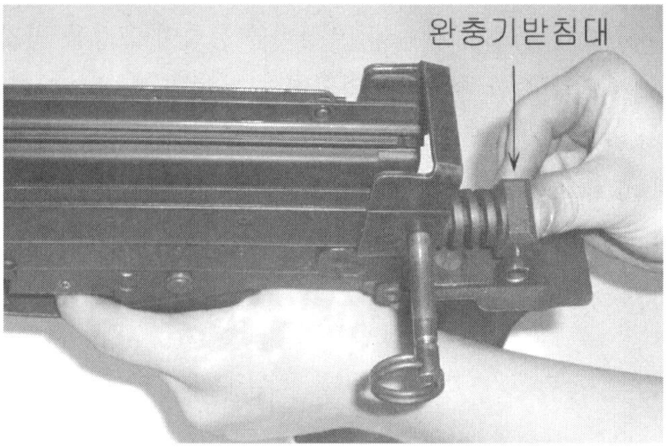

그림 16. 밀대뭉치의 분해

1) 밀대 뭉치는 밀대결합체와 복좌 스프링으로 구성되어 있다.
2) 오른손 엄지로 완충기 받침대를 앞으로 밀면서 위로 들어 올려 총몸 내부의 걸림턱으로부터 분리시킨 후 엄지의 압력을 서서히 풀면서 분리한다.

주 의
완충기 받침대를 서서히 놓지 않으면 복좌 스프링의 압축된 힘에 의하여 튀어 나오므로 조심할 것.

(나) 활동부 뭉치의 분리

1) 활동부 뭉치는 노리쇠, 노리쇠집 및 가스 활대로 구성 되어 있다.
2) 왼손으로 방아틀 뭉치를 잡고, 오른손으로 장전 손잡이를 잡아 노리쇠의 잠김뿔이 노리쇠 잠김홈으로부터 분리되도록 후퇴시킨다.

전진시킬 때는 방아쇠를 당긴 상태에서 행한다.

3) 왼손으로 방아틀 뭉치를 잡은 상태에서 오른손 인지로 송탄캠 롤러를 직후방으로 당겨서 몸통으로부터 10cm정도 빠져 나오게 한다.

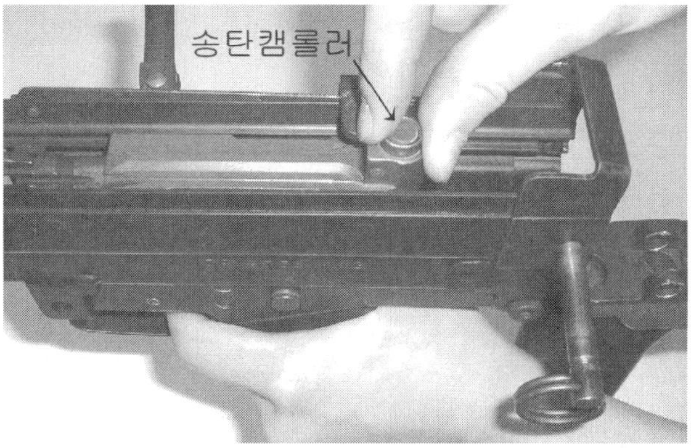

그림 17. 송탄캠 롤러를 직후방으로 당긴다.

4) 오른손으로 송탄캠 롤러를 잡아 당겨 몸통 뭉치로부터 분리한다.

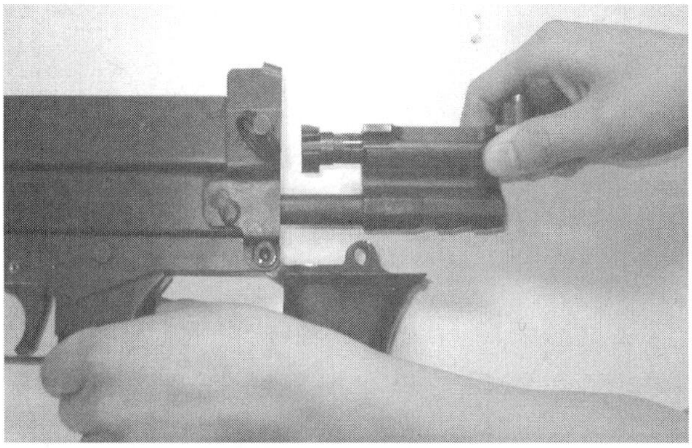

그림 18. 총몸으로부터 활동부뭉치 분리

(다) 총열 뭉치의 분리

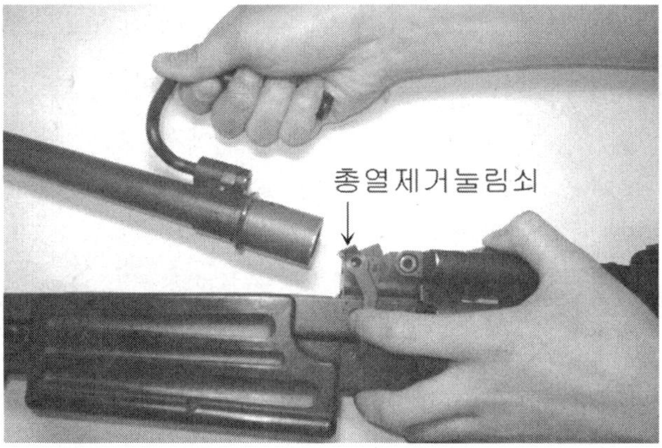

그림 19. 총열 뭉치의 분리

1) 총열 뭉치는 총열, 소염기, 가늠쇠틀 결합체, 운반 손잡이, 가스 조절기 결합체로 구성되어 있다.
2) 왼손으로 총열제거 눌림쇠를 직후방으로 당긴 후 오른손으로 운반 손잡이를 전방으로 밀면서 위로 들어 올려 제거한다.

(라) 개머리 뭉치의 분리

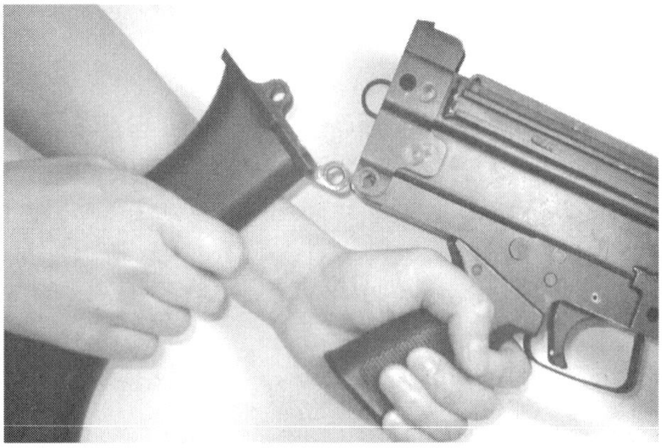

그림 20. 개머리 뭉치 분리

1) 방아틀 고정못을 좌에서 우로 밀어 놓는다.
2) 개머리 뭉치를 뒤로 당겨 몸통으로부터 분리한다.

(마) 방아틀 뭉치의 분리

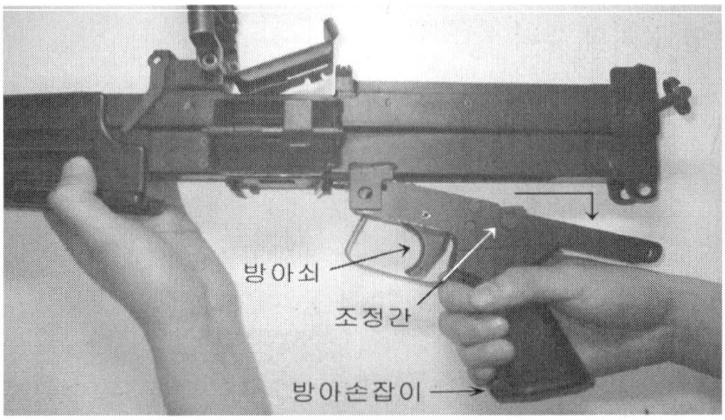

그림 21. 방아틀 뭉치의 분리

1) 방아틀 뭉치는 방아틀, 조정간, 단발자, 방아쇠로 구성되어 있다.
2) 왼손으로 총몸을 잡고 오른손으로 방아틀 뭉치를 잡아 직후방으로 당긴

후 아래로 내린다.

(바) 몸통 뭉치

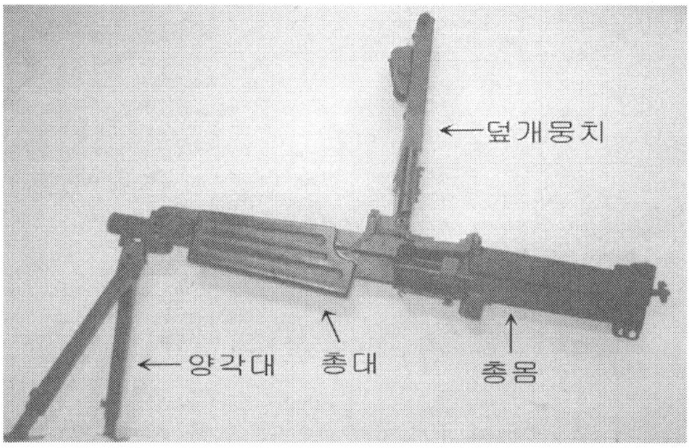

그림 22. 몸통 뭉치

1) 위의 5개 뭉치를 제거하고 남는 부분이 몸통 뭉치이다.
2) 몸통 뭉치는 총몸, 총대, 덮개뭉치, 양각대 뭉치로 구성되어 있다.

(2) 결합 요령

(가) 방아틀 뭉치의 결합

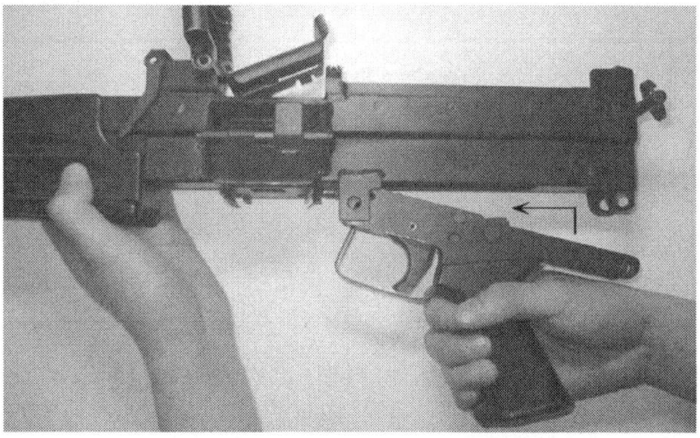

그림 23. 방아틀 뭉치의 결합

방아틀 뭉치를 오른손으로 잡고 왼손으로 총몸 뭉치를 잡은후 방아틀뭉치의 홈을 총몸 뭉치의 방아틀 고정대에 끼운뒤 앞으로 밀어 넣는다.

(나) 개머리 뭉치의 결합

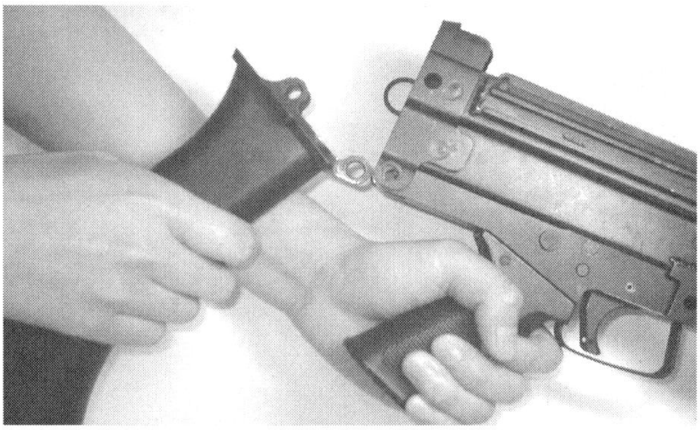

그림 24. 개머리 뭉치의 결합

1) 개머리 뭉치의 하단 구멍을 총몸 뭉치 하단 구멍에 일치시키고 방아틀 고정못을 결합한다.
2) 개머리 뭉치를 아래로 하여 세워둔다.

(다) 총열 뭉치의 결합

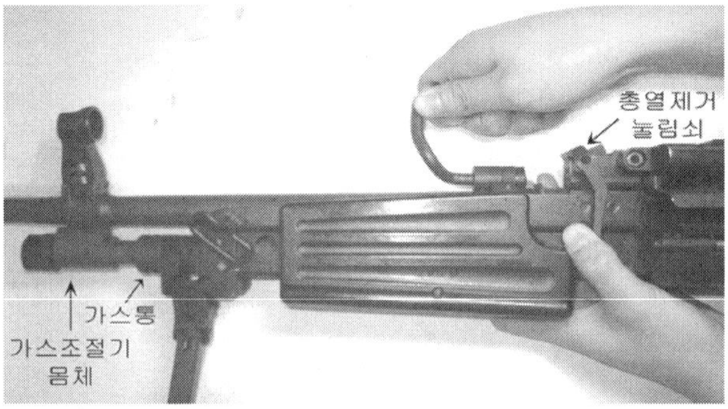

그림 25. 총열 뭉치의 결합

1) 왼손으로 총열 제거 눌림쇠를 직후방으로 당기고 총열몸의 후미를 총몸 속으로 넣는다.
2) 가스 조절기 몸체 후미를 가스통에 일치시키고 총열 제거 눌림쇠를 전방으로 민다. 이때 총열이 완전히 결합 되었는지 확인한다.

(라) 활동부 뭉치의 결합

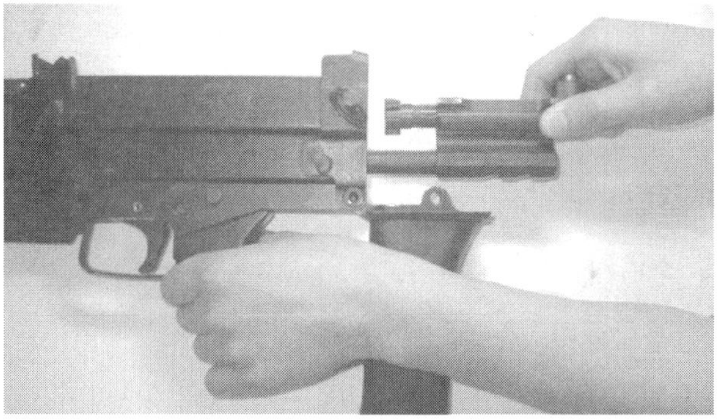

그림 26. 활동부 뭉치의 결합

1) 가스 활대 끝을 총몸에 2/3가량 밀어 넣는다.
2) 가스 활대 끝을 가스통에 일치시킨후 총몸 뭉치의 홈에 노리쇠집의 양쪽 날개를 일치시켜 방아쇠를 당기면서 앞으로 밀어준다.

(마) 밀대 뭉치의 결합

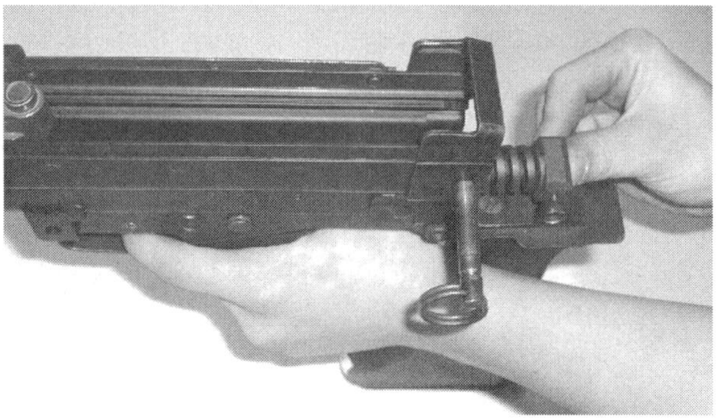

그림 27. 밀대 뭉치의 결합

복좌 스프링을 가스 활대 구멍에 일치시키고 앞으로 밀어 주면서 총몸뭉치의 걸림턱에 완충기 받침대 고정못을 걸어준다.

(바) 결합 완료

1) 개머리 뭉치를 들어 결합후 개머리 연결쇠 고정못을 좌에서 우로 밀어 고정시킨다.
2) 덮개를 닫는다.

(3) 정확한 결합의 확인

정확한 결합 여부를 점검하기 위하여 장전 손잡이를 후퇴, 전진시키고 방아쇠를 당겨 격발을 실시하면 활동부 뭉치가 앞으로 전진되어야 한다.

다. 특별분해 및 결합

(1) 소염기 및 소염기 너트

(가) 공구 : 복합렌치, 총열 고정구

(나) 분해 요령

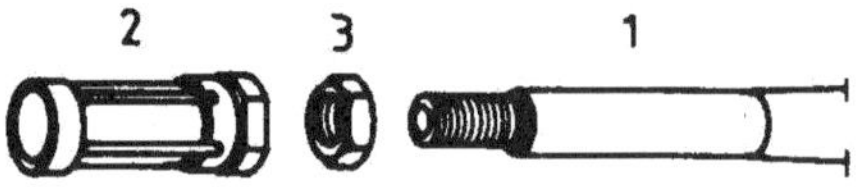

1. 총열
2. 소염기
3. 소염기 너트

그림 28. 소염기 및 소염기 너트의 분해

1) 총열을 총열 고정구에 고정시킨다.
2) 복합렌치를 사용하여 소염기를 시계반대 방향으로 5.18Kg · m 이상의 우력으로 완전히 회전시켜 푼다.
3) 복합렌치를 사용하여 소염기 너트를 시계반대 방향으로 완전히 회전시켜 푼다.

(다) 결합 요령

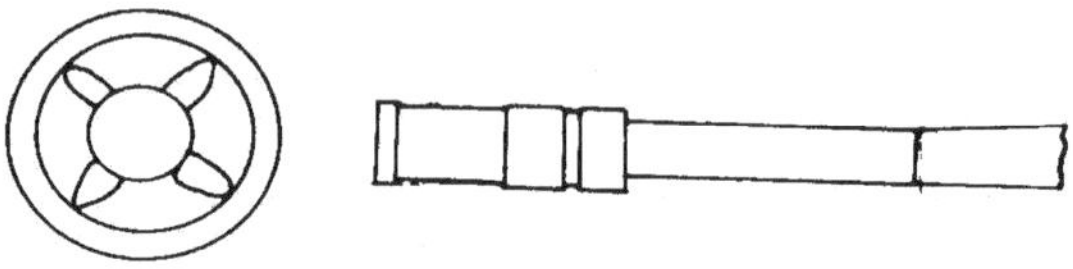

그림 29. 소염기 및 소염기 너트의 결합

1) 소염기 너트를 복합렌치를 사용하여 시계방향으로 완전히 회전시켜 잠근다.
2) 소염기 복합렌치를 사용하여 시계방향으로 완전히 회전시켜 잠근다.

3) 소염기의 슬롯트 방향성을 맞춘 후 소염기 너트를 5.18 Kg · m의 우력으로 시계반대 방향으로 완전히 회전시켜 잠근다.

(2) 가늠쇠틀

(가) 공구 : 6각 렌치, 1/16" 펀치, 망치

(나) 분해 요령

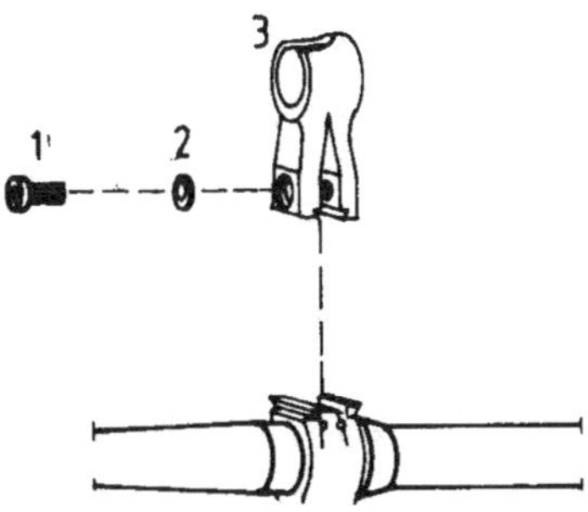

1. 내부렌치용 볼트
2. 잠금와샤
3. 가늠쇠틀

그림 30. 가늠쇠틀의 분해 및 결합

1) 6각 렌치를 사용하여 내부렌치용 볼트와 잠금와셔를 분해한다.
2) 망치를 사용하여 가늠쇠틀을 총열 뭉치로부터 분해한다.

(다) 검사 및 교환

가늠쇠틀의 균열 및 파손을 점검하고 결함이 발견되면 교환한다.

(라) 결합 요령

1) 총열 뭉치에 가늠쇠틀을 설치한다.
2) 잠금와셔를 설치하고 내부렌치용 볼트를 설치한다.
3) 가늠쇠틀이 총열 중앙에 있는가를 확인하고 펀치로 양끝을 고정한다.

(3) 총열 결합체

(가) 공구 : 1/8"펀치, 망치, 총열 분해결합용 고정구, 드릴(직경 : 3.0mm)

(나) 분해 요령

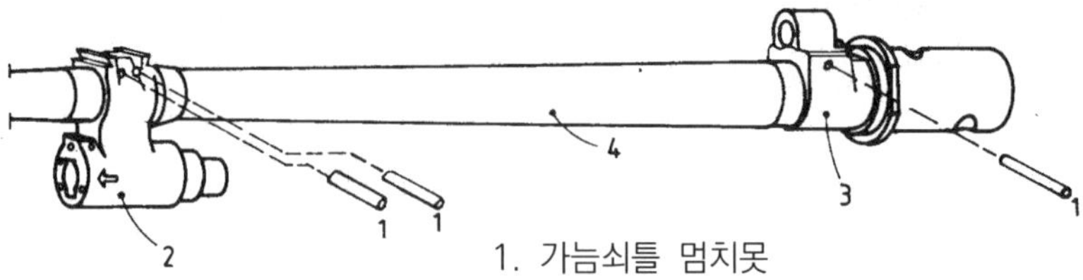

1. 가늠쇠틀 멈치못
2. 가스활대용 잠금쇠
3. 운반손잡이 고정기
4. 총열 결합체

그림 31. 총열 분해 및 결합

1) 펀치를 사용하여 가늠쇠 멈치못을 분해한다.

주 의

가늠쇠틀 멈치못 외경이 큰쪽과 작은 쪽이 구분 되므로 분해시 작은 쪽에서 큰쪽으로 분해한다

2) 가스활대 잠금쇠와 운반손잡이 고정기를 분해한다.

(다) 결합 요령

1) 총열 결합체에 가스활대 잠금쇠와 운반손잡이 고정기를 결합한 후 총열 분해 조립용 고정구에 설치한다.
2) 드릴을 사용하여 총열 결합체와 가스활대 잠금쇠 및 운반손잡이 고정기를 관통 한 후 테이퍼 리이머를 사용하여 작업한다.
3) 가늠쇠틀 멈치못을 결합한 후 프레스 또는 펀치를 사용하여 완전히 고정한다.

(4) 가스 조절기

(가) 공구 : 1/16"펀치, 망치

(나) 분해 요령

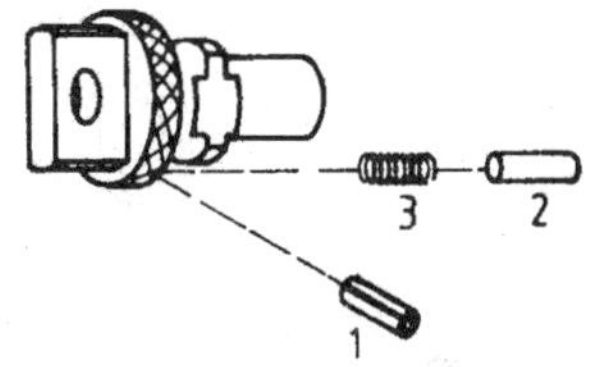

그림 32. 가스 조절기의 분해 및 결합

1) 펀치를 사용하여 스프링핀을 분해한다.

2) 플런져와 압축 저항용 나선형 용수철을 분해한다.

(다) 검사 및 교환

1) 가스조절기의 균열 및 파손을 점검하고 결함이 발견되면 교환한다.

2) 플런져와 용수철의 파손을 점검하고 결함이 발견되면 교환한다.

(라) 결합 요령

1) 가스조절기의 압축 저항용 나선형 용수철과 플런져를 결합한다.

2) 스프링핀을 결합한 후 작동을 검사한다.

(5) 장전손잡이 결합체

(가) 공구 : 1/32" 펀치, 망치

(나) 분해 요령

1) 펀치를 사용하여 직선형 유두형 핀을 분해한다.

2) 장전손잡이 결합체를 제거한다.

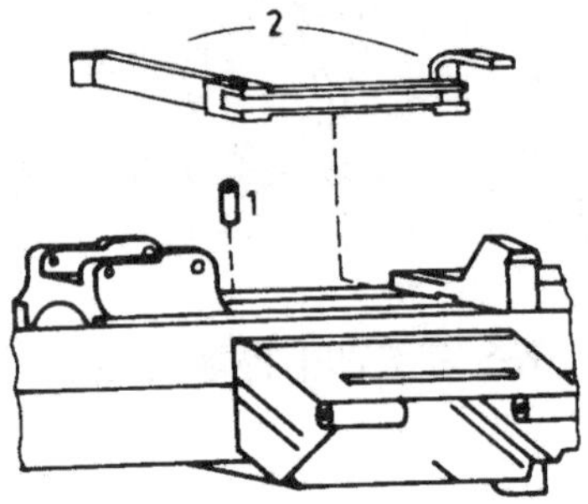

1. 직선현 무두형핀
2. 장전 손잡이

그림 33. 장전손잡이 결합체의 분해 결합

(다) 결합 요령

1) 총몸 결합체에 장전손잡이 결합체를 결합한다.

2) 직선형 유두형 핀을 결합한 후 리벳팅한다.

(6) 총열 폐쇄 지레

(가) 공구 : 1/8" 펀치, 망치

(나) 분해 요령

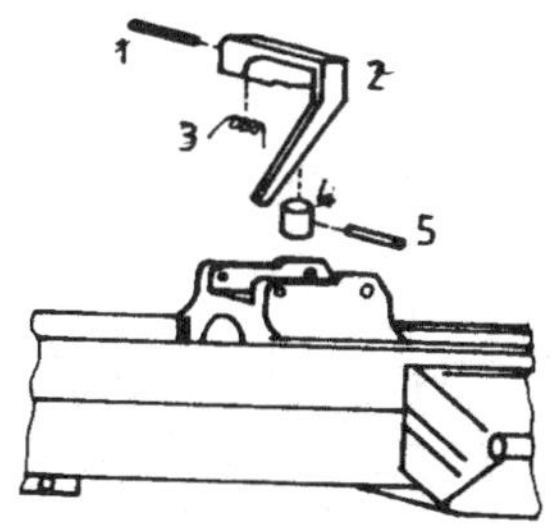

1. 스프링핀
2. 총열 폐쇄 지레
3. 비틀림용 나선형 용수철
4. 직선형 무두형 핀
5. 직선형 무두형 핀

그림 34. 총열 폐쇄 지레 분해 및 결합

1) 핀 펀치를 사용하여 스프링핀을 분해한다.
2) 총몸 결합체로 부터 총열 폐쇄 지레, 비틀림용 나선형 용수철, 직선형 무두형 핀을 분해한다.

(다) 검사 및 교환

1) 총열 폐쇄 지레, 용수철의 파손을 점검하고 결함이 발견되면 교환한다.
2) 직선형 무두형 핀의 파손을 점검하고 결함이 발견되면 교환한다.

(라) 결합 요령

1) 비틀림용 나선형 용수철을 총몸 결합체의 구멍에 결합한다.
2) 직선형 무두형 핀을 총몸 폐쇄 지레에 결합한 후 총몸 결합체에 결합한다.
3) 스프링 핀을 결합한다.

(7) 밑판틀 결합체

(가) 공구 : 1/8" 펀치, 망치

(나) 분해 요령

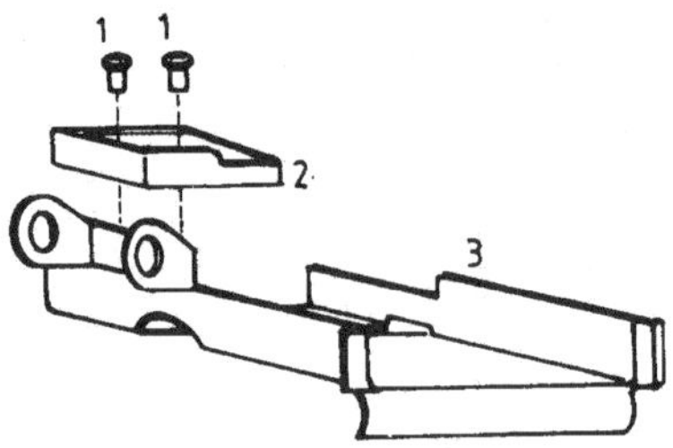

그림 35. 밑판틀 결합체 분해 및 결합

1) 펀치를 사용하여 일체식 리벳트를 분해한다.
2) 탄약링크 축출기, 송탄 밑판을 분해한다.

(다) 검사 및 교환

탄약링크 축출기, 송탄 밑판의 휨과 균열 및 파손을 점검하고 결함이 발견되면 교환한다.

(라) 결합 요령

1) 송탄 밑판에 탄약링크 축출기를 결합한다.
2) 일체식 리벳트를 결합한다.

(8) 가늠자 결합체

(가) 공구 : 1/16" 펀치, 6각 렌치

(나) 분해 요령

1) 6각 봉 렌치를 사용하여 내부렌치용 볼트와 평면형 와셔를 분해한다.
2) 가늠자 결합체와 기계용 나사, 가늠자 용수철을 분해한다.
3) 펀치를 사용하여 스프링 핀을 분해하고 손잡이, 베어링 볼, 압축 저항용 나선형 용수철, 어깨형 나사, 가늠자 몸체 결합체, 직선형 무두형 핀, 가늠자 울순으로 분해한다.

주 의
분해시 베어링 볼과 압축 저항용 나선형 용수철이 분실되기 쉬우므로 주의하여야 한다.

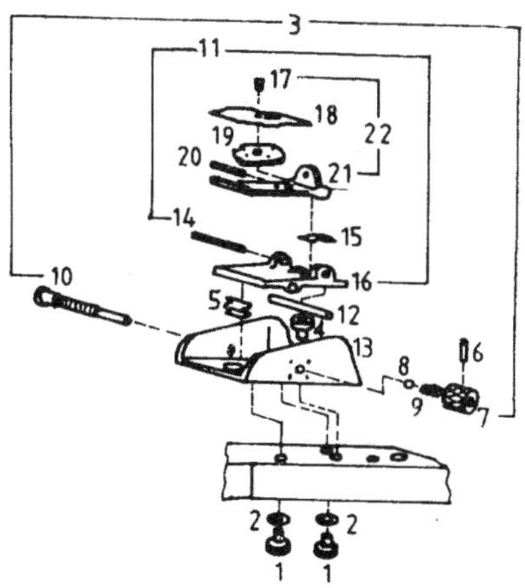

1. 내부 렌치용 볼트
2. 평면형 와샤
3. 가늠자 결합체
4. 기계용 나사
5. 가늠자 용수철
6. 스프링핀
7. 손잡이
8. 베어링 볼
9. 압축 저항용 나선형 용수철
10. 어깨형 나사
11. 가늠자 몸체 결합체
12. 직선형 무두형핀
13. 가늠자 울
14. 스프링 핀
15. 가늠자 자리 용수철
16. 가늠자 몸체
17. 일체식 리벳트
18. 가늠자 덮개판
19. 사거리 조정쇠
20. 사거리 조정용 용수철
21. 사거리 조정쇠 몸체
22. 가늠자 결합체

그림 36. 가늠자 결합체 분해 및 결합

4) 스프링 핀과 가늠자 자리 용수철, 가늠자 몸체를 분해한다.
5) 일체식 리벳트를 분해한다.
6) 가늠자 덮개판, 사거리 조정쇠, 사거리 조정용 용수철, 사거리 조정쇠 몸체를 분해한다.

(다) 검사 및 교환

1) 가늠자 용수철, 가늠자 자리 용수철, 사거리 조정용 용수철축, 저항용 나선형 용수철의 균열 및 파손을 점검하고 결함이 발견되면 교환한다.
2) 기계용 나사의 마모 및 나사산의 찌그러짐 등의 결함이 발견되면 교환한다.

(라) 결합 요령

1) 사거리 조정쇠 몸체에 사거리 조정용 용수철, 사거리 조정쇠, 가늠자 덮개판을 결합한다.
2) 일체식 리벳트를 결합한다.
3) 가늠자 몸체에 가늠자 자리 용수철, 가늠자 조립체를 결합, 스프링 핀을 결합한다.

4) 가늠자 울에 직선형 무두형 핀, 가늠자 몸체 결합체,어깨형 나사, 압축 저항용 나선형 용수철, 베어링 볼, 손잡이 스프링 핀을 결합한다.

5) 기계용 나사와 가늠자 용수철을 결합한다.

6) 가늠자 울에 평면형 와셔, 내부렌치용 볼트를 결합한다.

(9) 연결링크 결합체

(가) 공구 : 1/16" 펀치, 망치, 꼬질대 끝 엔드밀(직경 : 3~5mm)

(나) 분해 요령

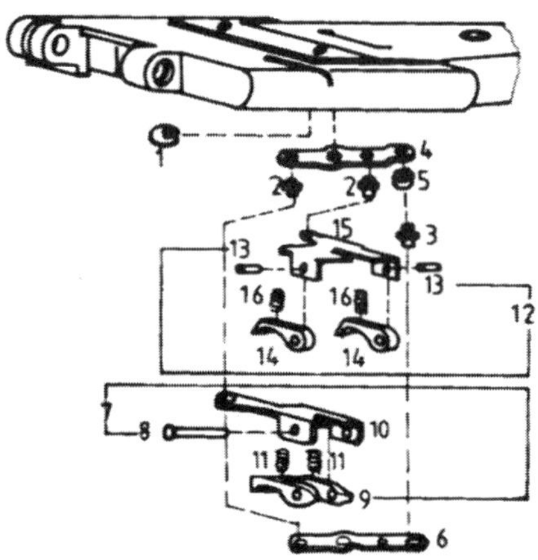

1. 지지용 링
2. 직선형 무두형 리벳트
3. 직선형 무두형 리벳트
4. 연결링크
5. 롤러
6. 연결링크
7. 송탄밀대(내)결합체
8. 일체식리벳
9. 멈춤쇠
10. 안내용 브래킷트
11. 압축저항용 나선형 용수철
12. 송탄밀대(외)결합체
13. 일체식 리벳트
14. 멈춤쇠
15. 안내용 브래킷트
16. 압축저항용 나선용 용수철

그림 37. 연결링크 결합체 분해 및 결합

1) 꼬질대 끝을 사용하여 지지용 링을 분해한다.

2) 연결링크 결합체를 분해한다.

3) 엔드밀(직경 : 3-5mm)을 사용하여 직선형 무두형 리벳트의 눌러진 머리를 제거하고 연결링크와 롤러를 분해한다.

4) 펀치를 사용하여 송탄밀대(내) 결합체의 일체식 리벳트를 분해한다.

5) 멈춤쇠, 안내용 브래킷트, 압축 저항용 나선형 용수철을 분해한다.

6) 펀치를 사용하여 송탄밀대(외) 결합체의 일체식 리벳트를 분해한다.

7) 멈춤쇠, 안내용 브래킷트, 압축 저항용 나선형 용수철을 분해한다.

(다) 검사 및 교환

1) 압축 저항용 나선형 스프링의 균열 및 파손을 점검하고 결함이 발견되면 교환한다.

2) 연결링크 안내용 브래킷트의 균열 및 휨을 점검하고 결함이 발견되면 교환한다.

(라) 결합 요령

1) 안내용 브래킷트에 압축 저항용 나선형 용수철, 멈춤쇠를 결합한다.
2) 일체식 리벳트를 결합한 후 리벳팅한다.
3) 안내용 브래킷트에 압축 저항용 나선형 용수철, 멈춤쇠를 결합한다.
4) 일체식 리벳트를 결합한 후 리벳팅한다.
5) 송탄밀대(외) 결합체, 송탄밀대(내) 결합체, 롤러, 연결링크를 결합한다
6) 직선형 무두형 리벳트를 결합한 후 리벳팅한다.
7) 지지용 링을 결합한다.

(10) 롤러 결합체

(가) 공구 : 1/16"펀치, 1/32"펀치, 망치 엔드밀(직경 : 3~5mm)

(나) 분해 요령

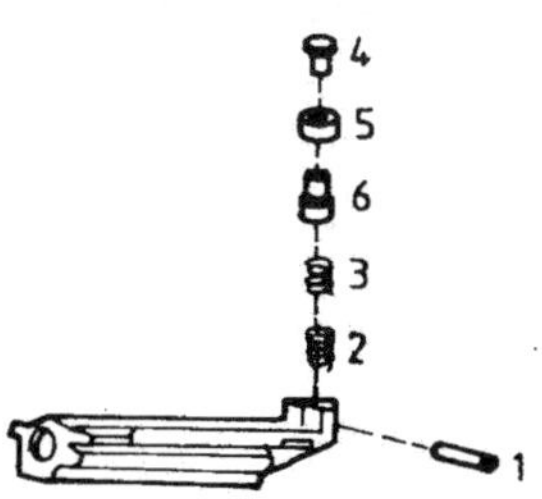

1. 직선형 유두형 핀
2. 압축 저항용 나선형 스프링 용수철
3. 압축 저항용 나성형 스프링 용수철
4. 일체식 리벳트
5. 롤러
6. 지지쇠

그림 38. 롤러 결합체 분해 및 결합

1) 엔드밀 및 펀치를 사용하여 직선형 유두형 핀을 분해한다.
2) 압축 저항용 나선형 용수철을 분해한다.
3) 엔드밀 및 펀치를 사용하여 일체식 리벳트를 분해한다.
4) 롤러, 지지쇠를 분해한다.

(나) 검사 및 교환

1) 용수철 균열 및 파손을 점검하고 결함이 발견되면 교환한다.
2) 롤러의 마모 및 파손을 점검하고 결함이 발견되면 교환한다.

(다) 결합 요령

1) 지지쇠에 롤러를 결합한 후 일체식 리벳트를 리벳팅하여 결합한다.

2) 압축 저항용 나선형 용수철을 결합한다.

3) 직선형 유두형 핀을 결합한 후 리벳팅한다.

(11) 양각대 다리 조립체

(가) 공구 : 3/8" 펀치, 망치, 엔드밀(직경 : 5mm)

(나) 분해 요령

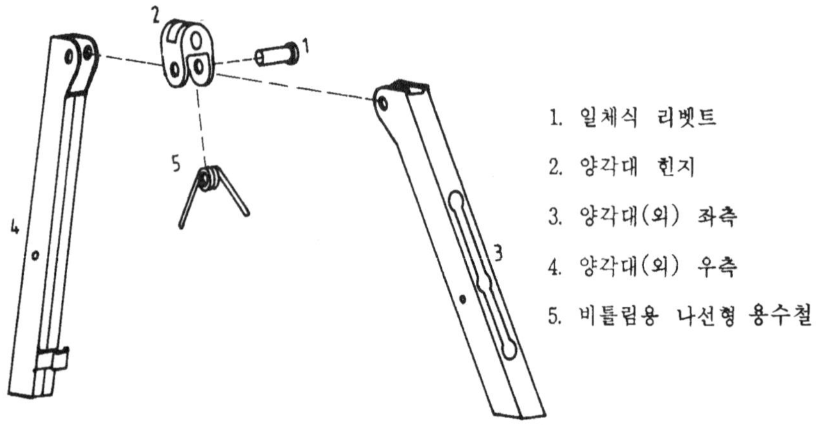

그림 39. 양각대 다리 결합체 분해 및 결합

1) 펀치를 사용하여 일체식 리벳트를 분해한다.

2) 양각대 힌지, 양각대(외) 좌측, 양각대(외) 우측, 비틀림용 나선형 용수철을 분해한다.

(나) 검사 및 교환

각 부품의 균열 및 파손을 점검하고 결함이 발견되면 교환한다.

(다) 결합 요령

1) 양각대(외) 좌측, 양각대(외) 우측, 비틀림용 나선형 용수철, 양각대 힌지를 결합한다.

2) 일체식 리벳트를 결합한 후 리벳팅한다.

4. 검사정비

가. 검사의 종류 : 육안검사, 기능검사, 게이지 검사

(1) 육안검사

육안검사는 육안으로 장비의 외부파손 상태, 착색 및 손질 상태를 점검하고 덮개 파손, 총열 휨 여부, 약실내의 반사경을 이용하여 약실의 파손상태를 점검하여야 한다. 또한 총강경을 이용하여 강선 상태를 점검한다.

(2) 기능 검사

가) 조정간을 "안전", "사격" 위치에 두고 기능검사

나) 장전손잡이를 당기면 활동부 결합체는 단발자 턱에 걸리지 않고 작동이 되어야 하며 놓았을 때 총열몸에 노리쇠가 완전히 잠겨야 한다

다) 탄창 삽입구에 탄창을 설치, 제거하여 삽입구 덮개가 적절히 작동하는지 점검

라) 가늠자를 검사하여 적절히 작동하는지 확인

마) 덮개 작동상태 확인

바) 총열 제거레버 작동상태 확인

사) 양각대 작동상태 확인

아) 탄통 걸쇠 작동상태 확인

(3) 게이지 검사

두격, 총미경, 공이 돌출량, 직선도, 총구경, 방아쇠 압력 검사 등을 실시하여 이상 유무를 점검한다.

(가) 두격 검사

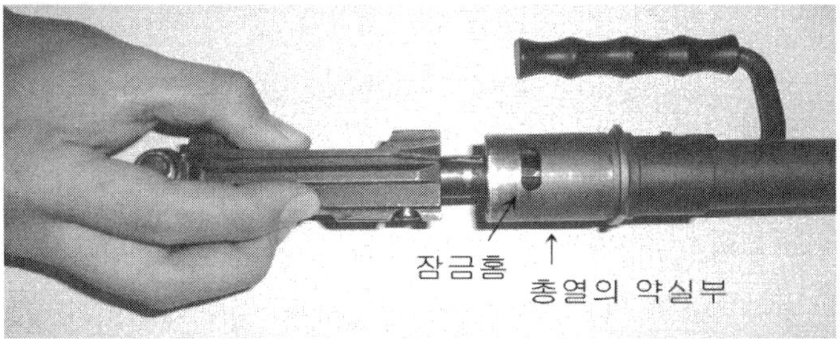

그림 40. 두격 검사

1) 검사게이지 : 야전용 두격 과대 게이지
2) 판정법 : 두격 과대 게이지를 약실안으로 삽입하고 작동부 뭉치를 전진시킨다. 노리쇠가 불완전 폐쇄되면 정상이나 완전 폐쇄되면 두격과대로 총열을 교환한다.

(나) 총미경 검사

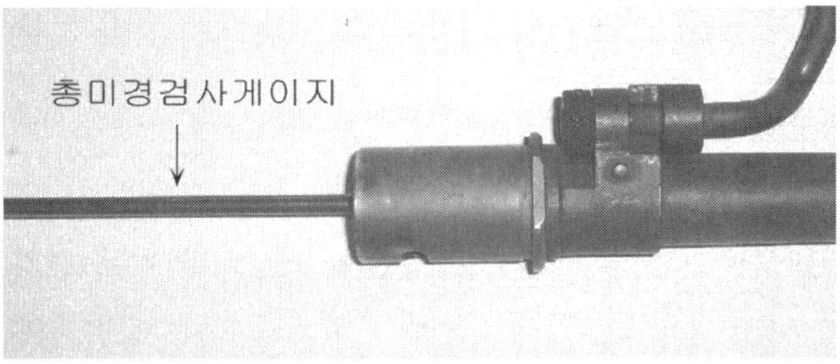

그림 41. 총미경 검사

1) 검사게이지 : 야전용 1눈금 I자형 게이지
2) 판정법 : 총열 제거후 약실안에 게이지를 삽입한다. 1눈금이 총열후미를 통과되지 않아야 정상이며 통과되면 기선부 마모로 총열을 교환한다.

(다) 공이 돌출량 검사

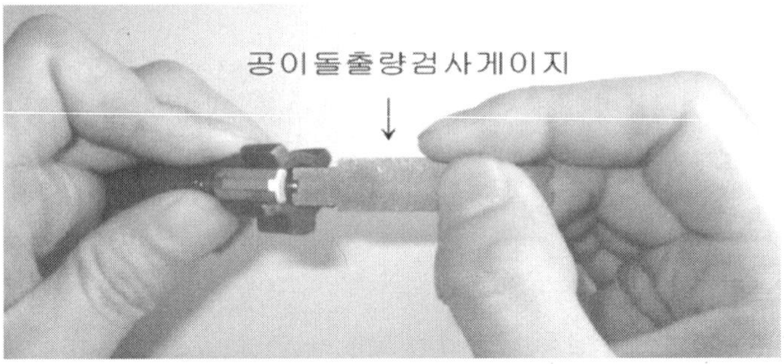

그림 42. 공이 돌출량 검사

1) 검사게이지 : 공이 돌출량 게이지, 간격유지링
2) 판정법: 노리쇠에 간격유지링을 끼운 후 노리쇠를 후퇴시킨후 공이 돌출량 게이지를 통과시킨다. 최소 0.8mm 게이지가 통과되지 않고 최대 1.05mm 게이지가 통과되어야 정상이나 만약 최소게이지가 통과되거나 최대게이지가 통과되지 않았을 때 공이를 교환한다.

(라) 직선도 검사

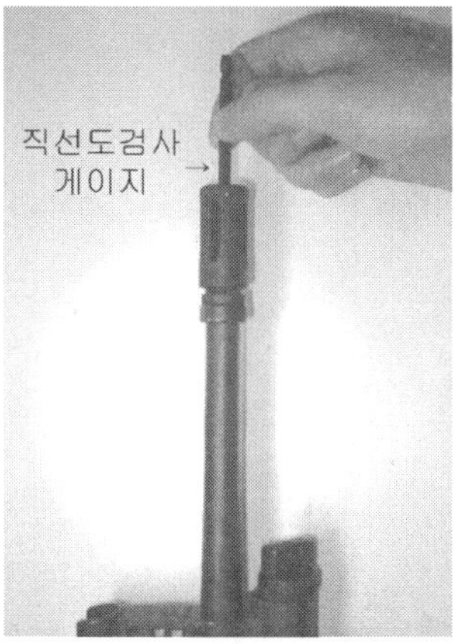

그림 43. 직선도 검사

1) 검사게이지 : 직선도 게이지
2) 판정법 : 총열을 수직으로 세운다음 게이지를 자유 낙하시킨다. 게이지가 자유로이 통과되면 정상이나 게이지가 통과되지 않으면 총열이 휘었으므로 총열을 교환한다.

(마) 총구경 검사

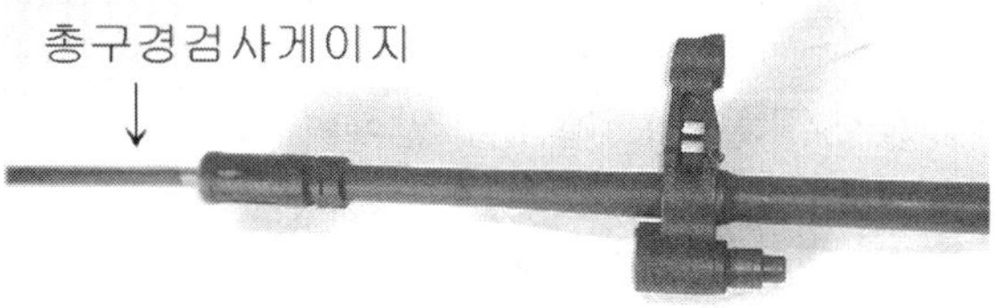

그림 44. 총구경 검사

1) 검사게이지 : 총구경 검사 게이지
2) 판정법 : 총열을 수평으로 놓은 다음 게이지를 총구에 삽입시킨다. 게이지의 흰색부분이 삽입되지 않으면 정상이며 흰색부분이 삽입되면 총구 내부가 과대하였으므로 총열을 교환해야 한다.

(바) 방아쇠 압력 검사

그림 45. 방아쇠 압력검사

1) 검사게이지 : 최소 5.0kg, 최대 5.5kg인 2개의 추
2) 판정법 : 최소 게이지에서 격발되지 않고 최대 게이지에서 격발되어야 정상이며 최소 게이지가 격발 되거나 최대 게이지로 격발 안되면 단발자, 가스활대, 단발자 용수철을 점검하여 조치한다.

나. 고장배제

고장이란 기능순환이 갑자기 중단된 상태를 말하며 응급처치를 하여도 기능작동이 안 되면 고장배제를 하여야 한다.

고 장 징 후	원 인	조 치
송 탄 불 능	연결 링크, 결합체 파손	교 환
	송탄지레 파손	교 환
	노리쇠 환 파손	교 환
	탄대, 탄창, 탄창 용수철 파손	교 환
장 전 불 능	송탄지레의 파손	교 환
	복좌용수철 약화 및 파손	교 환
	탄창 삽입구 파손	교 환
잠 금 불 능	파열된 탄피	탄 피 제 거
	노리쇠 잠금턱, 총열잠금홈 마모 및 파손	교 환
풀 림 불 능	가스조절기 파손	교 환
	가스조절기 망실	교 환
추 출 불 능	약실의 심한 마모	총 열 교 환
	칼퀴 마모 및 파손	칼 퀴 교 환
	칼퀴 용수철 망실 및 파손	칼퀴용수철교환
축 출 불 능	차개집 파손	교 환
	차개 및 차개용수철 파손	교 환

5. 야전 주요 고장사례 정비요령

가. 사례#1 총열 덮개 유동으로 사격 곤란

(1) 현상

총열덮개 유동 및 파손으로 사격 곤란 현상이 많이 발생하고 있다.

(2) 원인

(가) 총열덮개 고정못 고정 클립 망실 및 파손

(나) 개머리 고정못 고정클립과 교환사용으로 망실 및 파손

(다) 사용부주의 및 충격에 의한 총열덮개 파손

(라) 총열 덮개 고정못 망실 및 파손

(3) 정비요령

(가) 공구 : 1/16" 펀치, 망치

(나) 분해

1) 핀 펀치를 사용하여 총열덮개 고정못을 우에서 좌로 밀어 돌출시킨다.

2) 총열덮개를 총몸으로부터 분해한다.

3) 총열덮개 고정못 고정클립을 분해하고 총열덮개 고정못을 분해한다.

(다) 검사 및 정비

1) 덮개의 내부와 외부에 균열이나 파손여부 검사

2) 클립 및 총열덮개 고정못 이완 및 파손상태 검사

3) 이상 발견시 교환한다.

(라) 결합

1) 총열 덮개 고정못 결합 및 고정클립을 결합한다.

2) 덮개를 총몸에 결합한다.

3) 덮개 고정못을 제위치에 결합한다.

나. 사례#2 활동부 뭉치 결함에 의한 사격중단

(1) 현상

활동부 뭉치 결함으로 격발, 추출, 장전작용 불능 현상이 많이 발생되고 있다.

(2) 원인

(가) 공이 및 공이 스프링 마모 및 파손, 장력이완으로 격발 불량 현상 발생

(나) 칼퀴 및 칼퀴 멈치 마모 및 파손으로 추출불능 현상 발생

(다) 복좌용수철 장력이완 및 파손에 의한 장전불능현상 발생

(3) 정비요령

(가) 공구 : 1/16" 펀치, 망치

(나) 분해(앞 활동부 뭉치 분해 참조)

1) 핀 펀치 끝으로 공이 멈치못을 좌에서 우로 밀고 노리쇠 집과 가스활대 결합체를 분해한다.

2) 공이와 공이용수철을 제거하고 노리쇠 회전못을 우로 당겨 분해한다.

3) 노리쇠를 앞으로 당겨 분해한 후 핀펀치 끝으로 칼퀴멈치를 뒤로 당긴 후 칼퀴를 털어내고, 노리쇠를 아래로 향하게 하여 칼퀴 멈치와 칼퀴 용수철을 분해한다. 이때 칼퀴 멈치와 칼퀴용수철이 튀어 분실될 수 있으니 주의한다.

(다) 검사 및 정비

1) 노리쇠 결합체, 가스활대 결합체 및 노리쇠 결합체의 이상유무 검사

2) 복좌용수철 및 완충기용 용수철의 비틀림, 균열, 파손여부 검사

3) 공이 및 공이 용수철 이상 유무 검사

4) 칼퀴, 칼퀴멈치, 칼퀴용수철의 이상 유무검사

5) 이상 발생시 교환한다.

(라) 결합(앞 활동부 뭉치 결합 참조)

1) 칼퀴를 결합하기 위해서는 노리쇠 구멍에 칼퀴 용수철과 칼퀴멈치를 일치시킨 후 핀펀치로 칼퀴 멈치를 뒤로 당긴 다음 칼퀴턱을 노리쇠 홈의 뒤에서 앞으로 결합한다.

2) 노리쇠집 속에 노리쇠의 후미를 밀어 넣고 노리쇠집 구멍과 노리쇠 구멍을 일치시켜 노리쇠 회전못을 결합한다. 이때 노리쇠 회전못의 구멍이 좌측으로 가게하고 패인 부분이 아래로 향하게 하여 결합한다(노리쇠집의 차개홈과 노리쇠의 차개홈을 일치시킴).

3) 공이에 공이용수철을 결합한다(공이용수철의 작은 구멍을 먼저 결합해야 기능이 발휘됨).

4) 공이 끝을 전방으로 향하게 하여 노리쇠 집속으로 밀어 넣은 후 가스활대 결합체를 노리쇠집홈의 뒤에서 밀어 넣고 공이 멈치 못을 우에서 좌로 밀어 결합한다.

다. 사례#3 개머리 뭉치 결함에 의한 사격 곤란

(1) 현상

개머리 뭉치 유동 및 결함에 의한 사격 곤란 사례가 많이 발생하고 있다.

(2) 원인

(가) 무리한 조작 및 충격으로 개머리, 개머리판 파손

(나) 개머리 고정못 및 고정링 이탈

(다) 무리한 조작으로 어깨받침쇠 굴곡 및 파손

(라) 무리한 조작 및 충격으로 개머리 연결용판 마모 및 파손

(3) 정비요령

(가) 공구 : 일자 드라이버

(나) 분해 (앞 개머리 뭉치 분해 참조)

1) 어깨 받침쇠를 분해한다.

2) 일자 드라이버로 개머리 고정나사와 잠금와셔를 분해한다.

3) 개머리 연결판과 개머리판을 분해한다.

(다) 검사 및 정비

1) 각 부품의 손상 및 파손을 검사하고 결함이 발견되면 교환한다.

(라) 결합

1) 개머리 연결판을 결합하고 잠금와셔와 개머리 고정 나사를 결합한다.

2) 어깨 받침쇠를 결합한다.

라. 사례#4 양각대 뭉치 파손 및 유동으로 사격 곤란

(1) 현상

양각대 뭉치 파손 및 유동으로 높이조절 불량, 지면 거치불가등 사격곤란 사례가 많이 발생되고 있다.

(2) 원인

(가) 무리한 조작 및 지면 충격으로 양각대, 양각대 용수철, 굴대, 굴대고정못, 플런져 고정못, 플런져 걸림턱 만곡, 양각대 플런져 용수철의 휨 및 파손으로 유동 발생

(3) 정비요령

(가) 공구 : 1/16" 펀치, 3/8" 펀치, 망치

(나) 분해

1) 펀치를 사용하여 굴대 고정못을 분해하고 굴대를 분해한다.

2) 펀치로 양각대 플런져 고정못을 분해하고 멈춤쇠용 플런져, 플런져 용수철을 분해한다.

3) 양각대용 다리결합체로부터 좌, 우양각대를 분해한다.

(다) 검사 및 정비

각 부품의 손상 및 파손을 검사하여 결함이 발견되면 교환한다

(라) 결합

1) 좌 · 우양각대를 양각대용 다리 결합체에 결합한다
2) 플런져 용수철과 멈춤쇠용 플런져를 결합하고, 플런져고정못을 결합한다.
3) 굴대를 결합하고 굴대고정못을 결합한다

마. 사례#5 방아틀 뭉치 결함에 의한 사격 불량

(1) 현상

방아틀 뭉치 결함으로 사격 및 안전 선택 불가, 사격준비 불가(초과작용)현상등의 사례가 많이 발생하고 있다

(2) 원인

(가) 방아틀뭉치 고정못 및 클립 망실 / 마모, 파손으로 격발불가
(나) 충격에 의한 방아손잡이 파손으로 사격곤란
(다) 조정간 스프링 파손 및 망실, 조정기 마모, 파손, 망실로 선택사격 불가
(라) 전방 및 후방 단발자 마모 및 파손으로 사격준비 불가

(3) 정비요령

(가) 공구 : 일자 드라이버, 1/16" 펀치, 1/8" 펀치, 망치

(나) 분해

1) 직선형 무두형 핀을 분해한 후 단발자를 분해한다.
2) 안전장치 스프링을 누르면서 사격조정용 선택기를 분해한 후 안전장치 용수철을 분해한다.
3) 홈식 무두형 핀을 분해한후 비틀림용 나선형 용수철을 분해한다.
4) 펀치를 사용하여 스프링 핀을 분해한 후 방아쇠를 분해한다.
5) 직선형 무두형 핀을 제거한 후 전방 단발자와 비틀림용 나선형 용수철을 분해한다.
6) 적선형 무두형핀을 분해한 후 슬리브 부싱을 분해한다.
7) 일자 드라이버를 사용하여 방아손잡이 나사, 잠금와셔를 분해한다.

8) 펀치를 사용하여 스프링 핀을 분해하고 방아쇠울을 분해한다.

(다) 검사 및 정비

각 부품의 손상 및 파손을 검사하고 결함이 발견되면 교환한다

(라) 결합

1) 방아쇠울을 설치하고 스프링핀을 결합한다.
2) 기관총 손잡이를 설치하고 잠금와셔, 방아손잡이를 결합한다.
3) 슬리브 부싱을 설치하고 직선형 무두형 핀을 결합한다.
4) 비틀림용 나선형 용수철과 전방 단발자를 설치한 후 직선형 무두형 핀을 결합한다.
5) 방아쇠를 결합하고 스프링핀을 결합한다.
6) 비틀림용 나선형 스프링을 결합하고 홈식 무두형 핀을 결합한다.
7) 안전창치 스프링을 결합하여 누르면서 사격조정용 선택기를 결합한다.
8) 단발자를 결합하고 직선형 무두형 핀을 결합한다.

바. 사례#6. 총몸뭉치의 결함으로 기능작동 불량

(1) 현상

총몸뭉치의 결함으로 탄피 축출작용불가, 탄알집 사용곤란, 총몸내부에 먼지 및 오물 유입, 총의 휴대 및 이동곤란, 후퇴부족 및 격발 준비, 풀림 및 추출작용 불량, 총열 교환 및 고정 곤란 등 총의 치명적 결함으로 기능 작동이 중단되는등 연발사격이 안되는 사례가 많이 발생하고 있다

(2) 원인

(가) 차개, 차개스프링, 차개용 플런져의 마모 및 파손, 고착, 이완, 탄피 방출구 덮개 파손, 탄피 방출구 덮개 용수철 망실 및 파손으로 탄피 축출 불가
(나) 탄창 삽입구 덮개 파손 및 탄창 삽입구 덮개 용수철 망실 및 파손
(다) 먼지 덮개 고정핀 마모 및 망실, 파손, 먼지덮개 고정핀 용수철 이완, 고착, 망실 및 파손으로 총몸내 먼지 유입
(라) 멜빵고리 파손으로 휴대 및 이동곤란
(마) 가스통 마모, 탄매누적, 굴곡 및 파손으로 후퇴부족 및 격발 준비불가

(바) 총열제거레버 용수철 이완 및 파손, 망실로 총열교환 및 고정 곤란

(3) 정비요령

(가) 공구 : 1/32" 펀치, 1/16"펀치, 1/8" 펀치, 망치

(나) 분해

1) 차개

가) 차개 플런져를 약간 누르면서 지지판을 분해한다.

나) 차개 플런져, 압축저항용 나선형 용수철을 분해한다.

다) 차개를 분해한다.

라) 스프링 핀을 분해한다.

2) 가스통

가) 펀치를 사용하여 스프링 핀을 분해한다.

나) 가스통을 총몸 결합체의 전방으로 분리한다.

3) 탄피 방출구 덮개

가) 지지용 링을 분해한다.

나) 홈식 무두형 핀을 분해한다.

다) 비틀림용 나선형 용수철, 탄피방출구 덮개를 분해한다.

4) 먼지덮개

가) 지지용 링을 분해한다.

나) 홈식 유두형 핀을 분해한다.

다) 먼지덮개를 분해한다.

라) 압축저항용 나선형 용수철을 분해한다.

5) 탄알집 삽입구

가) 지지용링을 분해한다.

나) 홈식 무두형 핀을 분해한다.

다) 비틀림용 나선형 용수철, 탄알집 삽입구 먼지덮개를 분해한다.

6) 멜빵고리

가) 펀치를 사용하여 스프링 핀을 분해한다.

나) 멜빵고리용 링을 분해한다.

다) 멜빵고리 결합체를 분해한다.

7) 총열 폐쇄 지레

가) 펀치를 사용하여 스프링핀을 분해한다.

나) 총몸 결합체로 부터 총열 폐쇄 지레, 비틀림용 나선형 스프링 직선형 무두형 핀을 분해한다.

(다) 검사 및 정비

1) 차개

스프링 핀, 지지판, 차개 플런져, 압축저항용 나선형 용수철의 손상 및 파손여부를 검사한 후 결함이 발견되면 교환한다.

2) 가스통

가스통의 손상 및 파손여부를 검사한 후 결함이 발견되면 교환한다.

3) 탄피 방출구 덮개

지지용 링, 비틀림용 나선형 용수철의 균열 및 파손여부를 검사하고 결함이 발견되면 교환한다.

4) 먼지덮개, 탄알집 삽입구, 멜빵고리

각 부품의 손상 및 파손을 검사하고 결함이 발견되면 교환한다.

5) 총열 폐쇄 지레

총열 폐쇄 지레, 스프링의 파손을 점검하고 결함이 발견되면 교환한다.

(라) 결합

1) 차개

가) 스프링 핀을 결합한다.

나) 차개를 결합한다.

다) 압축저항용 나선형 용수철, 차개 플런져를 결합한다.

라) 지지판을 결합한다.

2) 가스통

가) 가스통을 총몸 결합체에 결합한다.

나) 스프링 핀을 결합한다.

3) 탄피 방출구 덮개

가) 비틀림용 나선형 스프링, 탄피방출구 덮개를 결합한다.

나) 홈식 무두형 핀을 결합한다.

다) 지지용링을 결합한다.

4) 먼지덮개

가) 압축저항용 나선형 용수철을 결합한다.

나) 먼지덮개를 결합한다.

다) 홈식 유두형 핀을 결합한다.

라) 지지용 링을 결합한다.

5) 탄알집 삽입구

가) 비틀림용 나선형 용수철, 탄알집 삽입구 먼지덮개를 결합한다.

나) 홈식 무두형 핀을 결합한다.

다) 지지용 링을 결합한다.

6) 멜빵고리

가) 총몸 결합체에 멜빵고리결합체를 결합한다.

나) 멜빵고리용 링을 결합한다.

다) 스프링핀을 결합한다.

7) 총열 폐쇄 지레

가) 비틀림용 나선형 용수철을 총몸 결합체의 구멍에 결합한다.

나) 직선형 무두형 핀을 총몸폐쇄지레에 결합한 후 총몸 결합체에 결합한다.

다) 스프링 핀을 결합한다.

사. #사례#7 총열뭉치 결함에 의한 작동 불량

(1) 현상

총열뭉치의 결함으로 노리쇠 및 가스활대 후퇴부족, 격발준비 불가, 잠금 불능, 풀림불능, 탄피파열, 추출불능등 연발사격이 안되는 사례가 많이 발생되고 있다.

(2) 원인

(가) 가스조절기 탄매누적, 유동 및 망실로 송탄불능, 장전불능, 풀림불능, 후퇴부족

(나) 총열 휨, 총강 및 두격 확장으로 탄피파열, 추출불능

(3) 정비요령

(가) 공구 : 1/16" 펀치, 망치, 두격게이지, 총미경게이지 직선도게이지, 약실반사경, 총구경게이지

(나) 분해

1) 펀치를 사용하여 가스 조절기를 분해한다.
2) 펀치를 사용하여 총열 뭉치로부터 스프링 핀을 분해한다.
3) 무두형 직선형핀, 압축저항용 나선형 용수철, 무두형 직선핀을 분해한다.

(다) 검사 및 정비

1) 무두형 직선핀, 압축저항용 나선형 용수철의 손상 및 파손여부를 검사한 후 결함이 발견되면 교환한다.
2) 가스조절기의 손상 및 파손여부를 검사하고 결함이 발견되면 교환한다.
3) 두격검사, 총미경검사, 직선도검사, 약실반사경 이용 육안검사, 총구경검사를 실시하여 결과에 따라 조치한다

(라) 결합

1) 총열 뭉치에 압축저항용 나선형 용수철, 무두형 직선핀을 결합한다.
2) 스프링 핀을 결합한다.
3) 가스 조절기를 결합한다.

아. 사례#8 덮개뭉치의 결함으로 송탄 불량

(1) 현상

덮개뭉치의 결함으로 송탄 불량 사례가 많이 발생하고 있다

(2) 원인

(가) 덮개 고정못 굴곡, 마모, 파손 및 망실로 덮개 고정 불가

(나) 탄약 표시기 용수철 고착, 이완, 망실로 탄약 표시기 기능 불량

(다) 탄알 눌림쇠 용수철 고착, 이완, 망실로 탄알 눌림쇠 및 탄약유동

(라) 송탄 덮개 용수철 이완, 파손으로 송탄 덮개 유동

(마) 송탄지레 용수철 이완, 파손, 망실로 송탄지레 유동

(3) 정비요령

(가) 공구 : 1/16" 펀치, 망치, 꼬질대

(나) 분해

1) 탄알 눌림쇠 축을 분해한다.
2) 먼지덮개, 송탄용 눌림쇠(후), 송탄용 눌림쇠(전), 압축저항용 나선형 용수철을 분해한다.
3) 탄알 표시기 압축저항용 나선형 용수철을 분해한다.
4) 지지용 링을 분해한다.
5) 연결링크 결합체를 분해한다.
6) 꼬질대 끝을 사용하여 송탄지레 스프링를 분해한다.

(다) 검사 및 정비

각부분의 손상 및 파손여부를 검사하고 결함이 발견되면 교환한다.

(라) 결합

1) 압축저항용 나선형 용수철, 덮개 걸쇠를 결합한다.
2) 스프링 핀을 결합한다.
3) 송탄지레를 결합한다.
4) 송탄지레 용수철을 결합한다.
5) 연결링크 결합체를 결합한다.

7) 탄약표시기, 압축저항용 나선형 용수철을 결합한다.

8) 압축저항용 나선형 용수철, 송탄 눌림쇠를 결합한다.

9) 탄알 눌림쇠 축을 결합한다.

6. 예방정비

예방정비란 규칙적으로 총기를 검사하고 정비하여 고장을 방지함으로서 항상 기능발휘가 가능한 상태로 유지하는 것이다.

품 목	점 검 절 차
소염기 및 소염기 너트	· 적절한 용기에 깨끗한 강중유를 채운다. · 부품을 강중유에 담그기 전에 그리이스, 먼지 및 기름을 제거한다. · 24시간 동안 담가둔다. · 꺼내어 말린 다음 세척용 솔벤트로 헹군다. · 효과적으로 탄매를 제거하기 위하여 흐르는 물속에서 빳빳한 솔로 문지른다. · 완전히 말린 다음 나사산부분에 윤활유(LSA)를 엷게 바른다.
연결 링크 결합체 (밀손, 밀판틀)	· 오물 및 먼지, 기름을 강중유로 깨끗이 닦는다. · 마른 손질포로 닦아낸다. · 용수철 및 각부품은 윤활유(LSA)를 충분히 바른다.
가늠자결합체	· 오물 및 먼지, 기름을 강중유로 깨끗이 닦는다. · 마른 손질포로 닦아낸다. · 용수철 및 각부품은 윤활유(LSA)를 충분히 바른다.
활동부 뭉치	· 강중유에 적신 손질포로 부품을 깨끗이 닦는다. · 마른 손질포로 닦고 건조시킨다. · 설치하기 전 작동 부품의 각 부위에 윤활유(LSA)를 충분히 엷게 바른다.

7. 부수기재

순위	재 고 번 호	품 명	단위	기준수	그림번호
1	1005009031296	수입솔(총열용)	개	1	1
2	1005009991435	수입솔(약실용)	개	1	2
3	1005000893994	꼬질대	개	1	3
4	1005375010181	멜빵,소화기용	개	1	4
5	8465007819564	상자,정비장비, 소화기용주머니	개	1	5
6	1005371609279	손질구통뭉치	개	1	6
7	1005371609187	꼬질대(비상용)	개	1	7
8	5340008807666	총구마개	개	1	8
9	1005002425687	기름통	개	1	9
10	1005004946602	수입솔(총몸용)	개	1	10
11	1005375010936	예비총열뭉치	개	1	11
12	4933375010195	소재공구	개	1	12
13	1005375010180	케이스,운반용	개	1	13
14	1005009215004	탄창(30발)	개	1	14
15	8415375015868	내열성장갑	개	1	15

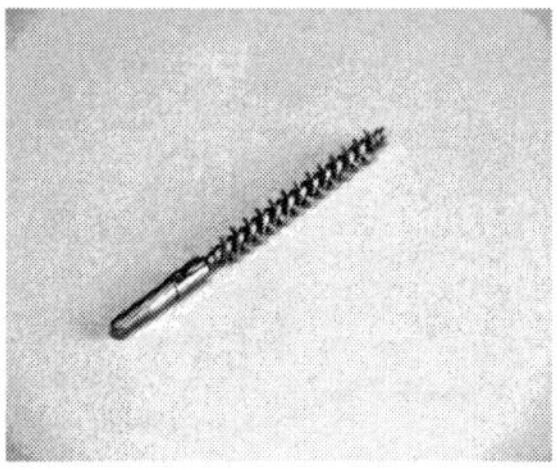

그림 1

그림 2

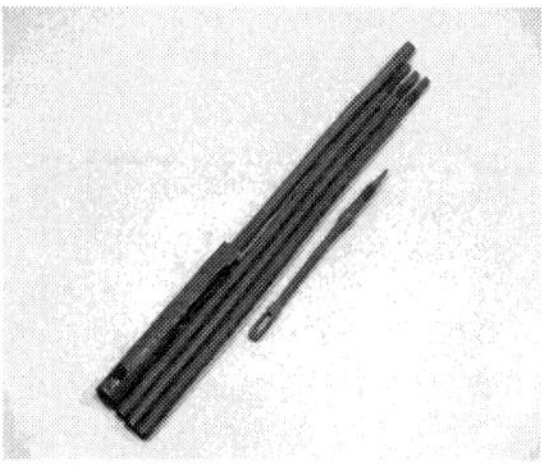

그림 3

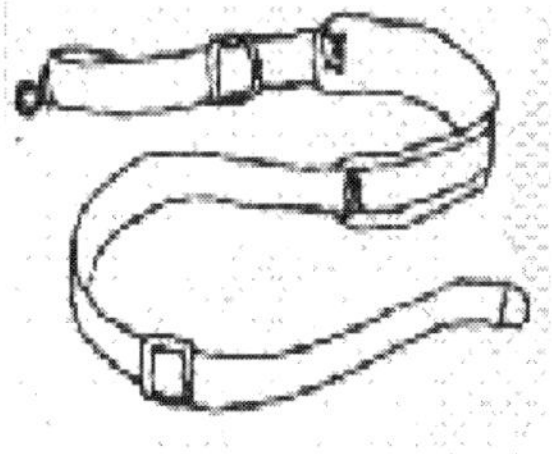

그림 4

그림 5

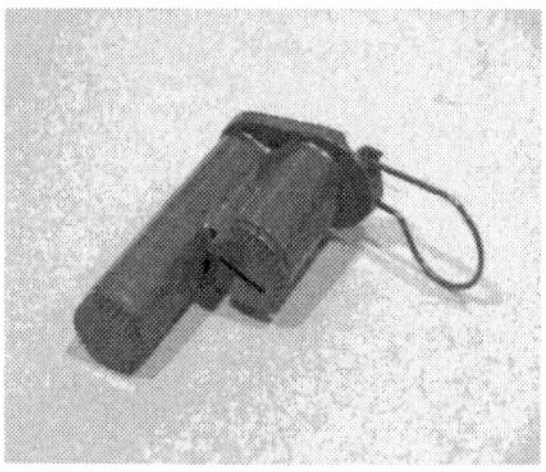

그림6

그림 7

그림8

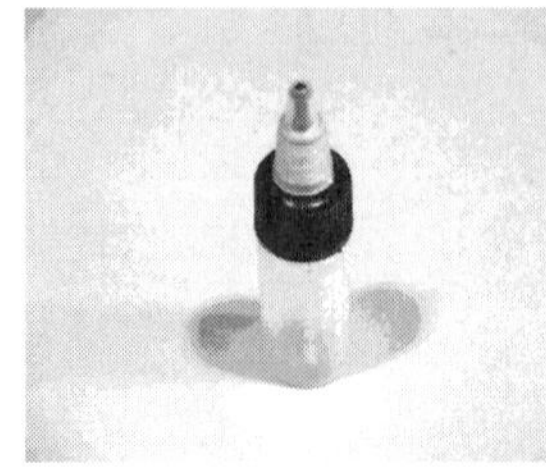

그림9

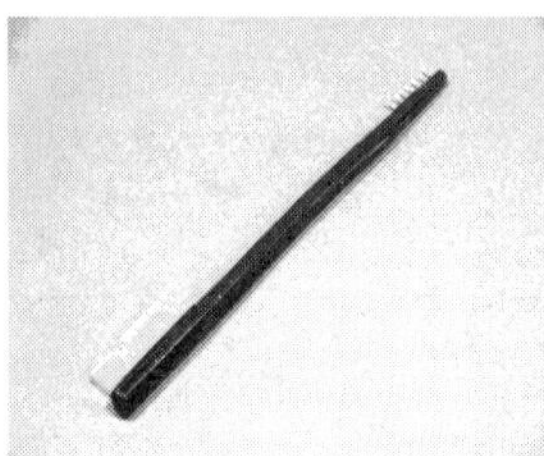

그림 10

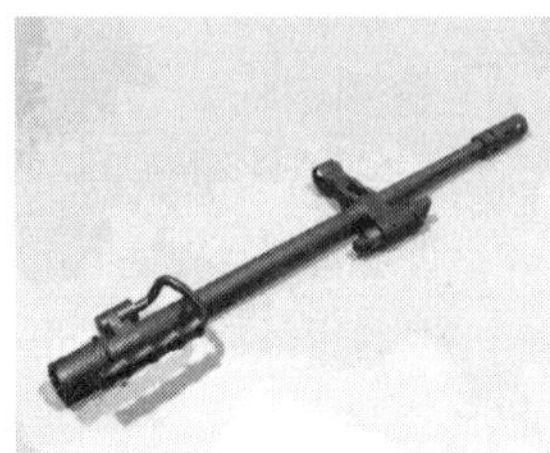

그림 11

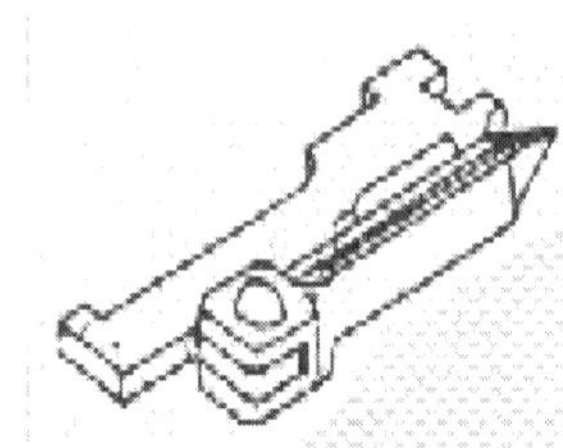

그림 12

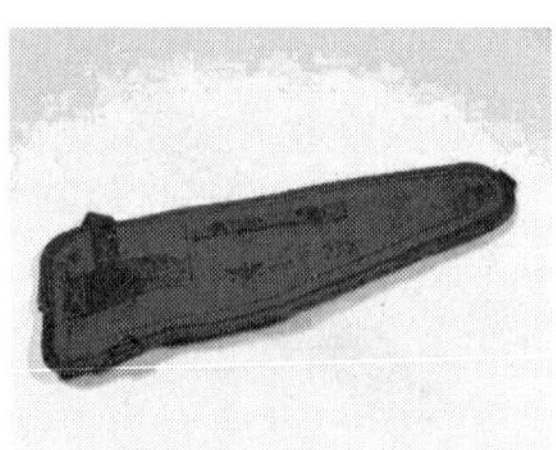

그림 13

그림14

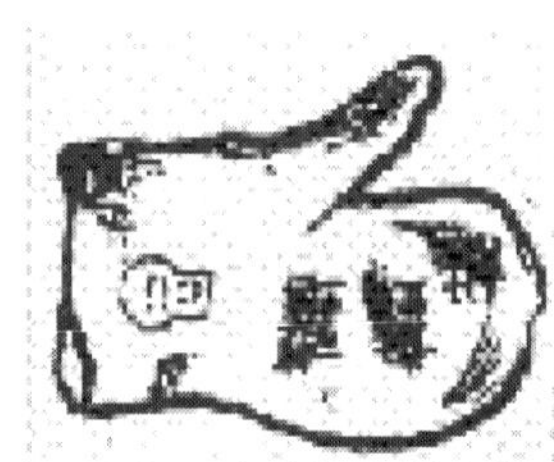

그림 15

K6 구경50 기관총 제3장

1. 개요

구경 50 기관총은 제1차 세계대전시 미국에서 개발하여 1962년 우리군에서 인수 사용되어 오다가 1986년 신속한 총열교환이 가능한 기관총 소요가 제기되고 이듬해부터 개발에 착수, 기존 M2가 채용한 나사회전식 교환방식에서 잠금턱 방식을 채용하여 불과 1년 반만에 개발에 성공한 것이 K6중기관총이며 1989년부터 전군에 보급이 시작되었다.

가. 종류

- 구경50 기본 항공용 부로닝 기관총 M2
- 구경50 중총열 고정식 부로닝M2
- 구경50 중총열 포탑식 부로닝 M2
- 구경50 중총열 선회식 부로닝 M2
- 구경50 기관총 K-6

나. 제원

구 분		단 위	내 용
무 게	총의 무게	kg	37
	총열의 무게		12.6
길 이	총의 길이	cm	165.1
	총열의 길이	cm	114.3

구 분			단 위	내 용
기계적 특 성	강선회전율		cm	38.1
	강 선			8조 우선
조작상 특성	탄자가 총구를 떠날 때 속도		m/s	930
	발사속도		발/분	450~600
조작상 특 성	사거리	최대	m	6,800
		유효		1,828
장치대	삼각장치대 (M3)	무게	kg	19.9
		길이(최대)	cm	189.2
		폭(접었을 때)		155
	대공장치대 (M63)	무게(전체)	kg	65.2
		4다리		10.8
		탄약상자결합체		4.5
		높이(전체)	cm	106.6
		최대고각	도	85°
		최대부각		29°
		선회		360°

다. 특징

K6 구경 50 기관총은 구경이 0.5인치, 즉 12.7밀리로 총열은 공냉식이며, 송탄은 분리식 철제 탄띠에 의해 장전되고, 작동방식은 총열 후좌 반동 이용식이며 사격시 자동 및 반자동이 가능하고 삼각대에 의한 지상거치 및 차량거치대, 전차 및 장갑차등에 장착되어 사용되고 있다.

라. 구경50기관총의 M2와 K6의 차이점

구분 \ 모델	M2	K6
총열교환방식	운반손잡이 360° 회전에 의한 나사식 총열 교환	운반손잡이 60° 회전에 의한 조립턱식 신속 총열 교환
두 격	두격게이지에 의한 조정식	두격고정식(조정 불필요) * 게이지에 의한 확장여부 검사
격 발 시 기	사용자 조정	사용자 조정 불가능(4계단)

2. 구조기능

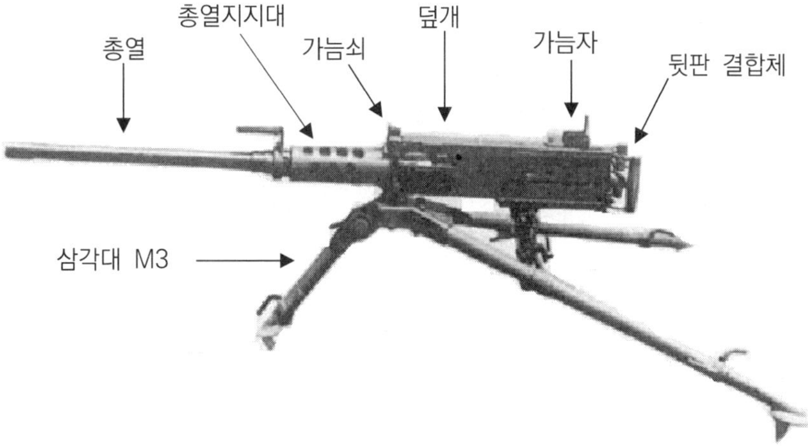

그림 1. 외부구조

가. 외부 명칭

(1) 가늠자 뭉치

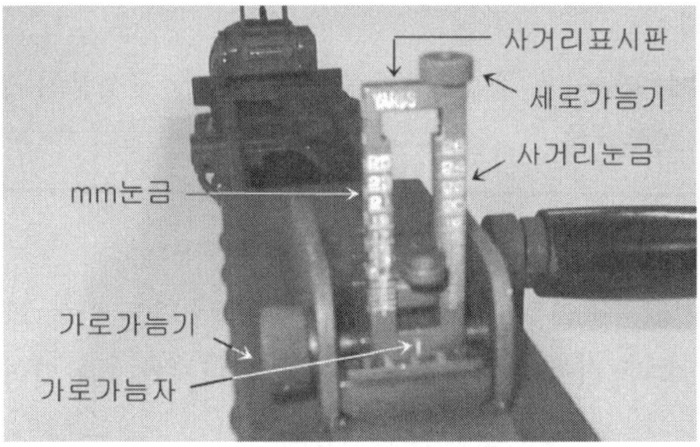

그림 2. 가늠자

(가) 세로가늠자 및 가로가늠자로 구성되어있다.

(나) 세로가늠자는 0~2,600mm까지 100m 단위로 눈금 표시가 되어 있다.

(다) 세로가늠자는 좌측 벽에는 0~62m까지 눈금이 표시 되어 엄폐된 진지에서 사각을 설치 간접 사격을 할 수 있다.

(라) 가로가늠자는 좌, 우 가가 5m씩 10m의 눈금이 있으며 1m단위로 표시 되어 있다.

(2) 가늠쇠 뭉치

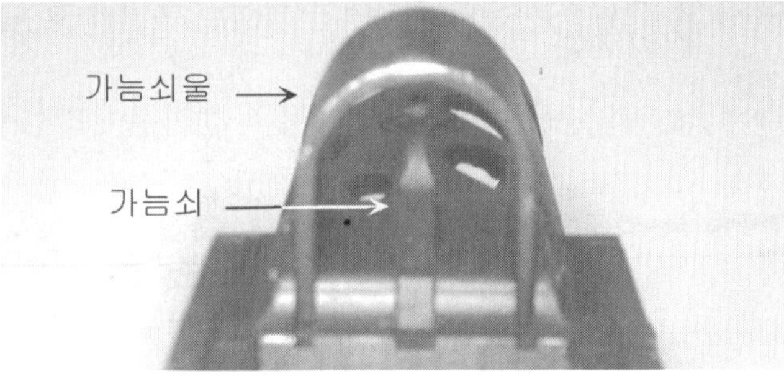

그림 3. 자늠쇠 뭉치

가늠쇠와 가늠쇠울로 되어 있다.

(3) 뒷판뭉치

사격중에 발생되는 반동력을 감소시키며 자동 및 반자동 사격을 선택하는 노리쇠 래치풀기와 자동 및 반자동 슬리브가 있다.

(4) 덮개 뭉치

덮개결합체는 탄약을 송탄시키는 기능을 하며, 구성품의 결합방향에 따라 좌, 우송탄이 가능하다.

(5) 총열 지지대

총열 지지대는 총열을 지지하며 사격중에 발생되는 열을 외부로 방출하고 총열 결합체의 분해/결합을 용이하게 하는 안내나사가 부착되어 있다.

(6) 총열 뭉치

탄약의 초기발사 방향을 조정하는 역할과 회전력을 부여하며, 신속한 총열의 교환을 위하여 결합방식이 조립턱식으로 되어있으며 구성요소로는 총열, 소염기, 운반손잡이 결합체로 되어 있다.

(7) 소염기 결합체

총구에 결합되어 사격중에 발생되는 화염을 차단시킨다.

(8) 운반 손잡이 결합체

총열의 운반 및 교환시 사용되며 사격간 가열된 총열의 교환을 용이하게 한다.

나. 기능작용

(1) 송탄작용

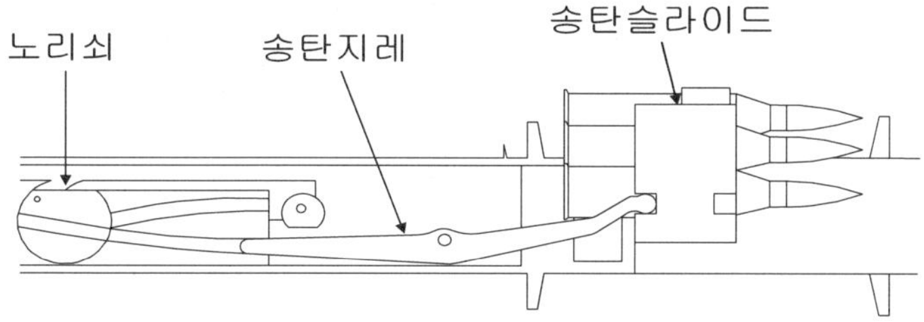

그림 4. 송탄작용

소총 및 권총은 탄창에 의해 송탄 작용이 이루어지는데 비해 구경50기관총은 탄대 장전식이므로 사수가 탄대를 송탄구에 위치시켜야 한다. 사격시 노리쇠가 전진 후퇴를 하게 되면 노리쇠홈에 연결된 덮개 뭉치의 송탄지레와 송탄슬라이드에 의해 탄대에 연결된 탄약이 한발씩 장전위치로 들어오게 된다.

(2) 장전 작용

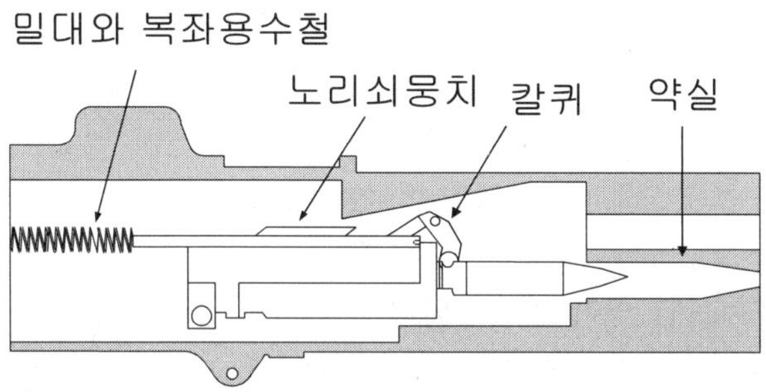

그림 5. 장전작용

노리쇠 후퇴시 칼퀴가 탄알 1발을 물고 후퇴하였다가 노리쇠가 전진함에 따라 탄알은 T홈 칼퀴 결합체에 의해서 멈추게 된다. 다음으로 칼퀴는 탄알을 장전할 수 있을 만큼 밑으로 내려가게 하며 노리쇠가 전진하면서 탄알은 약실에 장전된다.

(3) 잠금 작용

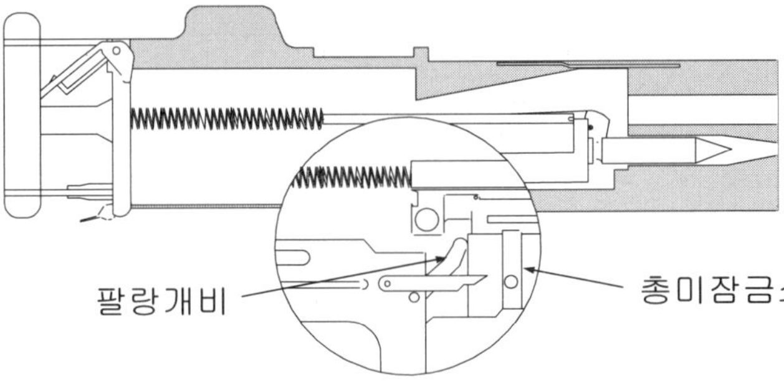

그림 6. 잠금작용

복좌 용수철이 팽창해서 노리쇠가 전진하면서 완충기의 팔랑 개비를 쳐주면 완충기와 총열몸이 분리된다. 총열몸의 총미 잠금쇠는 노리쇠가 뒤로 후퇴하지 못하게 총몸 밑면에 돌출된 총미 잠금캠 위에 올라가서 노리쇠 밑면홈을 잡아주어 가스의 누출을 방지해 주면서 완전히 잠금 작용이 되도록 한다.

(4) 격발 작용

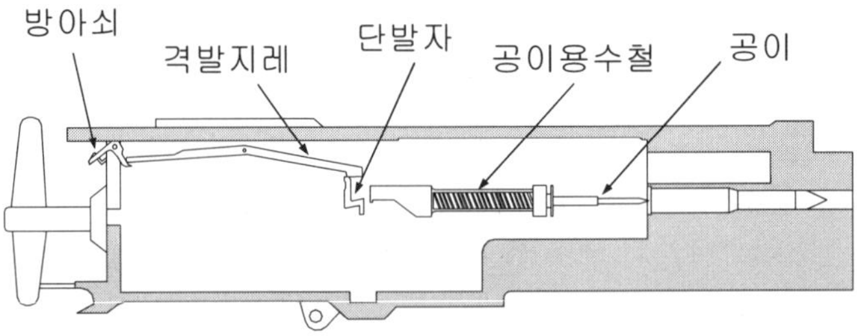

그림 7. 격발작용

방아쇠를 누르면 방아 연결쇠의 뒷부분이 상승하고 앞부분이 내려가며, 노리쇠 뭉치의 단발자를 눌러준다. 이때 단발자와 공이집이 풀리게 되며 압축된 공이 용수철이 팽창하여 공이가 탄약의 뇌관을 타격 하여 탄알이 발사되게 된다.

(5) 풀림 작용

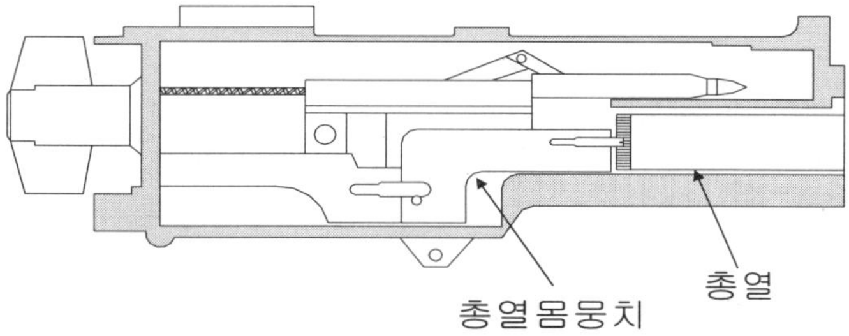

그림 8. 풀림작용

탄약이 총구를 떠나는 순간 가스의 힘에 의해서 총열 및 총열 몸뭉치가 후퇴하면서 동시에 노리쇠 뭉치가 후퇴하게 한다.

(6) 추출 및 축출작용

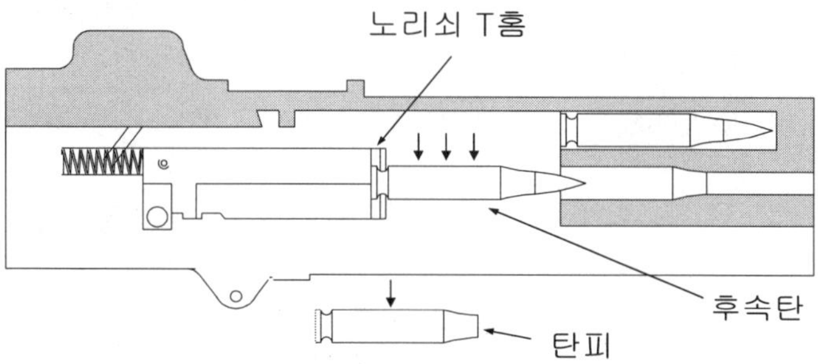

그림 9. 추출 및 축출작용

노리쇠가 후퇴하게 됨에 따라 T홈 사이에 있는 탄피는 약실을 이탈하게 되고 후속탄은 칼퀴에 의하여 아래로 전진하면서 T홈에서 탄피를 총몸 밖으로 밀어낸다.

3. 분해 및 결합

분해 및 결합은 기관총의 구조를 이해하고 정비를 통하여 고장을 방지하기 위하여 실시하며, 어떠한 상황에서도 신속한 분해 및 결합이 가능 하도록 숙달되어야 한다. 분해결합 시기는 일상 손질시, 사격 전·후 손질시, 주유시, 응급처치시, 기술검사시 실시한다.

분해결합은 보통 및 특별분해결합으로 구분된다. 보통분해는 사용자가 단독으로 총몸의 활동부분만을 분해하는 것이며, 특별분해 결합은 정비요원만이 실시하는 것으로 총의 모든 부분을 분해하는 것 이다.

가. 주의사항

분해결합시 주의사항은 순서에 준하여 실시하고 무리한 힘을 가 하지 말고 충분한 여유를 가지고 실시하며 부분품의 파손 및 망실에 유의하여야 한다.

나. 보통분해 및 결합

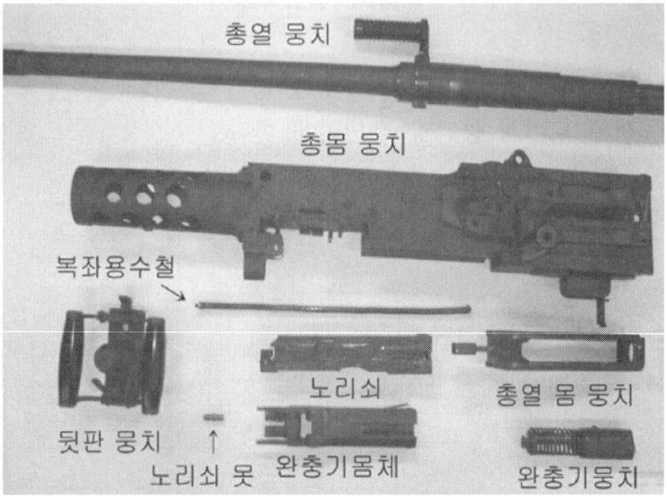

그림 10. 보통 분해

(1) 분해 요령

(가) 총열 뭉치

1) 덮개 멈치 손잡이를 회전시켜 덮개 멈치를 위로 들어 올린다.

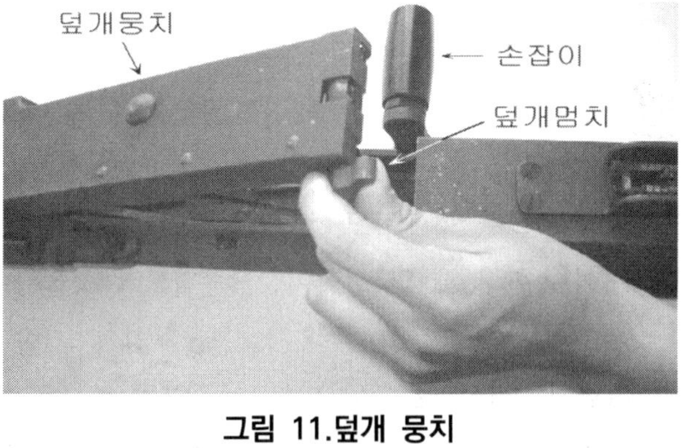

그림 11.덮개 뭉치

2) 좌측 손으로 손잡이를 3cm 후퇴시켜 총몸 우측 몸판의 3/8인치 구멍과 총열 멈치 용수철 홈과 일치시킨다.
3) 우수로 시계 반대 방향으로 총열을 돌려 분해한다.

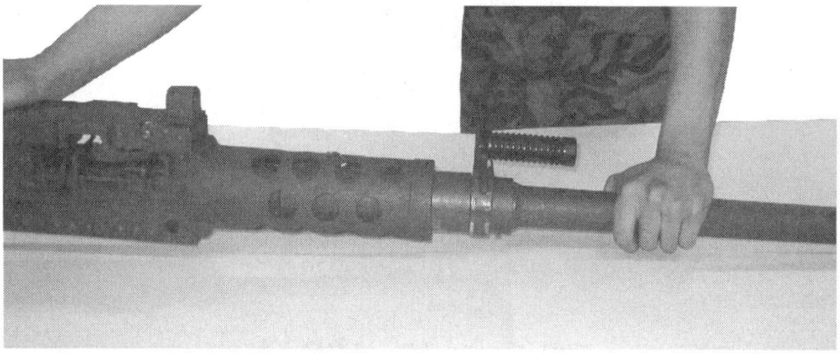

그림 12. 총열 분해

(나) 뒷잡이틀 뭉치

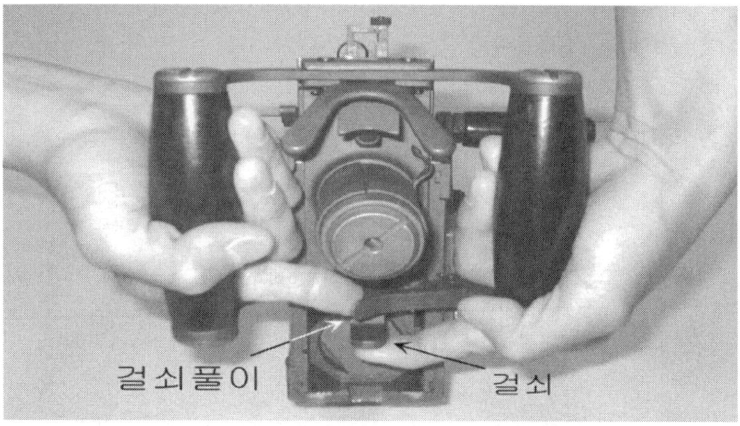

그림 13. 뒷판 뭉치의 분해

걸쇠 풀이를 자기쪽으로 당기고 걸쇠를 들어올린 상태에서 위로 들어 올려 분해한다.

주 의

뒷잡이틀을 제거하기 전에 노리쇠를 반드시 앞으로 전진시켜라.

(다) 밀대와 복좌용수철

그림 14. 밀대와 복좌용수철

1) 총몸에서 우측의 밀대 후단을 우수 모지로 안으로 누르면서 좌측으로 밀어 분해한다.
2) 밀대와 복좌용수철을 총 몸으로부터 뒤로 당겨 뽑아낸다.

(라) 노리쇠못

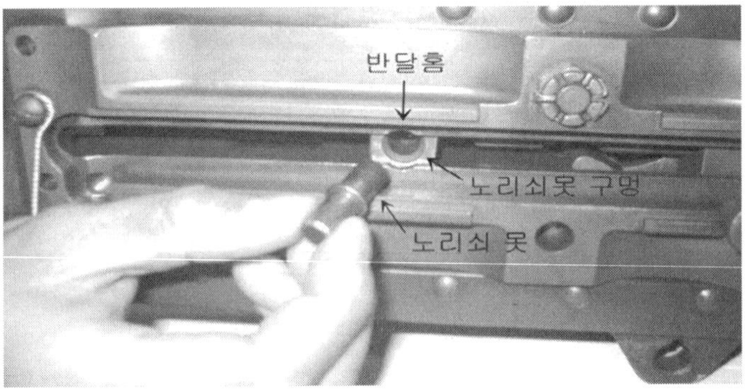

그림 15. 노리쇠 못 분해

손잡이를 뒤로 약 5cm 정도 후퇴시킨 다음 총 몸통 우측에 있는 반달홈에 맞추어서 노리쇠 못을 우측으로 뽑아 분해한다.

(마) 노리쇠 뭉치

그림 16. 노리쇠 걸쇠

노리쇠 뭉치 선단을 사수 좌측 인지로 밀어 분해한다.

(바) 완충기 결합체 및 총열 몸 뭉치

그림 17. 완충기 결합체와 총열 몸 뭉치

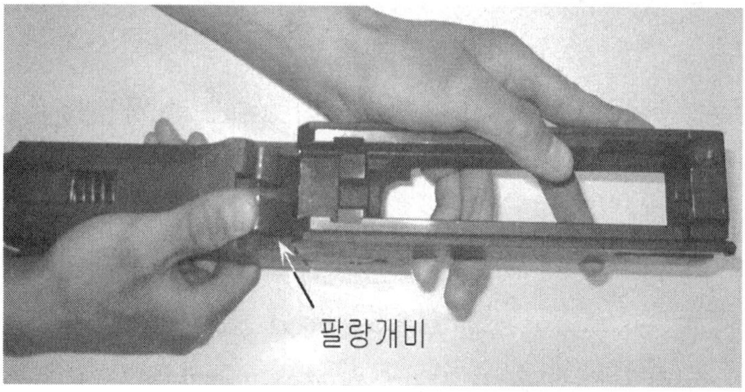

그림 18. 총열 몸 뭉치와 완충기 결합체 분해

1) 분해구 끝을 이용 총 몸통 우측 후면 하단에 있는 구멍에 삽입한다.
2) 완충기 몸체 용수철 멈치를 누르면서 뒤로 당기면 총열 몸 뭉치와 완충기 결합체가 결합된채 뒤로 빠져 나온다.
3) 팔랑개비를 사수의 모지로 앞으로 밀면 총열 몸 뭉치와 완충기 결합체가 분해된다.

(사) 완충기 결합체

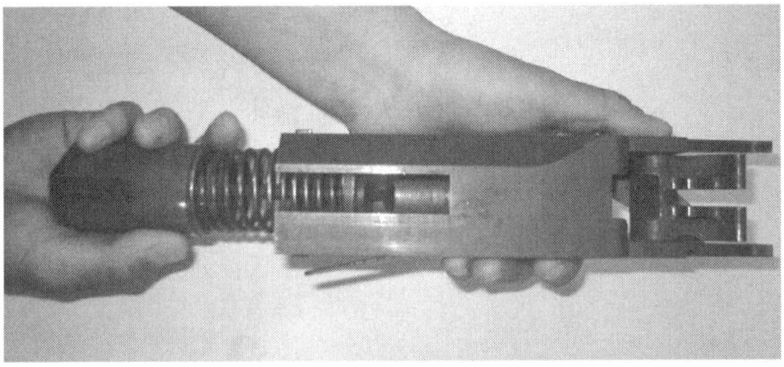

그림 19. 완충기 결합체의 분해

완충기 몸체에서 완충기 뭉치 선단을 사수의 인지로 민 후 우수로 당기면 분해된다.

(2) 결합 요령

(가) 완충기 결합체

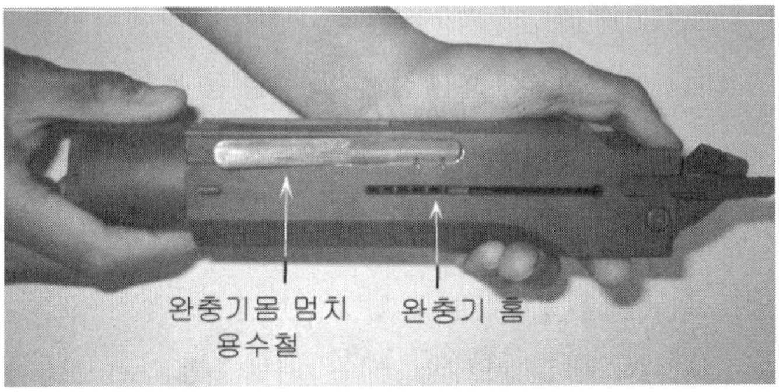

그림 20. 완충기 결합체의 결합

1) 완충기 뭉치의 혹이 우측으로 오게 하여 오일 완충기 몸체에 결합한다. 이때 혹은 완충기 몸체 우측 홈에 맞춘다.
2) 완충기 뭉치 후면의 홈이 수직이 되고 화살표가 우측을 향하게 하여 완

충기 뭉치를 결합시킨다.

(나) 완충기 결합체 및 총열 몸 뭉치

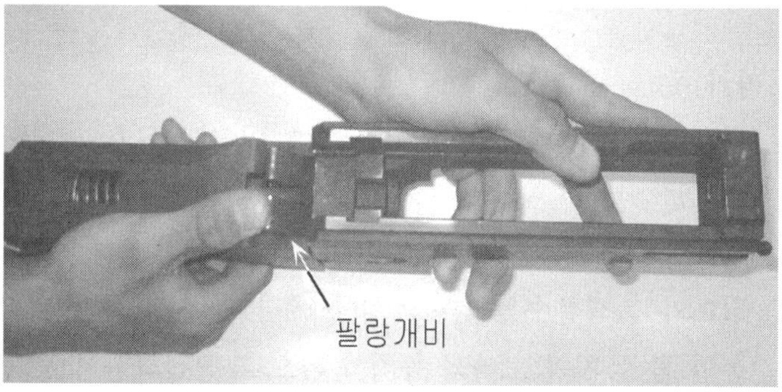

그림 21. 총열 몸 뭉치와 완충기 결합체 결합

1) 두 개의 뭉치를 결합할 때는 우측 손으로 완충기 결합체를 잡고 인지로 팔랑개비를 받쳐주고 홈을 총열몸 뭉치 기둥 위에 교차시켜서 그 기둥 밑 완충기 뭉치의 피스톤이 밀대안에 있는채로 연결시킨다.
2) 총열 몸 측면에 있는 홈에 맞추어 총미 멈치 끝을 삽입하고 팔랑개비가 총열 몸의 후단 끝과 반대되게 결합 되었는가 확인하여 결합한다.
3) 총열 몸 뭉치 선단을 약간 들어준 상태에서 총 몸통 내부로 밀어 넣는다.

(다) 노리쇠 뭉치

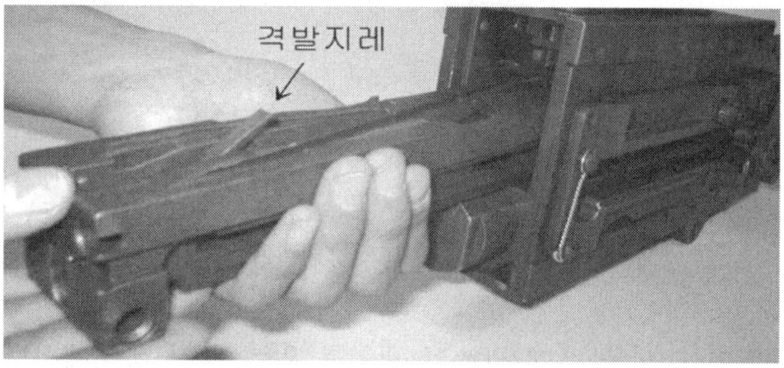

그림 22. 노리쇠 결합

1) 노리쇠를 총 몸에 결합할 때는 격발 지레 끝이 앞으로 가게하고 칼퀴가 하단으로 내려가게 하여 총 몸에 밀어 넣는다.
2) 양쪽 홈을 통해 노리쇠 앞 끝이 팔랑개비 뿔에 접근하면 노리쇠 후단 끝을 눌러 전단 끝이 팔랑개비 뿔에 닿지 않게 한다.

3) 노리쇠 후단을 들어 올려 전진시켜 노리쇠 걸쇠가 노리쇠 상단에 있는 홈과 연결되게 하고 노리쇠 걸쇠를 올려서 다시 노리쇠를 총 몸에 밀어 넣는다.

(라) 노리쇠 못

노리쇠 뭉치의 우측 구멍을 반달홈에 일치시킨 후 결합한다.

(마) 밀대와 복좌용수철

1) 밀대와 복좌용수철을 노리쇠 홈에다 끼운 다음 손바닥으로 탁 쳐주면 총열 몸 뭉치와 노리쇠 뭉치가 앞으로 전진하면서 총 몸통에 완전히 결합된다.
2) 우수 모지로 밀대와 복좌용수철을 총구쪽으로 밀면서 총 몸통 우측 구멍에 결합한다.

(바) 뒷잡이틀 뭉치

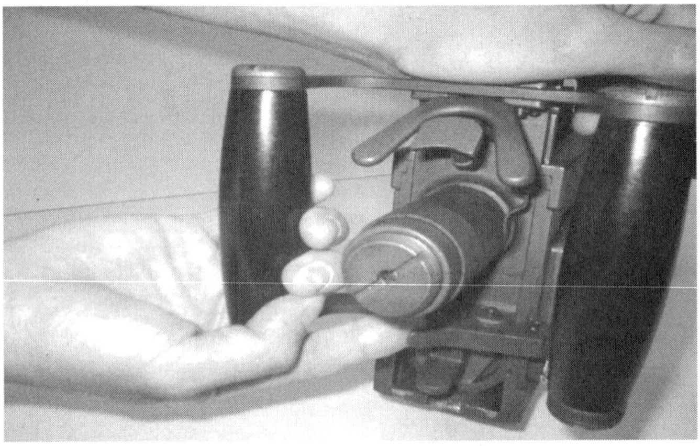

그림 23. 뒷판 뭉치 결합

뒷잡이틀 턱을 홈에 맞추고 걸쇠를 위로 당긴 상태에서 위에서 아래로 결합한다.

(사) 총열

1) 좌수로 손잡이를 후퇴시켜 3/8인치 구멍에 총열 멈치 용수철을 위치시키고 우수로 총열을 잡고 시계 방향으로 회전시켜 결합한다.

2) 총열을 완전히 결합한 후에는 총열을 반대로 2 크리크 풀어준다. 다음 덮개를 닫으므로 결합은 완료되었다. 이렇게 결합이 완료되면 노리쇠를 후퇴, 전진시켜 격발이 되면 정확하게 결합된 것이다.

라. 특별분해 및 결합

(1) 뒷판 결합체

(가) 공구 : 복합렌치

(나) 분해 요령

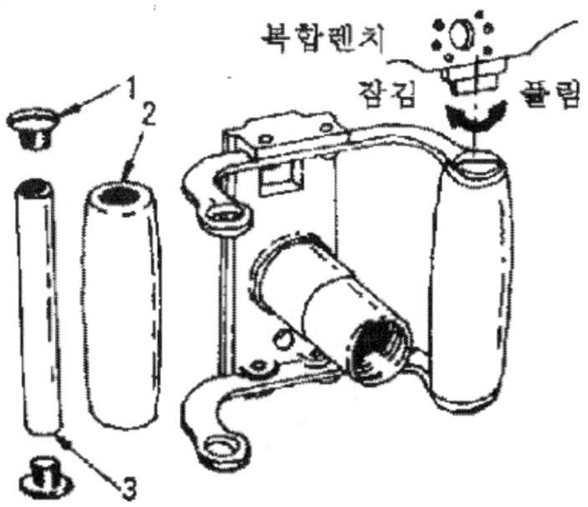

1. 나사 2. 손잡이 3. 원통

그림 24. 뒷판 결합체 손잡이의 분해 및 결합

1) 복합 렌치를 사용하여 나사를 푼다.
2) 손잡이를 분해한다.
3) 원통을 분해한다.

(다) 검사 및 교환

1) 플라스틱 손잡이를 검사하여 균열 및 파손을 검사하고 결함이 발견되면 교환한다.
2) 원통을 검사하여 나사의 상태 또는 외부의 파손여부를 점검하고 결함이 발견되면 교환한다.

(라) 결합

1) 원통을 손잡이에 끼워 넣는다.

2) 뒷판 결합체에 손잡이를 결합한다.

3) 복합 렌치를 사용하여 나사를 꼭 조인다.

(2) 덮개 결합체의 분해 및 결합

(가) 공구 : 플라이어

(나) 분해

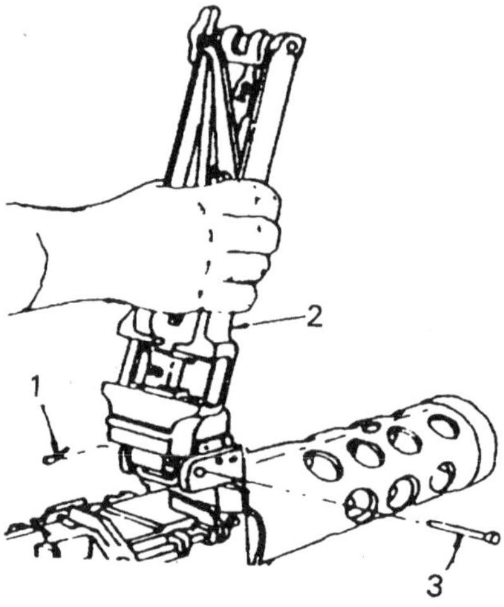

1. 코터핀　2. 덮개결합체　3. 짜개핀

그림 25. 덮개 결합체의 분해 및 결합

1) 플라이어를 사용하여 코터핀을 분해한다.

2) 덮개 결합체를 잡고 짜개 핀을 분해한다.

(다) 검사 및 교환

1) 코터핀의 균열 및 파손을 검사한 후 결함이 발견되면 교환한다.

2) 짜개핀의 손상 및 파손 여부를 검사하여 결함이 발견되면 교환한다.

(라) 결합

1) 덮개 결합체를 결합한다.

2) 짜개핀을 고정 결합한다.

3) 코터핀을 결합한 후 플라이어를 사용하여 빠지지 않게 고정한다.

(3) 총열 결합체의 분해 및 결합

(가) 분해

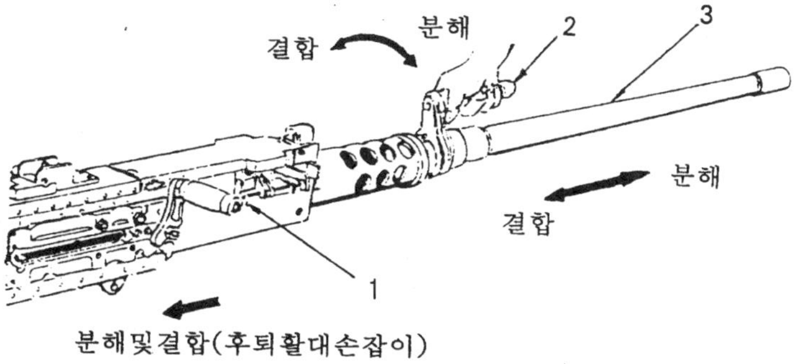

1. 총열멈치 용수철 구멍　2. 운반 손잡이　3. 총열 결합체

그림 26. 총열 결합체의 분해 및 결합

총열 멈치 용수철을 우측판의 총열멈치 용수철 구멍과 일치되도록 후퇴활대 손잡이를 잡아당긴 상태 에서 운반 손잡이를 잡고 60°좌회전 시킨 후 총열 결합체를 분해시킨다.

(나) 검사 및 교환

총열 부식 게이지 킷트 M6A1을 사용해서 부식여부를 점검한 후 사용불가능한 결함이 발견되면 교환한다.

(다) 결합

총열 멈치 용수철을 우측판의 구멍과 일치되도록 후퇴활대 손잡이를 잡아당긴 상태에서 운반손잡이를 잡고 60°우회전시켜서 총열 결합체을 결합한다.

(4) 운반손잡이 결합체의 분해 및 결합

(가) 공구 : 1/8″ 펀치, 망치

(나) 분해

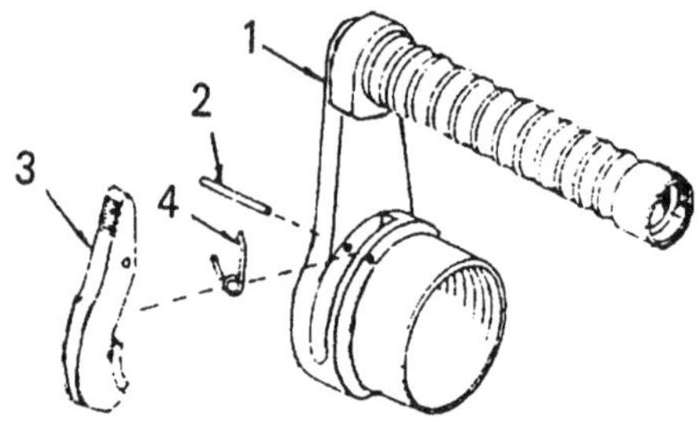

1. 운반손잡이 2. 스프링 핀
3. 지레 4. 토션 용수철

그림 27. 총열 결합체의 분해 및 결합

1) 펀치와 망치를 사용하여 스프링 핀을 분해한다.
2) 지레를 분해한다.
3) 토션 용수철을 분해한다.

(다) 검사 및 교환

1) 스프링 핀을 검사하여 결함이 발견되면 교환한다.
2) 지레의 마모, 균열 및 파손을 검사한 후 결함이 발견되면 교환한다.
3) 토션 용수철의 약화, 손상 및 파손을 검사한 후 결함이 발견되면 교환한다.

(라) 결합

1) 토션 용수철과 지레을 결합한다.
2) 스프링 핀을 결합한다.

(5) 노리쇠 결합체의 분해 및 결합

(가) 공구 : 1/8″펀치, 1/16″펀치, 1/32″펀치, 망치, 용수철 분해 치구

(나) 분해

1) 공이 몸체와 공이를 분해한다.

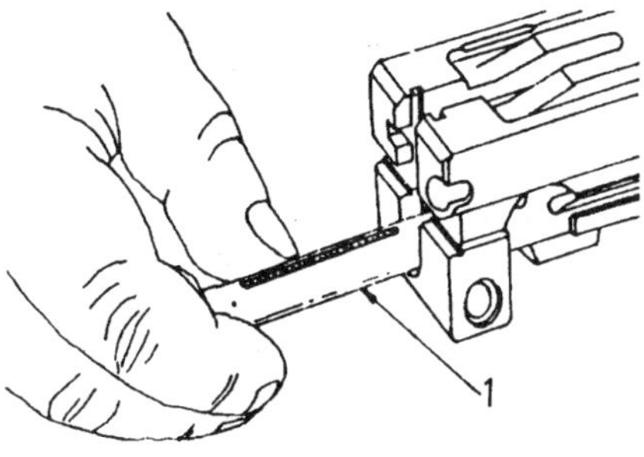

1. 공이 몸체

그림 28. 공이 분해

2) 공이 몸체로부터 공이를 분해한다.

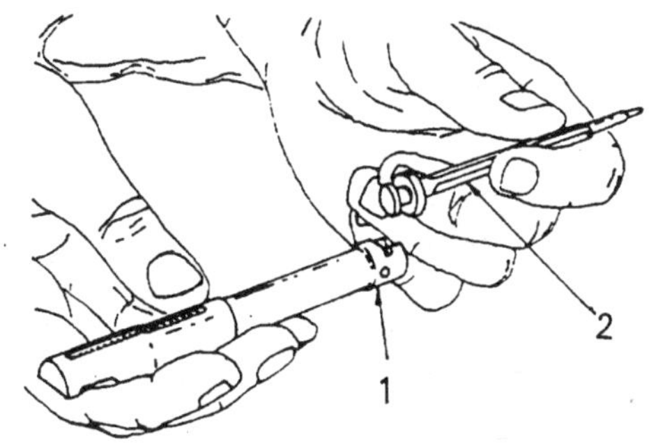

2. 공이

그림 29. 공이와 공이용수철집의 분해

3) 용수철 분해치구, 펀치 및 망치를 사용하여 공이용수철과 공이 용수철 멈치 핀을 분해한다.

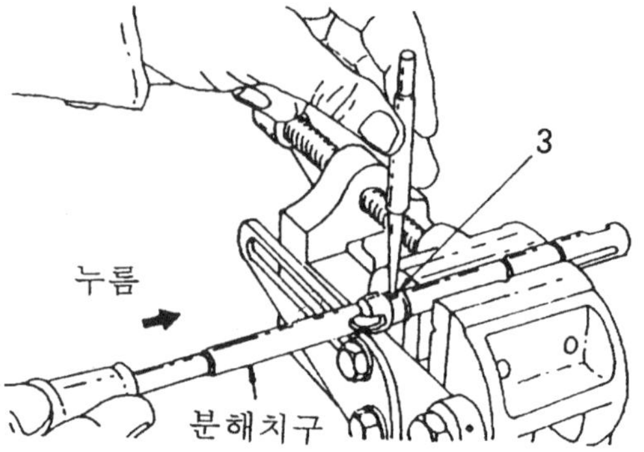

3. 멈치 핀

그림 30. 공이 용수철 분해

4) 펀치와 망치를 사용하여 칼퀴멈치 핀을 분해한다.

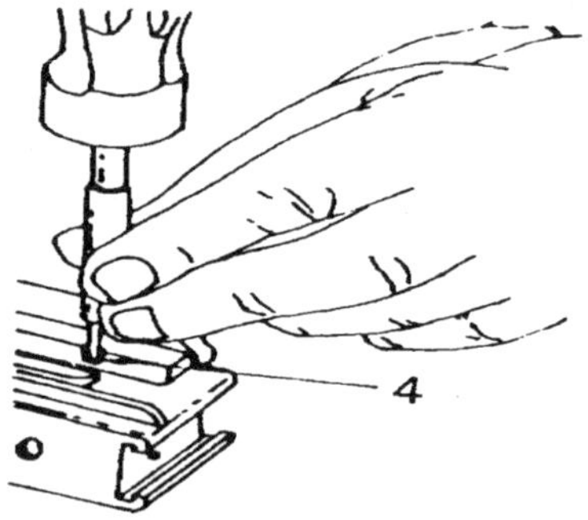

4. 칼퀴멈치 핀

그림 31. 칼퀴멈치 핀의 분해

5) 펀치와 망치를 사용하여 노리쇠스위치 꼭지를 분해한다.

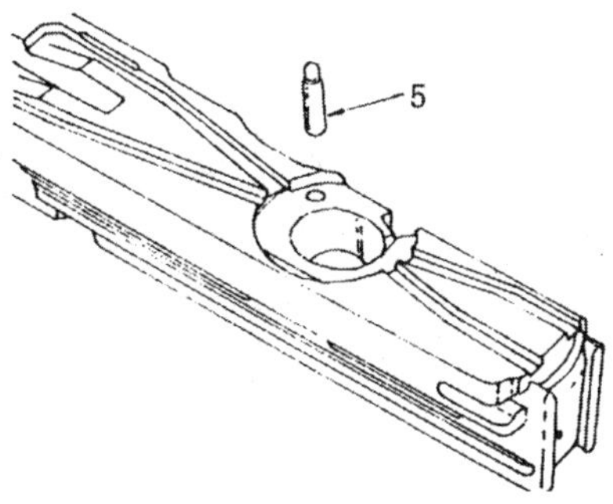

5. 노리쇠스위치 꼭지

그림 32. 노리쇠 결합체의 분해 및 결합

(다) 검사 및 교환

1) 공이 몸체와 공이의 손상 및 파손 여부를 검사한 후 결함이 발견되면 교환한다.
2) 공이 용수철의 약화 및 파손여부를 검사한 후 결함이 발견되면 교환한다.
3) 칼퀴 멈치 핀과 노리쇠스위치 꼭지의 손상 및 파손여부를 검사한 후 결함이 발견되면 교환한다.

(라) 결합

1) 공이 용수철을 결합한 후 망치를 사용하여 공이용수철 멈치핀을 결합한다.
2) 공이를 공이 몸체에 결합한다.

주 의

노리쇠 좌측에 칼퀴멈치 핀을 결합할 때에는 최소 1.58mm, 최대 1.98mm 밖으로 튀어 나오게 하여 테이퍼된 선단을 칼퀴멈치핀 구멍에 끼운다. 정확하게 칼퀴 멈춤 작용을 하게 하기 위해서 필요하다면 못의 하부와 상부를 줄로써 다듬질 할 수 있다.

3) 노리쇠에 칼퀴 멈치 핀을 망치를 사용하여 결합한다.
4) 노리쇠스위치 꼭지를 망치를 사용하여 결합하고 원주 방향으로 3곳을

스테이킹 한다.

5) 노리쇠에 공이 몸체와 공이를 결합시킨다.

(6) 완충기 결합체의 분해 및 결합

(가) 공구 : 용수철 분해 결합치구

(나) 분해

1) 완충기 몸체에서 완충 뭉치를 분해한다.

주 의
완충기 몸체의 홈과 완충 용수철 멈치판을 분해가 용이하도록 정렬 시킨다.

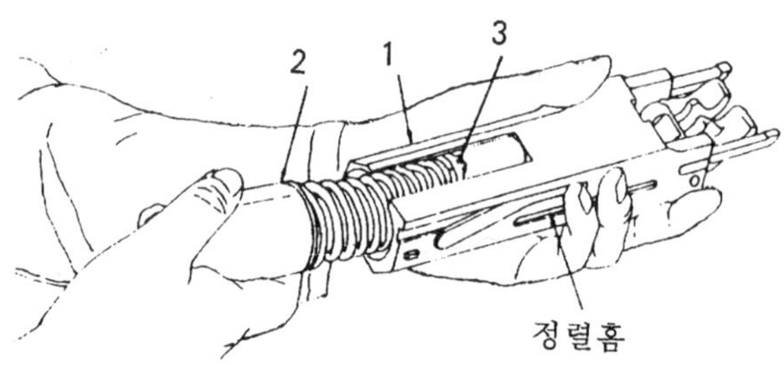

1. 완충기 몸체 2. 완충기 뭉치 3. 완충 용수철 멈치판

그림 33. 완충기 결합체의 분해 및 결합

2) 용수철 분해 결합 치구를 사용하여 완충용수철 멈치판과 완충 용수철을 분해한다.

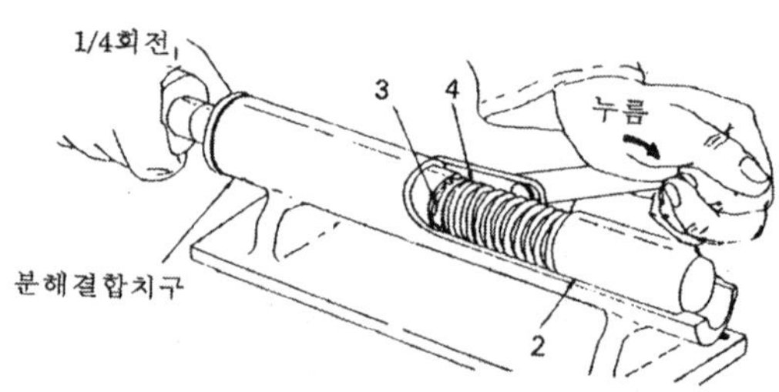

2. 완충 뭉치 3. 완충 용수철 멈치판 4. 완충 용수철

그림 34. 완충 용수철의 분해

3) 완충 뭉치와 완충 용수철, 완충 용수철 멈치판을 분해한다.

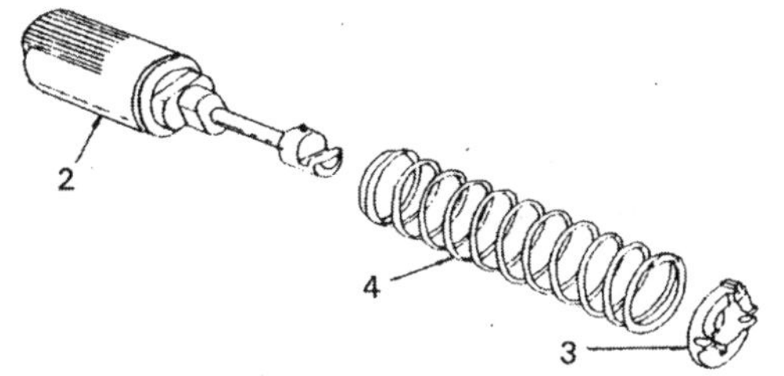

2. 완충 뭉치 4. 완충 용수철

그림 35. 완충기 결합체의 분해 및 결합

(다) 검사 및 교환

1) 완충기 몸체 내부를 깨끗이 닦아낸다.

2) 완충 뭉치, 완충 용수철, 완충 용수철 멈치 판의 손상 및 파손 여부를 검사한 후 결함이 발견되면 교환한다.

(라) 결합

1) 완충 용수철 분해 결합 치구를 사용하여 완충용수철과 완충 용수철 멈치판을 결합한다.

2) 완충기 몸체에 완충 뭉치를 결합한다.

(7) 가늠자 결합체의 분해 및 결합

(가) 공구 : 일자 드라이버

(나) 분해

1. 나사

그림 36. 가늠자결합체 분해 및 결합(1)

1) 베이스의 나사를 일자 드라이버를 사용하여 분해한다.

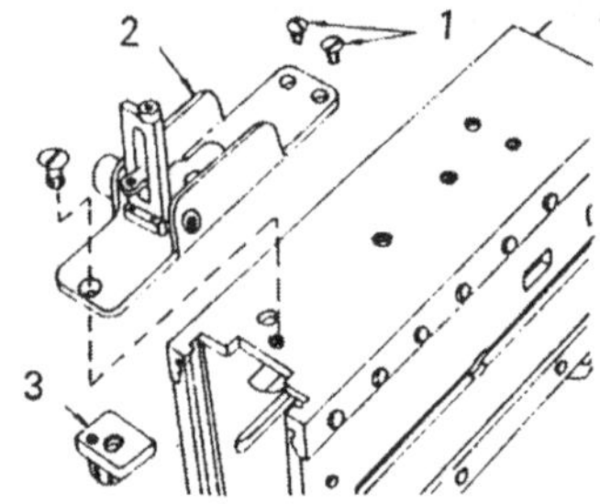

1. 나사 2. 가늠자 결합체 3. 방아쇠지레 조정 뭉치

그림 37. 가늠자 결합체 분해 및 결합

2) 가늠자 결합체의 방아쇠지레 조정 뭉치를 분해한다.

(다) 검사 및 교환

가늠자 결합체 및 나사의 작동 상태, 손상 및 파손 여부를 검사한 후 결함이 발견되면 교환한다.

(라) 결합

1) 가늠자 결합체를 고정시킨 후 베이스를 나사로 꽉 조인다.
2) 나사의 풀림을 방지하기 위하여 나사에 스테이크를 한다.

(8) 총몸 결합체의 분해 및 결합

(가) 래치의 분해 및 결합

1) 공구 : 렌치, 래치 용수철 분해 결합 치구

2) 분해

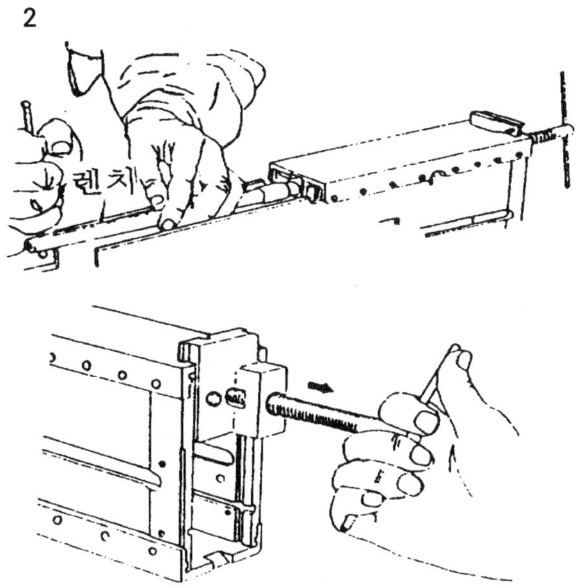

그림 38. 래치의 분해(1)

가) 래치 용수철 분해 결합 치구를 설치하고 용수철을 누른다.

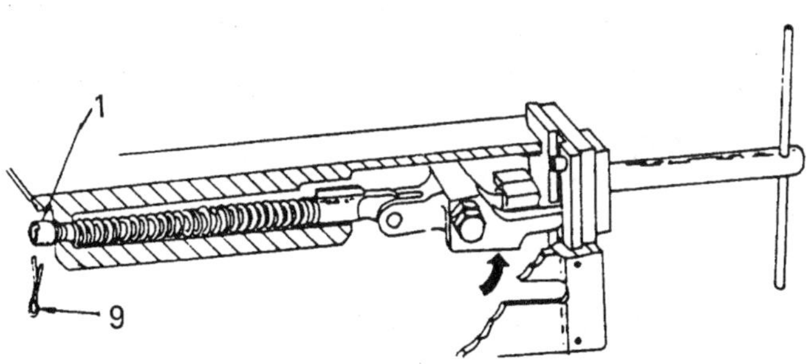

1. 너트　　2. 짜개핀

그림 39. 래치의 분해(2)

나) 코터 핀을 분해한다.

다) 렌치로써 너트를 분해한다.

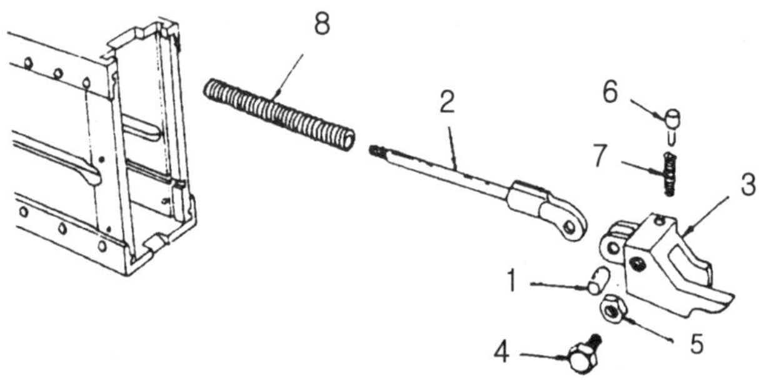

1. 곧은 핀 2. 로드 3. 래치 4. 나사
5. 너트 6. 핀 7. 용수철 8.용수철

그림 40. 래치 결합체의 분해(3)

라) 곧은 핀을 분해하여 로드와 래치를 분리한다.

마) 래치로부터 나사, 너트, 핀, 용수철을 분해한다.

바) 로드로부터 용수철을 분해한다.

3) 검사 및 교환

가) 코터 핀, 너트, 곧은 핀, 로드, 나사, 핀의 파손 및 손상 여부를 검사 한 후 결함이 발견되면 교환한다.

나) 용수철이 파손되거나 약화되었거나 기능을 발휘하지 못할 때는 교환한다.

4) 결합

가) 총몸에 래치 용수철 분해 결합 치구를 설치한다.

나) 치구를 압축하여 로드에 너트를 약 1-1/2~2회전시켜 결합한다.

다) 로드와 래치를 그림과 같이 위로 올려 정렬시킨다.

나) 너트를 렌치로 고정시킬 수 있도록 치구의 손잡이를 돌린다.

라) 코터 핀으로 너트를 고정한다.

(나) 노리쇠 멈치의 분해 및 결합

1) 공구 : 1/8″펀치, 망치

2) 분해

펀치와 망치를 사용하여 노리쇠 멈치를 분해한다.

주 의

필요시에만 분해 및 결합한다.

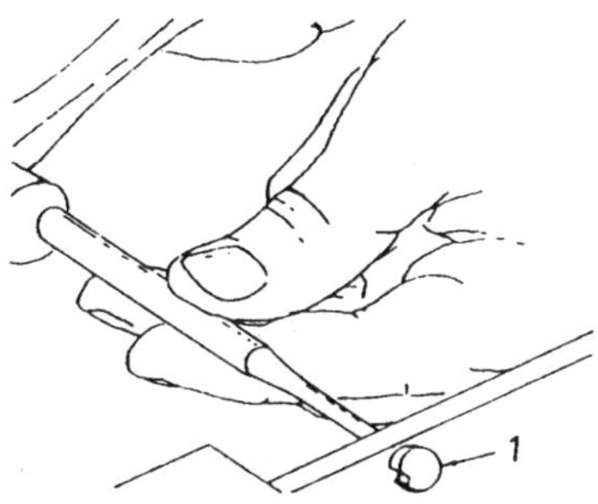

1. 노리쇠 멈치

그림 41. 노리쇠 결합체 분해 및 결합

3) 검사 및 교환

노리쇠 멈치의 마모, 손상 및 파손 여부를 검사한 후 결함이 발견되면 교환한다.

(9) 안내 나사의 분해 및 결합

(가) 공구 : 1/16″펀치, 망치, 일자 드라이버

(나) 분해

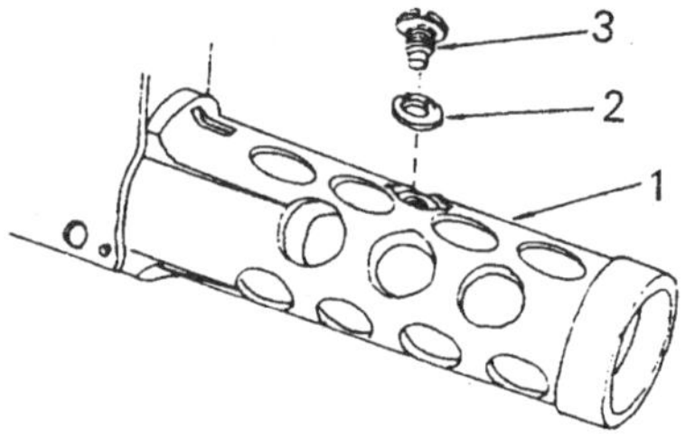

1. 총열 지지대 2. 잠금와셔 3. 안내나사

그림 42. 안내 나사의 분해 및 결합

1) 펀치와 망치를 사용하여 잠금 와셔의 걸림턱을 양옆으로 젖힌다.
2) 일자 드라이버를 사용하여 안내 나사를 풀어서 분해한다.

(다) 검사 및 교환

안내 나사와 잠금와셔의 균열 손상 및 파손 여부를 검사한 후 결함이 발견되면 교환한다.

(라) 결합

1) 잠금 와셔를 결합한다.
2) 안내 나사를 단단히 고정시킨다.
3) 펀치와 망치를 사용하여 잠금 와셔의 돌출 부위를 안내 나사홈에 스테이크하고, 잠금와셔의 외부 2곳을 총열 지지대쪽에 스테이킹한다.

4. 검사정비

가. 검사의 종류 : 육안검사, 기능검사, 게이지 검사

(1) 육안검사

노출된 금속 표면은 까칠 까칠하고 깊이 할퀸 부분이 없도록 연마면을 부드럽게 하고 녹이 없어야 한다. 총열은 곧아야 하고 깨끗하며 녹이나 화약의 오염이 없어야 하며 부풀어오르지 않아야 한다. 뒷잡이틀은 총몸 뭉치에 단단히 고정되어 있어야 한다. 가늠자 뭉치는 총몸뭉치 상부에 고정되어야 한다.

(2) 기능 검사

총의 작동이 유연하게 되는가 점검하며 노리쇠 손잡이를 작동시켜 노리쇠 뭉치가 고착되지 않았는지 점검하고 총몸내에서 작동되는가 확인한다. 방아쇠 및 완충기집의 기능 여부에 대하여 점검하고 가늠자 뭉치는 수직 및 수평 위치로 손으로 움직여야 하며 손으로 바꿀 때까지 용수철 작용에 의해서 양쪽으로 고정되어야 하고 고정 손잡이는 이동거리를 완전히 수동으로 돌아야 한다.

(3) 게이지 검사

(가) 두격 검사

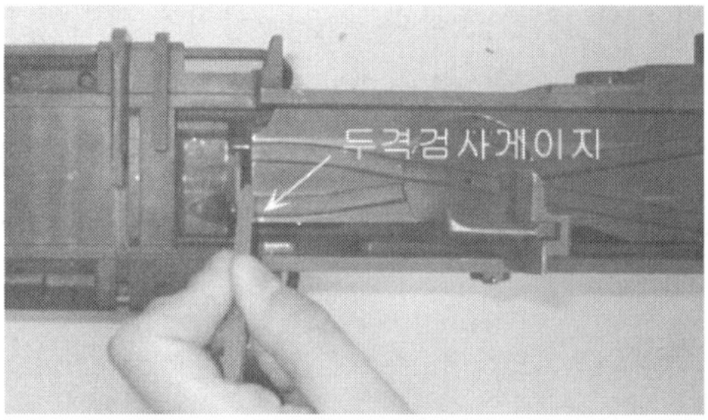

그림 43. 두격검사

구경50 기관총의 두격검사는 사용자 검사로서 두격마모를 점검하는 것이 아니고, 총열의 결합위치(두격의 크기)를 확인하는 검사이다.

1) 검사게이지 : 한 쪽 끝이 0.202인치인 GO게이지이고 다른 한쪽은 0.206인치인 NO GO게이지 이다.
2) 판정법 : 노리쇠 전면과 총열후미 사이에 게이지를 삽입한다. GO게이지는 들어가야 하고 NO GO게이지는 들어가면 안 된다. 이때 GO게이지가 안 들어가면 총열을 풀어NO GO게이지가 총열을 감아준다.(사용자 조정가능)

(나) 격발시기 검사

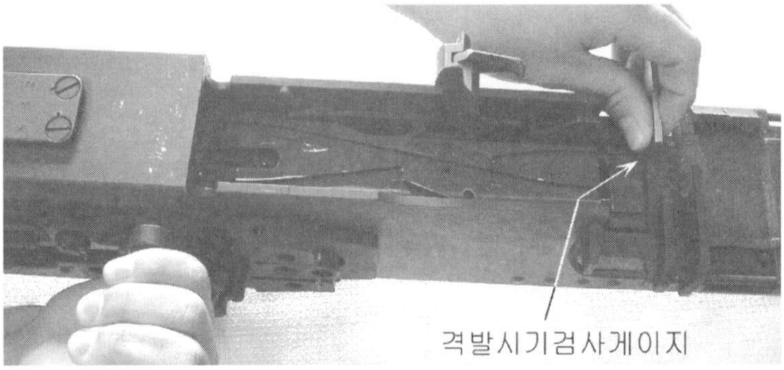

그림 44. 격발시기 검사

격발시기검사는 지연 및 조기 격발여부를 확인하는 사용자 검사이다.

1) 검사게이지 : 0.020인치의 Fire게이지와 0.116인치의 NO Fire 게이지
2) 판정법 : 게이지를 총몸과 총열몸 사이에 삽입한다. Fire게이지 삽입시 격발 되어야 하며 NO Fire게이지 삽입시는 격발 되지 않아야 한다. Fire게이지 삽입시 격발이 안되면 격발시기 조정 나사를 감고 NO Fire게이지 삽입시 격발이 되면 격발시기 조정 나사를 푼다(사용자 조정가능).

(다) 총미경 검사

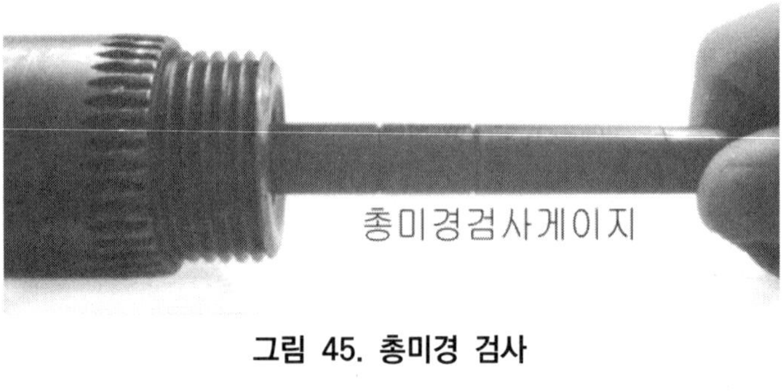

그림 45. 총미경 검사

1) 검사게이지 : 40눈금짜리 직선형 게이지
2) 판정법 : 게이지를 약실에서 총구쪽으로 삽입한다. 기지에서는 13눈금이 들어가면 불출금지 하고, 야전에서는 20눈금 이상 들어가면 총열 사용불가로 총열교환

(라) 공이 돌출량 검사

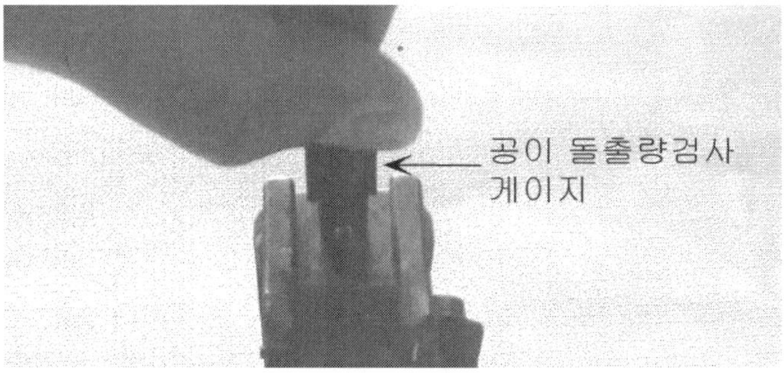

그림 46. 공이 돌출량 검사

1) 검사 게이지 : 최소 0.073인치, 최대 0.080인치인 게이지
2) 판정법 : 최소 부분은 통과해서는 안되고 최대 부분은 통과해야 한다. 불합격시 공이교환

(마) 공이 구멍 검사

그림 47. 공이구멍 검사

1) 검사 게이지 : 직경 0.084 인치의 NO GO게이지
2) 판정법 : 공이 구멍에 게이지를 삽입하여 들어가지 않아야 하며 들어가면 노리쇠를 교환한다.

나. 고장배제

기능장애 또는 고장	원 인	배 제 법
송탄 불능	송탄 지레 결함 (파손, 마모)	교 환
	밀판틀 결함 (파손, 마모)	교 환
송탄 불능	송탄 지레 결함 (파손, 마모)	교 환
	밀판틀 결함 (파손, 마모)	교 환
장전 불능	칼퀴 결함 (파손, 마모)	교 환
	복좌 용수철 결함 (파손, 약화)	교 환
잠금 불능	총미잠금쇠 오결합	재 결 합
	팔랑개비 손상 및 파손	교 환
	공이 용수철 멈치 오 결합	재 결 합
	두격조정 불량	재 조 정
격발 불능	공이 결합 (파손, 망실)	교 환
	격발시기 조정 불량	재 조 정
	단발자용수철 결함 (파손, 약화, 망실)	교 환
풀림불능	총미잠금쇠 결함(파손, 마모)	교 환
추출 및 축출 불능	노리쇠 T 홈결함 (파손, 마모)	교 환
	후속탄 결함	교 환

5. 야전 주요 고장사례 정비요령

가. 사례#1. 노리쇠뭉치 및 복좌용수철 결함에 따른 사격불가.

(1) 현상

핵심부품인 노리쇠뭉치 및 복좌용수철의 결함으로 장전, 추출, 축출불량 및 단발, 연발사격이 안되는 치명적 결함이 많이 발생되고 있다.

(2) 원인

(가) 노리쇠뭉치 마모로 총몸내에서 유동이 심하며 정상적인 전·후진 불량

(나) 로드조립체 휨 및 변형, 복좌용수철 장력 약화로 인해 노리쇠 전진 불량

(다) 칼퀴 마모로 탄삽입 및 추출, 축출 불능

(라) 단발자멈치, 단발자 턱 마모 및 단발자 용수철의 굴곡 및 장력약화로 단발사격 불가

(마) 반달 송탄지레 플런저 오결합에 따라 송탄지레 파손으로 기능작동 중단 및 연발사격 불가

(바) 공이 마모 및 공이몸 뭉치 굴곡으로 격발불량

(사) 격발준비지레 마모 및 굴곡으로 격발불량

(3) 정비요령

각 부품의 망실, 마모 및 파손을 검사후 이상 발견시 교환한다

나. 사례#2. 뒷잡이틀 뭉치 결함으로 사격곤란 및 연발사격 불량

(1) 현상

뒷잡이틀 뭉치의 결함으로 유동 및 연발사격 불량 현상이 많이 발생하고 있다

(2) 원인

(가) 노리쇠 래치풀기의 마모로 래치를 들어주지 못하여 사격 및 연발사격 불량

(나) 완충기 슬리브 장력 약화로 노리쇠 래치풀기를 눌러주지 못해 사격 및 연발사격 불량

(다) 뒷잡이틀 잠금못 고정클립 망실로 잠금못 이완 및 유동 발생으로 사격곤란

(3) 정비요령

(가) 각 부품의 망실, 마모 및 파손을 검사후 이상 발견시 교환한다

(나) 노리쇠 래치풀기의 미세한 마모는 래치간격을 조정한다

다. 사례#3. 총몸뭉치 결함에 따른 사격불능

(1) 현상

총몸뭉치의 결함에 따라 송탄, 잠금, 격발 불능 및 사격시 조준불량 현상이 자주 발생하고 있다

(2) 원인

(가) 송탄대 고정못, 탄대받침/용수철, 전후방 탄알멈치 망실, 휨 및 파손으로

송탄대 유동 또는 고정불가로 송탄작용 불량

(나) 임의제작 속도환 및 조준경 탈 · 부착시 가늠자 고정나사 망실로 가늠자 결합불가

(다) 취급부주의 및 충격으로 가늠쇠/덮개 및 고정못 굴곡/망실, 파손으로 조준불량

(라) 격발지레 마모 및 휨, 파손으로 격발작용 불량

(마) 와이어링 끊김으로 총미 잠금쇠 캠/용수철 유동 및 파손으로 잠금작용 불량

(바) 두격미조정 및 사격에 따라 총몸확장, 유동 발생으로 연발사격 불량 및 안전사고 발생

(3) 정비요령

각 부품의 보급품 사용 및 마모 및 파손, 망실품 발생시 교환한다

라. 사례#4. 덮개뭉치 결함으로 송탄 불량

(1) 현상

덮개뭉치의 결함으로 송탄작용 및 연발사격 불량 사례가 많이 발생하고 있다

(2) 원인

(가) 송탄지레/플런져/용수철/용수철받침 마모 또는 하자품사용, 비정상적인 결합으로 인해 덮개뭉치에 걸려서 사격간 이탈 및 송탄불량

(나) 덮개 고정못/고정짜개핀 이완 및 망실로 고정불가

(다) 덮개 걸쇠 마모로 사격간 덮개 개방 및 사격불능

(라) 밀판 마모로 인해 덮개뭉치와 접촉면의 유동으로 송탄불량

(마) 두격미조정 및 사격으로 덮개파손

(3) 정비요령

각 부품의 마모 및 파손, 망실품을 검사하여 이상 발생시 교환한다

마. 사례#5. 총열몸 뭉치 결함으로 연발사격 불능

(1) 현상

총열몸 뭉치의 결함에 따라 잠금 및 풀림작용, 두격과대현상 발생 및 연발사격

불능현상이 자주 발생하고 있다

(2) 원인

(가) 총열과 접촉으로 마모 발생 및 사격간 두격과대현상 발생으로 총열몸 뭉치 균열/변형, 파손으로 사격불가

(나) 총미 잠금쇠 오결합 및 마모/망실로 잠금 및 풀림불량

(3) 정비요령

각 부품의 마모 및 파손, 망실품을 검사하여 이상 발생시 교환 또는 재결합한다.

바. 사례#6. 후퇴활대 결합체 결함으로 조작곤란

(1) 현상

후퇴활대 결합체 결함으로 격발준비 불량 및 조작곤란 사례가 흔히 발생하고 있다.

(2) 원인

좌·우손잡이용수철, 장전손잡이, 후퇴활대 고정나사의 마모, 이완, 파손, 망실로 조작곤란

(3) 정비요령

각 부품의 마모, 이완, 파손, 망실품을 검사하여 이상 발생시 교환한다.

사. 사례#7. 총열뭉치 결함으로 사격불가

(1) 현상

총열뭉치의 결함으로 사격 불능현상이 자주 발생하고 있다

(2) 원인

(가) M2총열 조임턱 마모로 두격과대현상 발생

(나) 두격 미조정으로 총열 파손 및 총강내 탄두 박힘

(다) 소염기 부싱(간격유지기)마모로 소염기 유동

(3) 정비요령

총열 및 소염기 검사 후 이상 발생시 교환한다

6. 예방정비

예방정비란 규칙적으로 총기를 검사하고 정비하여 고장을 방지함으로서 항상 기능발휘가 가능한 상태로 유지하는 것이다.

품 목	절 차
총열 결합체	· 총강경 검사공구로 총강을 검사하여 부식, 탄매로 인한 표면을 점검한다. · 운반 손잡이 결합체의 사용 가능성 여부를 알아본다. · 손잡이 결합체는 총열 결합체에 단단히 고정시킨다.
기관총	**주 의** 검사를 실시하기 전에 총강이나 잔여 발사탄이나 장애물이 없는가 알아본다. 이상이 없을 때 까지 기관총의 방아쇠를 당기지 않는다. 주유지침에 따라 육안 검사를 한다. · 모의탄을 사용하여 기능 점검을 하고 구성품이나 결합체의 결합상태를 점검한다.
뒷판 결합체	· 슬리브가 자유로이 회전하고 노리쇠 래치풀기가 래치와 적절하게 결합되었는지 확인한다. · 방아쇠의 작동상태를 점검한다. · 나사 조정 플러그의 결합상태를 점검한다.
노리쇠 결합체	· 노리쇠의 공이홈에 탄매 및 이물질이 없는지 점검한다.
완충기 결합체	· 완충기 몸체 잠금쇠의 파손 및 작동성을 점검한다.
총열몸 결합체	· 총열 멈치 용수철의 파손 및 작동성을 점검한다.
후퇴 활대 결합체	· 스터드, 손잡이, 후퇴 작용 지레의 풀림을 점검한다. 슬라이드의 표면상태를 점검하고 비틀림용 용수철이 손잡이를 수직으로 유지하고 있는가 점검한다. 양쪽에 잠금 와이어가 되어 있는지 점검한다.
덮개 결합체	· 작동이 원활한지 확인하기 위해서 손으로 조작 점검을 한다.
총몸결합체	· 균열 여부를 알기 위해 트라니언 블록을 점검한다. 트라니언 블록과 좌우측판과 리벳의 이완 상태를 점검한다. 총열 지지대에 결합된 안내 나사의 풀림을 점검한다.

7. 부수기재

순위	재 고 번 호	품 명	단위	기준수	그림 번호
1	4933005564255	REFLECTOR	개	1	1
2	4933007160041	EXTRACTOR	개	1	2
3	5140003152747	TOOL BOX	개	1	3
4	5220005351217	GAGE	개	1	4
5	6695007106326	GAGE,OIL BUFFER	개	1	5
6	1005375011794	예비총열	개	1	6
7	1005007162072	소염기	개	1	7
8	8415375015868	내열성 장갑	개	1	8
9	1005005504037	수입솔(총강용)	개	1	9
10	1005005082589	수입솔(약실용)	개	1	10
11	8105005559696	가방, 병기예비부품용	개	1	11
12	1005007964436	총열용카바	개	1	12
13	1005006535441	꼬질대봉(M7)	개	1	13
14	1005375011801	운반손잡이결합체	개	1	14
15	1005007162702	수입솔(공이구멍용)	개	1	15
16	1005007819108	총기카바	개		16
17	1005009215821	쌈지(꼬질대)	개	1	17
18	1005004874100	기관총 카바	개	1	18
19	1005009286189	삼각대덮개	개	1	19
20	1005007162099	밑판고저장치덮개	개	1	20
21	1005007162102	베어링덮개	개	1	21
22	1005007162098	고저장치(하부덮개)	개	1	22
23	1005007162097	고저장치(상부덮개)	개	1	23

그림 1

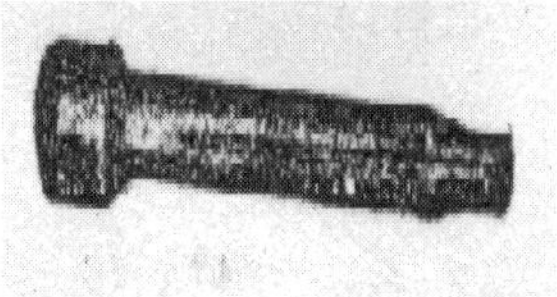
그림 2

그림 3

그림 4

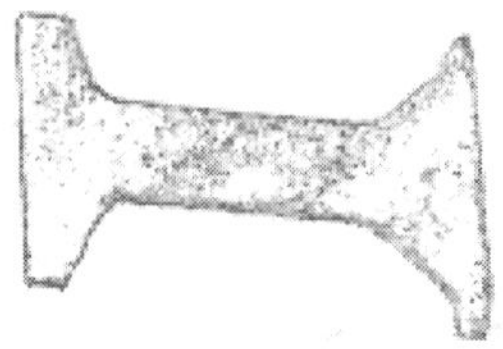
그림 5

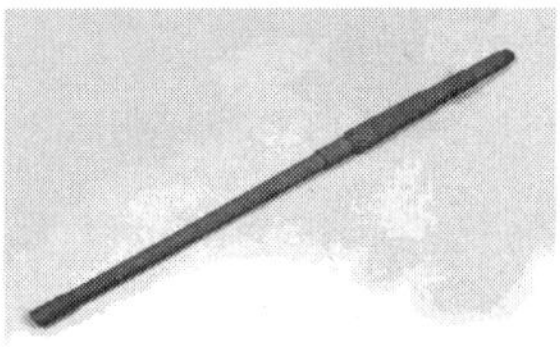
그림6

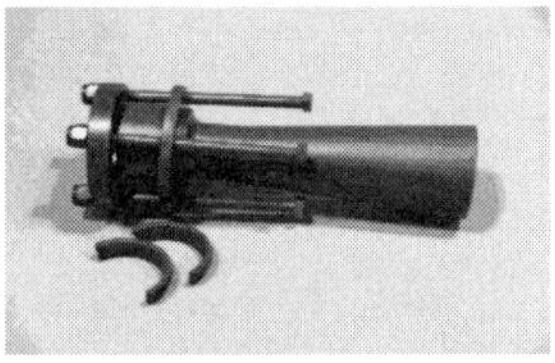
그림 7

그림8

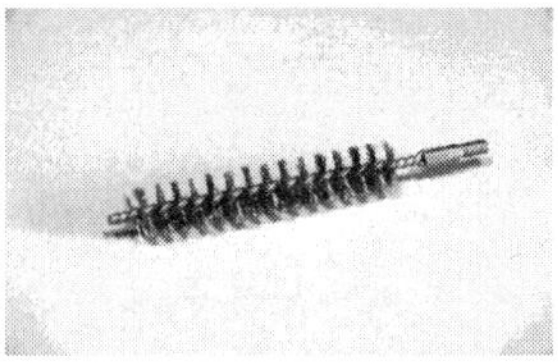
그림9

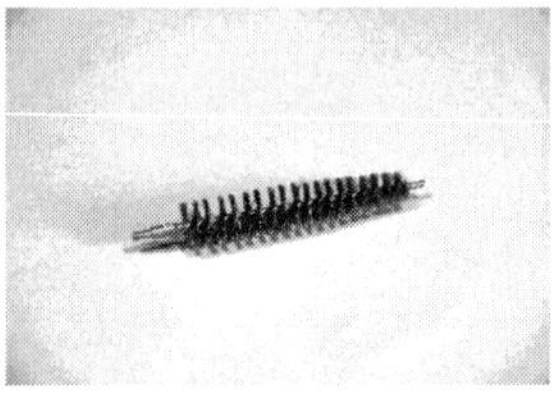
그림 10

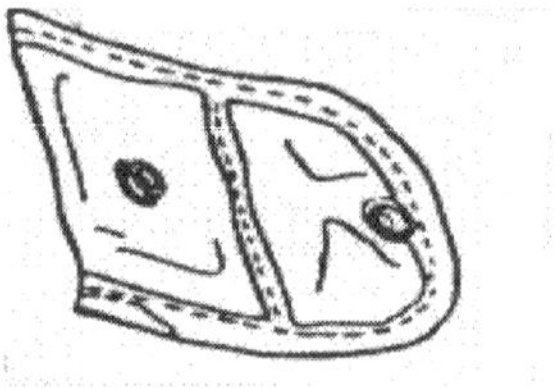
그림 11

그림 12

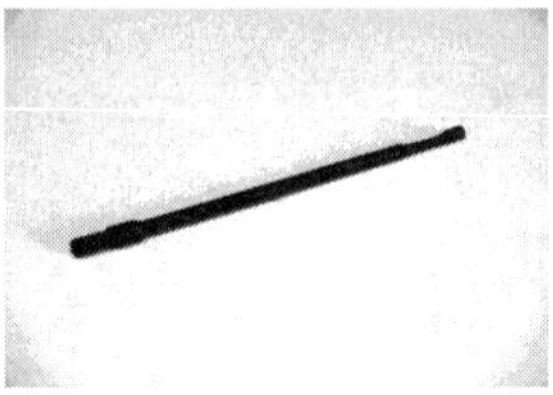
그림 13

그림14

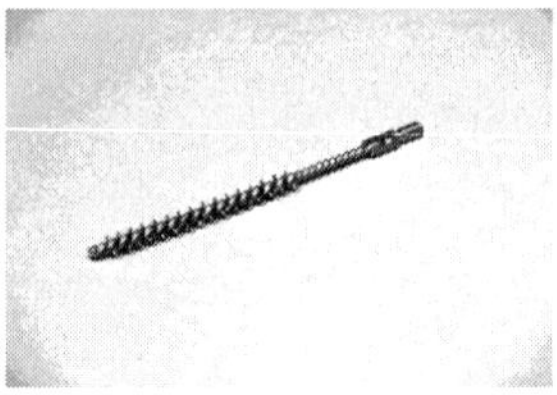
그림 15

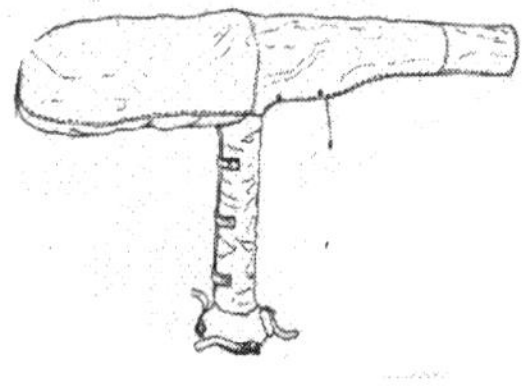
그림 16

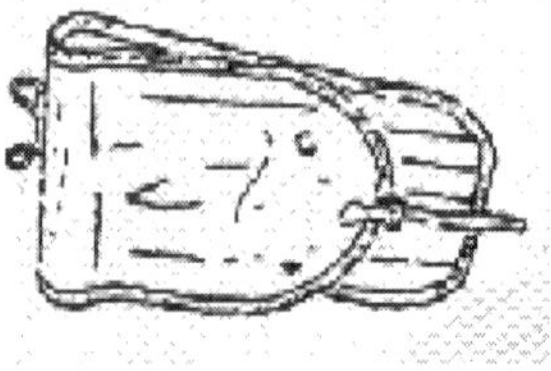
그림 17

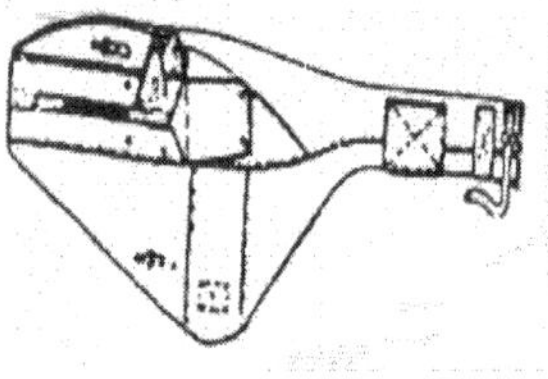
그림 18

그림 19

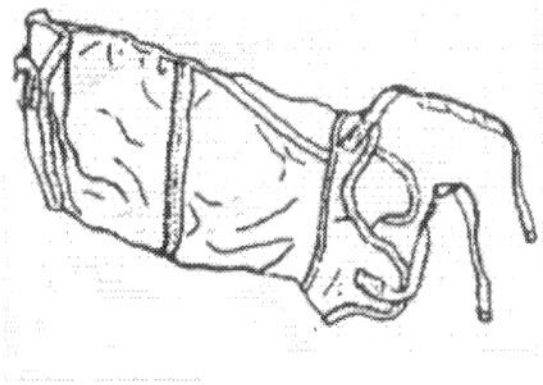
그림 20

그림 21

그림 22

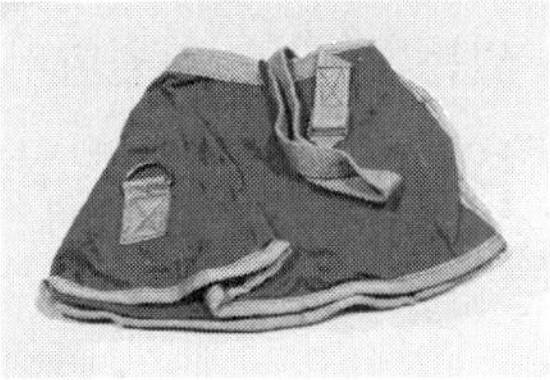
그림 23

제4장 K4 고속유탄 기관총

1. 개요

K4 유탄 기관총은 1983년 개인화기 및 기관총(K3, M60) 사거리로부터 60밀리 박격포 사거리이내의 표적을 제압할 수 있는 중대급 지원화기의 소요를 제기하여 1985년~1993년까지 많은 시험을 실시하여 1993년 생산 및 보급하게 되었다.

가. 제원

구분			단위	내용
무 게	총의 무게		kg	34.4
	탄통(48발)			28.1
	삼각대(M3A)			19.9
	총기 거치대			9
	전륜기 뭉치			1.6
	탄통 받침대 뭉치			2.2
길 이	총 길이		cm	107.28
	총열의 길이(소염기 제외)			41.28
	총열의 길이(소염기 포함)			52.95
기계적 특 성	강선회전율		mm	1219.3
	강 선			18조 우선
	구 경		mm	40
조작상 특 성	탄자가 총구를 떠날 때 속도		m/s	240
	발사속도	지속	발/분	40
		급속		60
	사거리	최대	m	2,212
		유효		1,500

나. 특징

K4유탄 기관총은 구경이 40밀리로 총열은 공냉식이며, 송탄은 탄대에 의해 장전되고 작동방식은 반동이용식이며 사격은 자동식이다. 특히 초과작용 억제 및 노리쇠뭉치의 경량화를 위해 조기점화 충격식원리를 채택하였다.

2. 구조 기능

가. 외부 명칭

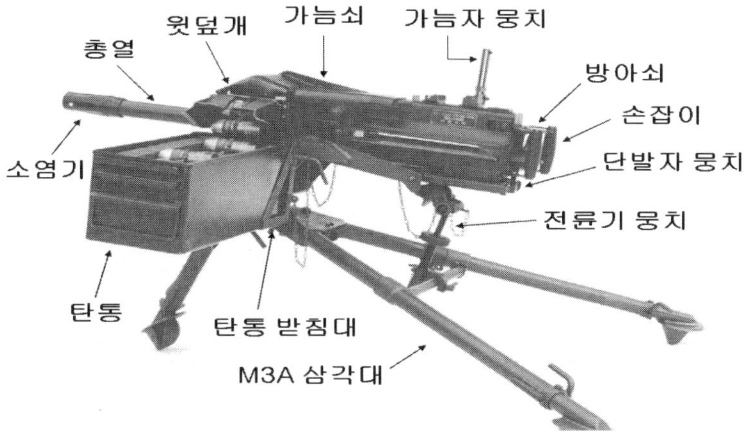

그림 1. K4 외부명칭

(1) 총열 및 총몸 뭉치

(가) 총열에는 약실과 강선이 총열 내부에 내장되어 있으며, 총열 끝 부분에 소염기가 부착되어 사격간 발생한 화염을 분산시켜 주는 역할을 한다.

(나) 총몸 뭉치는 총열뭉치, 노리쇠 및 방아손잡이 뭉치, 단발자 뭉치, 가늠자 뭉치, 장전 손잡이로 구성되어 있다.

(2) 윗덮개 뭉치

(가) 윗덮개 외부에는 가늠쇠와 덮개 멈치가 있다.

(나) 윗덮개 내부에는 송탄기 및 송탄판, 2차 구동레버가 결합되어 있다.

(3) 노리쇠 및 방아손잡이 뭉치

(가) 노리쇠에는 공이와 공이멈치 지레, 차개 및 칼퀴가 있다.

(나) 방아손잡이 외부에는 총몸 손잡이와 격발기가 있고, 내부에는 복좌 용수철과 지지대가 있으며 노리쇠가 연결되어 있다.

(4) 단발자 뭉치

단발자에는 조정간이 있어 사격 통제 기능을 갖는다.

(5) 가늠자 뭉치

가늠자에는 세로 가늠자 및 가로 가늠자와 가늠자울로 구성되어 있다.

나. 기능작용

(1) 송탄작용

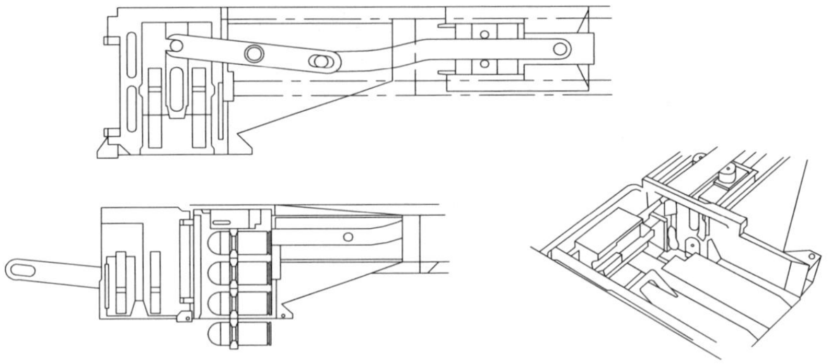

그림 2. 송탄작용(1)

(가) 윗 덮개를 열고 암링크가 우측으로 오도록 탄띠의 탄약1발을 2차 송탄폴 앞에 정렬한 다음 덮개를 닫는다.

(나) 장전손잡이를 뒤로 당기면 노리쇠는 뒤로 움직인다. 이때 노리쇠는 1차 구동레버를 왼쪽으로 움직이게 하며, 계속하여 1차 구동레버는 2차 구동레버를 회전시킨다.

(다) 2차 구동레버의 벌어진 끝부분은 안쪽의 송탄 슬라이드 핀에 끼워져서 송탄 슬라이드 뭉치를 오른쪽으로 움직인다.

(라) 송탄 슬라이드 뭉치의 송탄 폴은 총몸의 송탄부위를 지나서 연결된 탄약을 움직이게 한다.

(마) 초탄은 이제 노리쇠 앞면과 일직선상에 놓이게 된다.

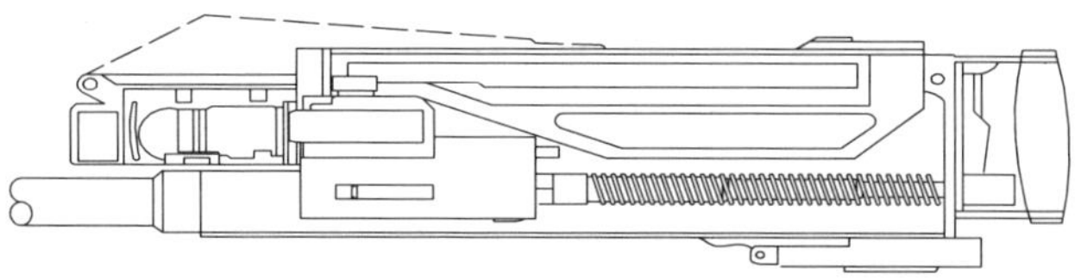

노리쇠의 칼퀴에 물린 탄 (측면)

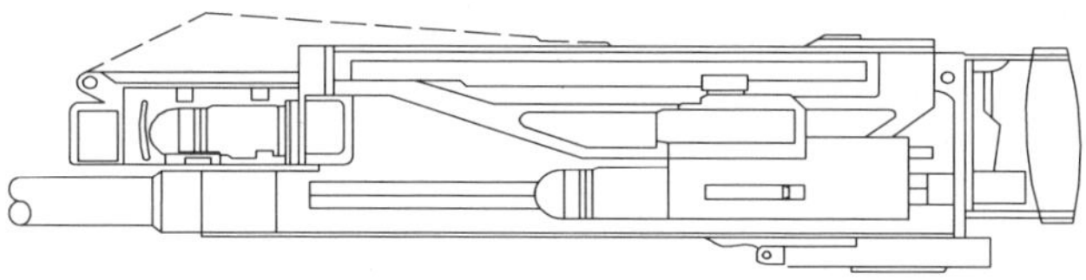

캠을 타고 내려와 결발준비 되는 탄

그림 3. 송탄작용(2)

(바) 후퇴된 노리쇠는 방아쇠를 누르면 빠르게 전진한다.

(사) 2차 노리쇠를 후퇴시키면 초탄은 칼퀴에 의해 후방으로 당겨진다. 탄약의 암, 수링크는 노리쇠의 후퇴에 의해 총몸의 송탄부 걸림턱에 걸려 분리된다.

(아) 수직캠의 곡선 부분은 탄약을 노리쇠 전면에서 하향으로 움직이게 힘을 가한다. 노리쇠는 계속 후진하고 수직캠에 의하여 탄약은 칼퀴로부터 탄약멈치에 놓이게 된다. 노리쇠가 완전히 후진했을 때 탄약은 약실과 일직선상에 놓이게 된다. 탄약의 뇌관은 공이와 일직선상에 놓이게 되며 사격준비가 완료된다. 이와 같이 반복운동을 하면 송탄부 위의 탄약은 송탄이 계속 이루어진다.

(2) 격발준비 작용

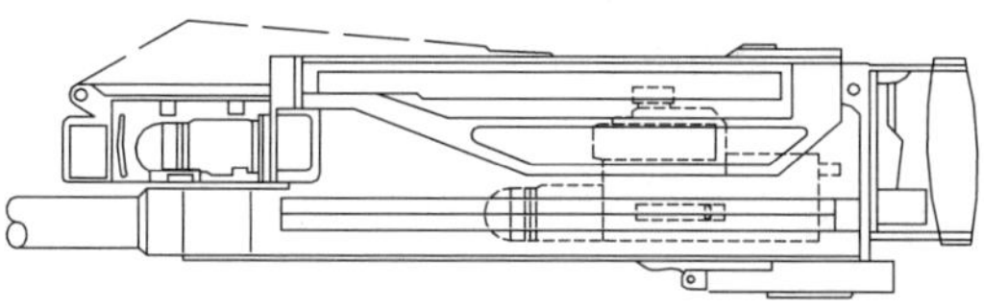

노리쇠가 뒤에 위치하고 있다.

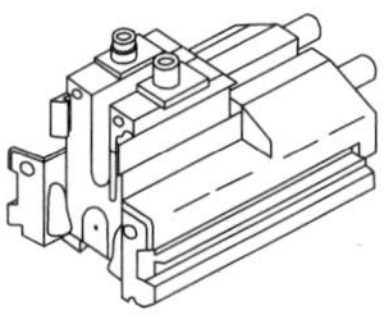

노리쇠 전면

그림 4. 격발준비작용

(가) 노리쇠가 뒤에 위치하고 있을 때 공이는 후퇴되어 있다.

(나) 노리쇠의 후진운동으로 격발레버는 공이를 뒤쪽으로 들어가게 한다. 격발레버가 좌측 레일 슬로트 끝부분의 뒤쪽에 부딪쳤을 때 격발레버는 전방

으로 힘을 받는다. 격발레버는 공이를 뒤쪽으로 들어가게 하고 공이멈치에 의해 뒤쪽에 잡혀진다.

(3) 장전작용

방아쇠를 누르면 복좌용수철이 압축되어 있다가 팽창하는 힘에 의해 노리쇠는 칼퀴에 물려있는 탄약을 약실안으로 밀어 넣어준다.

(4) 잠금작용

(가) 일반 총기류와 달리 탄피가 약실의 일부분 역할을 수행한다(조기점화 충격식).

(나) 탄피가 약실에 완전히 들어가기 전에 공이가 탄약의 뇌관을 타격하여 고압대의 추진제를 점화시킨다.

(다) 고압대의 폭발가스 압력은 저압대에 전달되어 노리쇠 전진을 방지한다. 따라서 격발위치만 정해질 뿐 잠금작용은 격발이 일어난 후 탄압과 노리쇠의 전진관성력이 일치되는 시점에서 결정된다.

(5) 격발작용

○ 격발작용은 공이가 풀려지고 뇌관을 폭발시킨다.

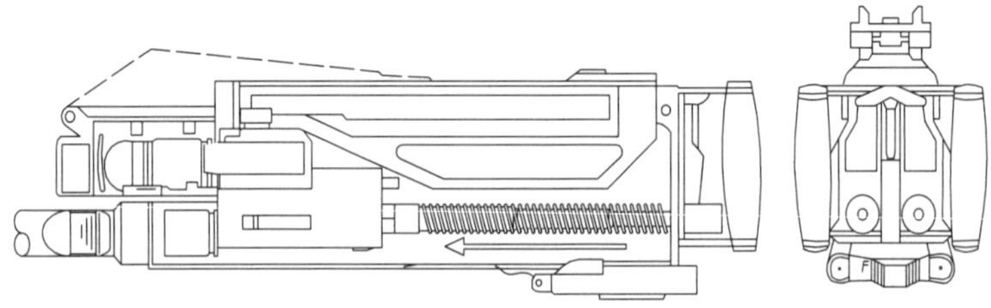

그림 5. 격발작용

(가) 격발조건-기관총의 사격전에

1) 노리쇠는 공이가 격발 준비된 상태로 뒤쪽에 있어야 한다.

2) 탄약은 노리쇠의 전면에 있는 탄약멈치에 안착되어 있어야 한다.

3) 장전 손잡이는 전진되어 위로 올려져 있어야한다. 만약, 손잡이가 내려와 있다면 노리쇠 단발자가 격발판과 이격되어 있으므로 공이는 탄약의 뇌관을 칠 수 없다. 이것은 안전을 위한 것이다.

(나) 사격절차

방아쇠를 누르면 방아쇠는 작동로드를 누르게 되며 이것은 총몸 단발자의 끝부분을 누른다. 총몸 단발자는 노리쇠 단발자를 풀어준다. 노리쇠는 탄약멈치에 탄약을 물고있는 상태로 용수철의 압축력에 의해 전진한다. 노리쇠 단발자가 총몸레일의 밑면에 있는 격발판에 부딪쳐서 공이멈치를 위쪽으로 밀어주어 공이를 풀어준다. 공이는 노리쇠 관성력 및 공이 용수철의 압력으로 전진하여 탄약의 뇌관을 타격한다.

(6) 풀림작용

2차격발(저압대)이 이루어진 다음 가스의 압력으로 탄두는 강선을 따라 전진하고 반대로 노리쇠는 뒤로 후퇴하게 된다. 후퇴하는 동안 여러 가지 기능이 거의 동시에 이루어진다.

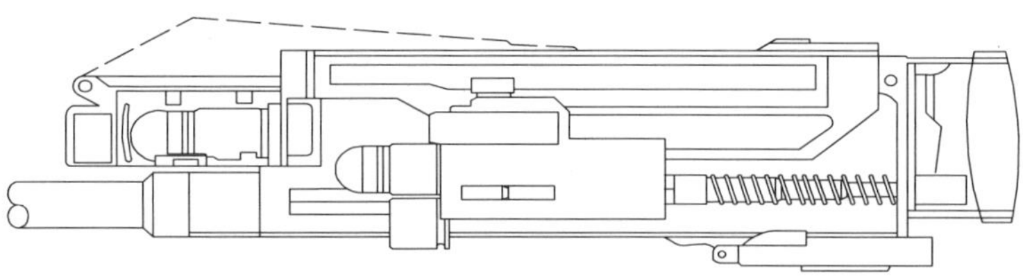

그림 6. 풀림작용

(7) 추출작용

(가) 탄압에 의해 노리쇠가 후퇴하게 된다.

(나) 이때, 노리쇠는 칼퀴에 새탄이 탄약멈치에 탄피가 잡혀있는 상태로 후퇴하게 된다.

(8) 축출(방출)작용

(가) 노리쇠는 칼퀴가 새탄약을 물고 수직캠에 의해 새탄약을 밑으로 밀어준다. 이때 탄피는 총의 아래쪽으로 빠져 나가게 되다.

(나) 어떤 초과 행정이라도 노리쇠 완충기는 노리쇠의 후퇴력을 흡수하여 총과 총기 거치대 연결부위에 걸리는 반동력을 감소시킨다(비정상 상태).

○ 자동 및 안전 : 만약, 방아쇠가 계속 눌려져 있다면 총몸 단발자는 노리쇠의 단발자를 잡아주지 않을 것이고 다음사격이 이루어 질 것이다. 방아쇠를 풀어 준다면 총몸 단발자는 노리쇠 단발자를 잡아줄 것이고 노

리쇠를 전진하지 못하게 하여 격발을 중지시킨다.

3. 분해 및 결합

분해 및 결합은 소총의 구조를 이해하고 정비를 통하여 고장을 방지하기 위하여 실시하며, 어떠한 상황에서도 신속한 분해 및 결합이 가능 하도록 숙달되어야 한다. 분해결합 시기는 일상 손질시, 사격 전·후 손질시, 주유시, 응급처치시, 기술검사시 실시한다.

분해결합은 보통 및 특별분해결합으로 구분된다. 보통분해는 사용자가 단독으로 총몸의 활동부분만을 분해하는 것이며, 특별분해 결합은 정비요원만이 실시하는 것으로 노리쇠 및 단발자 뭉치 등을 분해 하는 것이다.

가. 주의사항

분해결합시 주의사항은 순서에 준하여 실시하고 무리한 힘을 가하지 말고 충분한 여유를 가지고 실시하며 부분품의 파손 및 망실에 유의하여야 한다.

나. 보통분해 및 결합

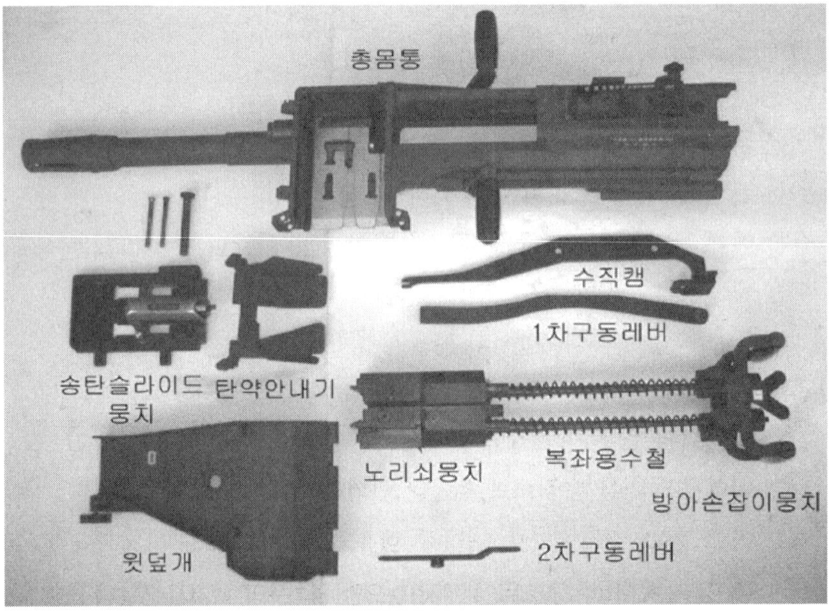

그림 7. 보통분해

(1) 분해요령

(가) 탄약 안내기 분해

탄약 안내기 멈치를 좌우 인지와 모지로 눌러 홈에서 분리시킨다.

그림 8. 탄약 안내기 멈치 누르는 요령

(나) 2차 구동레버 분해

윗덮개를 개방하여 수직으로 세운 다음 오른손은 2차 구동레버를 잡고, 왼손은 인지와 중지를 이용하여 2차 구동레버 멈치를 밀어 분리한다.

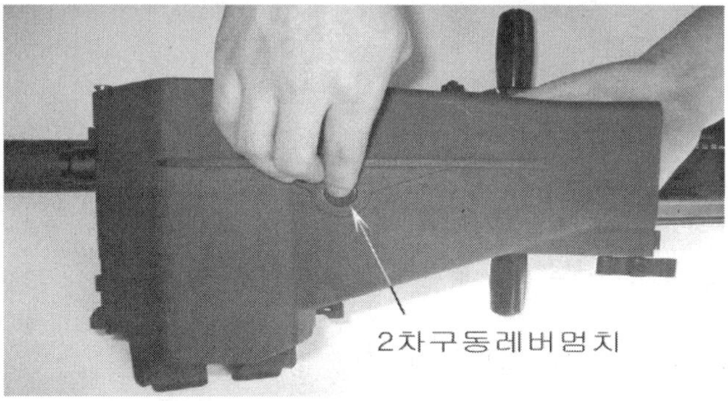

그림 9. 2차구동 레버 분해 요령

(다) 윗덮개 뭉치 분해

윗덮개 뭉치를 수직으로 세운다음 양쪽 윗덮개 멈치못을 제거한 후 분리한다.

주 의

윗덮개 뭉치를 수직으로 세우지 않으면 멈치못이 빠지지 않는다.

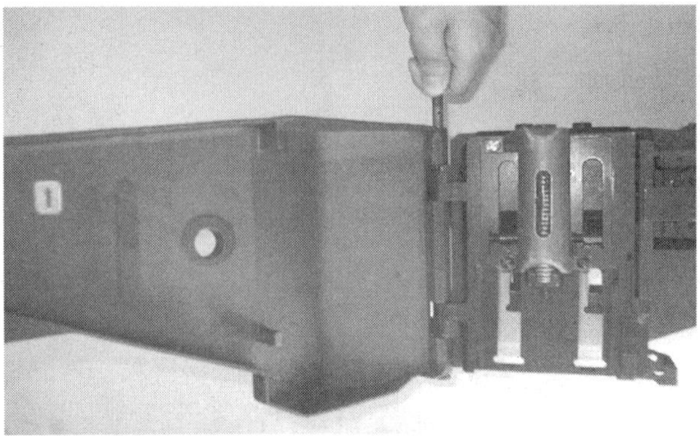

그림 10. 윗덮개 뭉치 분해 요령

(라) 송탄슬라이드뭉치 분해

송탄기를 잡고 분리홈에 일치시킨 다음 수직으로 들어 올린다.

그림 11. 송탄기 및 송탄판 분해 요령

(마) 노리쇠 및 방아손잡이뭉치 뭉치 분해

1) 조정간이 "사격"위치에 있어야 한다.
2) 방아손잡이뭉치 고정못을 제거한다. 고정못이 잘 빠지지 않으므로 분해구를 이용 좌측에서 민다.
3) 방아손잡이뭉치를 양손으로 잡고 약간 위로 들어 올린 상태에서 뒤로 당긴다.
4) 이때 "딱"소리가 나면 한손으로 단발자 멈치를 아래로 눌러 분리한다.

그림 12. 조정간 사격위치

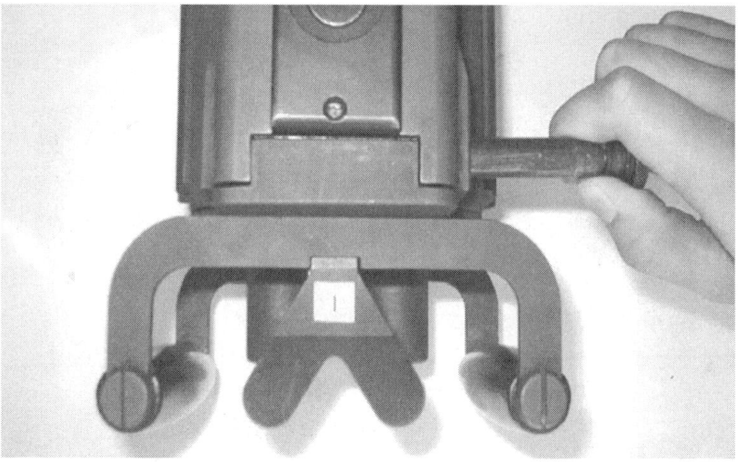

그림 13. 방아손잡이뭉치 고정못 제거요령

그림 14. 노리쇠 뭉치 분해요령

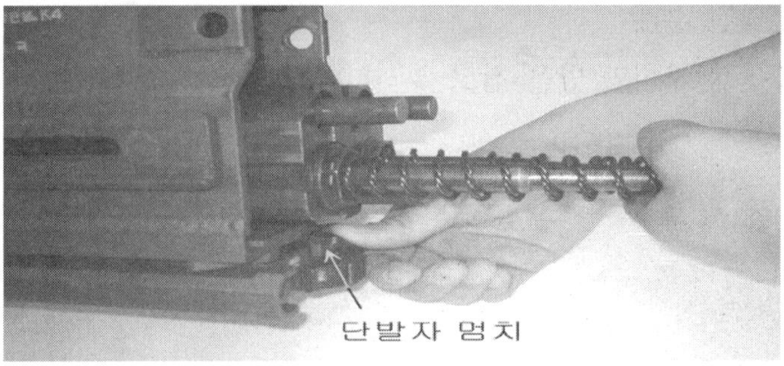

그림 15. 단발자 멈치를 누르는 요령

(바) 1차 구동레버 분해

1) 수직캠 후미 하단에 있는 1차구동레버 걸쇠를 왼손 또는 오른손 바닥이 위로 가게 하여 인지와 중지를 걸쇠 밑으로 집어넣어 “딱” 소리가 나게 당긴다.

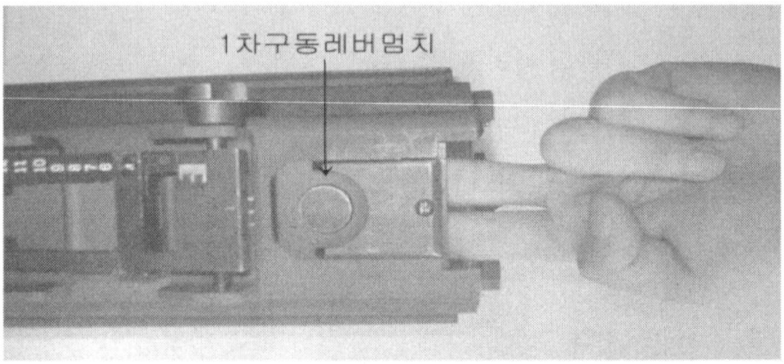

그림 16. 1차 구동레버 멈치를 당기는 요령

2) “딱”소리가 나면 인지로 1차 구동레버 멈치를 밑으로 눌러 앞으로 분리시킨다.

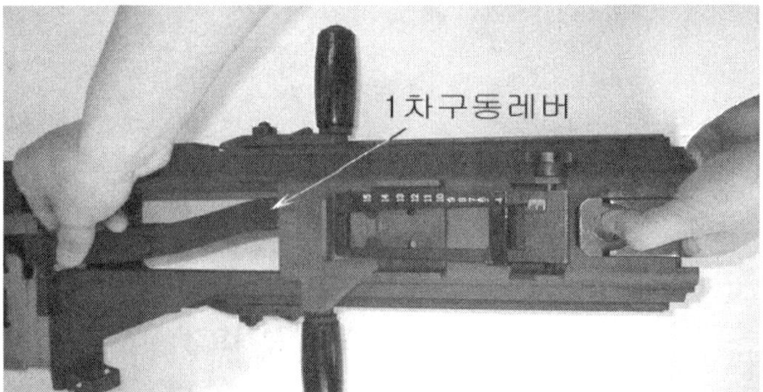

그림 17. 1차 구동레버 분리요령

(사) 수직캠 분해

수직캠 후미와 앞을 잡고 분리한다.

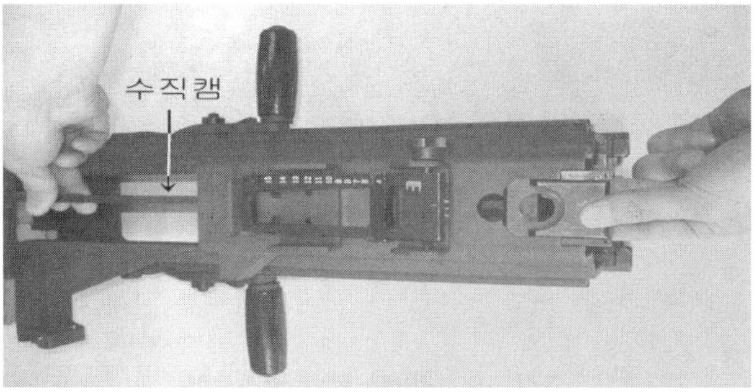

그림 18. 수직캠 분리

(아) 단발자 뭉치 분해

1) 조정간이 "사격"에 있어야 한다("사격"에 있어야 단발자 멈치가 잘 작동하여 분해를 용이하게 한다).
2) 총을 뒤집는다.
3) 분해구를 이용하여 단발자뭉치 자물쇠를 위로 들어 올린다.

주 의

단발자 뭉치를 돌릴 때 조정간 아래에 있는 단발자 멈치를 압축하여 같이 잡고 회전시켜야 한다.

4) 단발자가 분리되면 단발자 멈치를 고정시킨다.

주 의

고정시키지 않으면 단발자 우측 날개 또는 단발자 용수철이 분리되기 쉽고 또한 결합이 곤란하다.

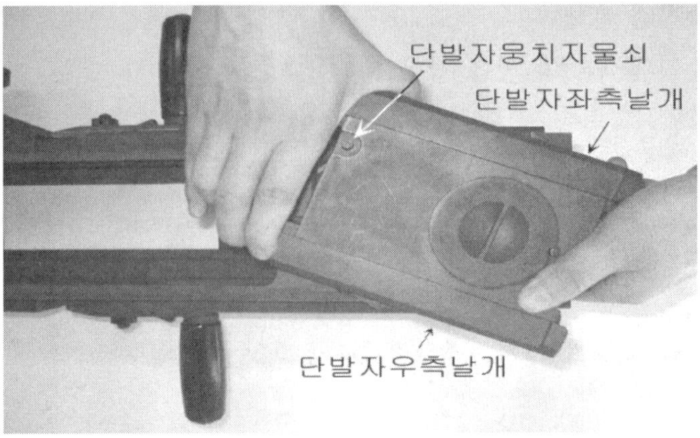

그림 19. 단발자 뭉치 분리요령

(자) 이로써 보통 분해가 완료되었다.

(2) 결합요령

(가) 단발자 결합

1) 조정간을 "사격"에 위치시킨다.

2) 단발자 뭉치를 대각선으로 삽입한 후 힘껏 압축시키면서 시계반대 방향으로 회전시킨다.

3) 단발자 멈치 자물쇠를 분해구 또는 탄피 끝으로 들어 올린 다음 계속 돌려 완전 결합한다(이때 "딱" 소리가 난다).

(나) 수직캠 결합

뒤쪽 홈에 먼저 삽입한 후 앞쪽 홈에 일치시켜 결합한다.

(다) 1차 구동레버 결합

1차 구동레버 멈치를 홈에 삽입한 후 걸쇠를 모지로 밀어 구동레버가 빠지지 않도록 결합한다.

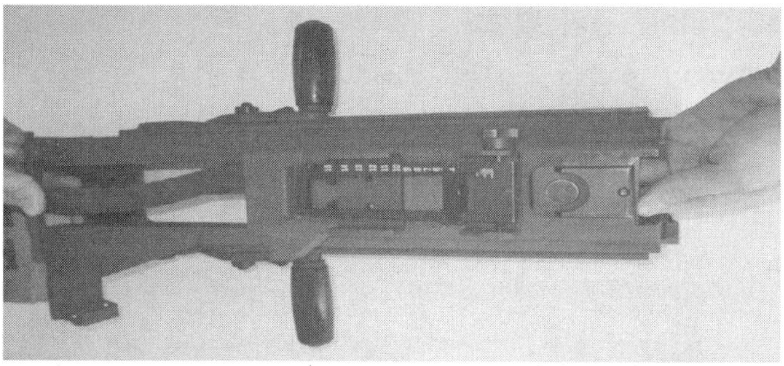

그림 20. 1차 구동레버 걸쇠를 미는 동작과 결합요령

(라) 노리쇠 및 방아손잡이뭉치 결합

1) 공이멈치 레버를 앞쪽으로 밀어주고 노리쇠와 방아손잡이 뭉치를 총 몸통에 결합한다.

그림 21. 공이멈치 레버 미는 요령

2) 노리쇠가 2/3 들어가면 단발자 멈치를 누르면서 삽입한다.

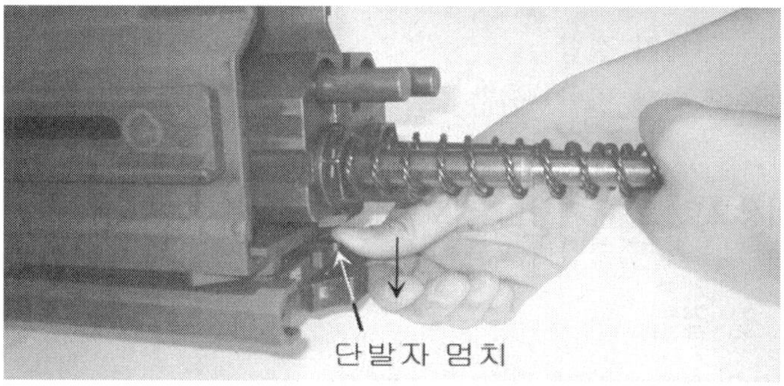

그림 22. 단발자 멈치 누르는 요령

(마) 송탄슬라이드뭉치 결합

송탄기 및 송탄판을 분리 홈에 일치시킨 다음 수직으로 밀어 넣는다.

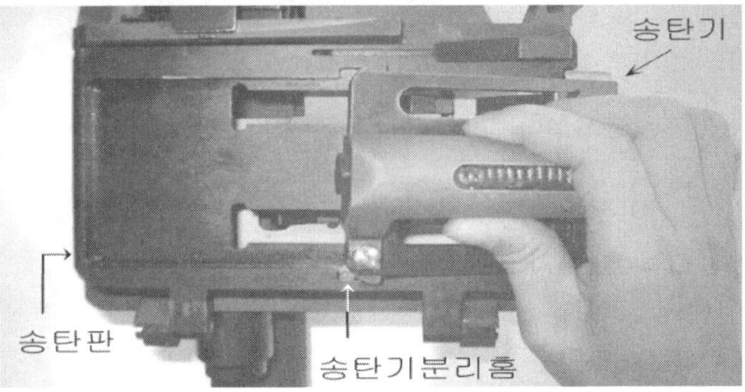

그림 23. 송탄기 및 송탄판 결합요령

(바) 윗덮개 결합

윗 덮개를 수직으로 세운 다음 앞뒤로 흔들면서 멈치 못을 삽입한다.

주 의
멈치 못에는 약한 고정 멈치가 있으므로 무리한 힘을 가하지 말 것

(사) 2차 구동레버 결합

2차 구동레버 둥근 구멍이 있는 부위가 밖으로 나오게 하여 하단을 송탄기에 끼우고 2차 구동레버 고정 멈치를 윗덮개 홈에 결합한다.

주 의
완전히 결합되었는지 여부는 2차 구동레버를 좌우로 흔들어 확인한다.

(아) 탄약 안내기 결합

양쪽에 있는 탄약 안내기 멈치를 눌러 결합한다.

(자) 이상으로 보통 결합이 완료 되었다.

다. 특별분해 및 결합

(1) 노리쇠 및 방아손잡이 뭉치의 분해 및 결합

(가) 공구

절단 플라이어, 1/8" 펀치(2개), 망치, 십자 드라이버, 일자 드라이버(1/8", 3/8"), 복합 공구(스패너, 3/16인치, 3밀리, 5밀리 육모렌치) 콤파운드 결

합체, 바이스 죠(조임면이 황동인 것), 프로판 토오치,

(나) 분해

뒤판 고정못 뭉치를 제거하고 한손으로 노리쇠를 받치고 다른 한손으로는 손잡이 뭉치를 잡고 노리쇠와 방아손잡이 뭉치를 총몸에서 천천히 당겨 낸다.

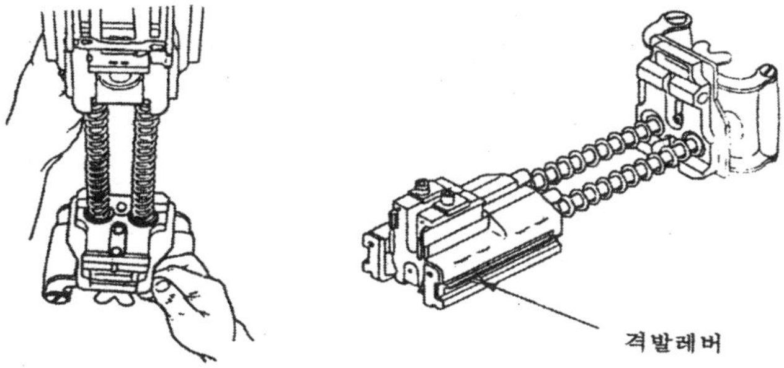

그림 24. 노리쇠의 분해

1) 1단계 - 안전철선 분해

전단 플라이어를 이용하여 노리쇠 슬리브로부터 안전철선을 잘라서 제거한다.

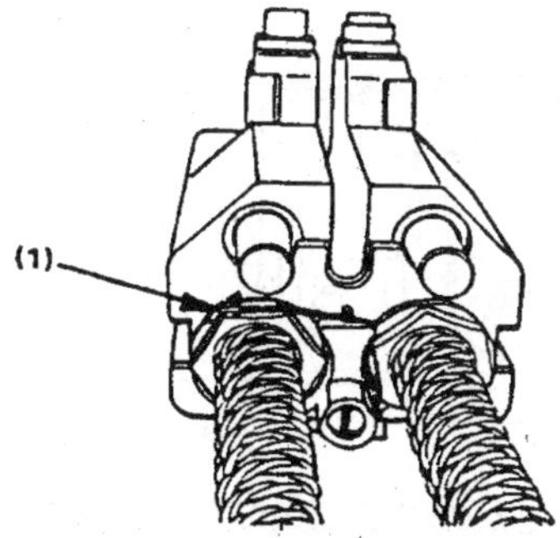

1. 안전철선

그림 25. 안전철선의 분해

2) 2단계 - 방아손잡이 뭉치로부터 복좌용수철과 스프링와셔를 분리한다.

가) 복좌용수철을 방아손잡이 뭉치로부터 당긴다.

나) 용수철와셔가 안내로드 아래로 미끄러지게 방아손잡이를 흔든다.

다) 방아손잡이로부터 용수철이 분리되어 있게끔 안내로드의 안쪽 끝에 있는 작은 구멍 안에 직경1/8인치 혹은 3밀리 펀치를 밀어 넣는다.

반대쪽 복좌용수철에 대해서도 똑같이 되풀이 한다.

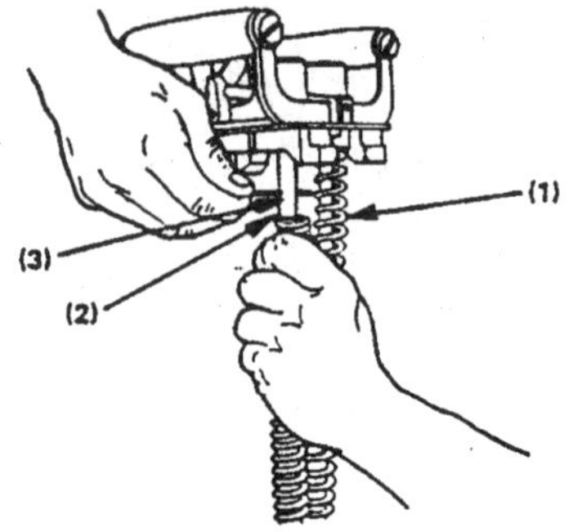

1. 복좌용수철 2. 용수철 와셔 3. 안내로드

그림 26. 방복좌용수철 및 안내로드분해

3) 3단계 - 방아손잡이로부터 복좌용수철 안내로드를 분리한다. 방아손잡이에서 복좌 용수철 안내로드를 떼어내기 위하여 끝부분을 편심된 구멍에 맞춰 누른다. 반대쪽에 대해서도 되풀이 한다. 복좌용수철 안내로드를 방아손잡이 뭉치에서 분리한다.

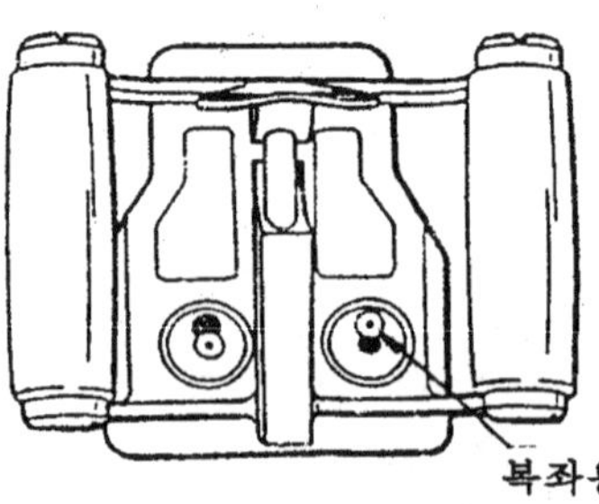

그림 27. 방아손잡이에서 안내로드 분해

4) 4 단계 - 노리쇠 슬리브 분해

가) 복합공구 스패너를 사용하여 교대로 노리쇠 슬리브를 조금씩 풀어낸다(황동망치는 맨처음 노리쇠 슬리브를 풀기 위하여 스패너를 치는데 사용할 수도 있다.).

나) 노리쇠로부터 복좌용수철 안내로드 튜브, 복좌용수철, 노리쇠 슬리브를 당겨 낸다.

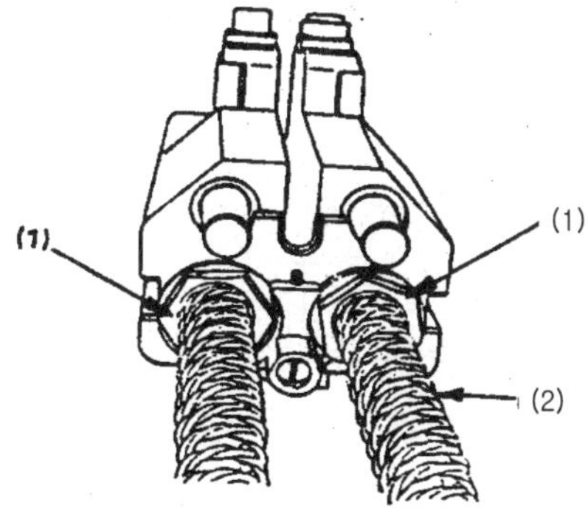

1. 노리쇠 슬리브 2. 복좌 용수철

그림 28. 노리쇠 슬리브 분해

5) 5단계 - 노리쇠 슬리브, 복좌용수철, 스프링와셔, 외측튜브, 중간튜브, 복좌용수철 안내로드를 노리쇠로부터 분리한다.

가) 1/8인치 펀치를 제거할 때 복좌용수철을 잡고서 빼낸다. 복좌용수철을 원위치로 돌아오게끔 천천히 놓는다. 스프링와셔를 잃어버리지 않도록 주의한다.

나) 노리쇠 슬리브 위쪽 끝을 아래로 한다. 복좌 용수철, 노리쇠 슬리브, 외측튜브, 중간튜브, 연결쇠를 함께 빼낸다. 노리쇠 슬리브를 따로 놓는다.

다) 중간튜브와 연결쇠를 빼내기 위해 외측튜브를 뒤집는다.

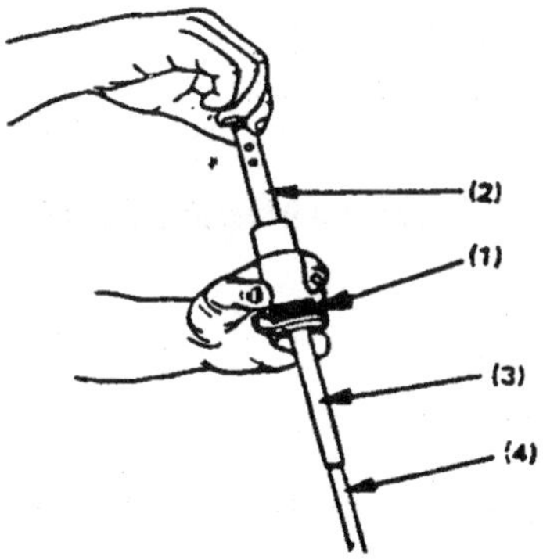

1. 노리쇠 슬리브 2. 외측튜브 3.중간튜브 4.연결쇠

그림 29. 안내로드 분해

6) 6단계 - 잠금판 뭉치와 노리쇠 완충기 뭉치 분해

노리쇠 슬리브를 제거한 뒤 잠금판 뭉치를 들어낸다. 노리쇠 후미로부터 노리쇠 완충기 뭉치를 당겨낸다.

7) 7단계 - 노리쇠 단발자, 완충 와셔, 완충 슬리브, 노리쇠단발자 완충용수철, 지지못을 분해한다.

가) 잠금판 바로 밑에 있는 완충 와셔(1)를 분해한다.

나) 탁자위에서 노리쇠 뒷면을 위로 하고 왼손으로는 격발레버를 앞으로 전진시킨 상태에서 오른손으로 노리쇠 단발자를 위로 밀어서 분해한다. 노리쇠 단발자 밑에 있는 완충 와셔, 완충 슬리브, 완충 용수철, 지지못을 잃어버리지 않도록 주의한다.

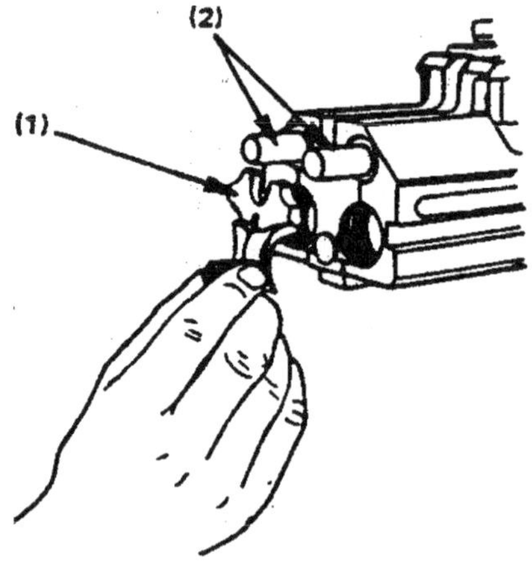

1. 잠금판 뭉치　2. 노리쇠 완충기 뭉치

그림 30. 노리쇠에서 잠금판 뭉치 분해

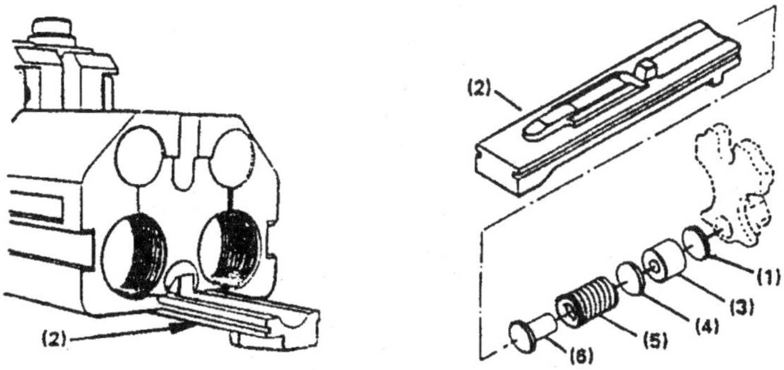

1. 완충 와셔　　2. 노리쇠 단발자　　3. 완충 슬리브
4.완충와셔　　5. 완충 용수철　　6. 지지못

그림 31. 노리쇠 단발자 분해

8) 8단계 - 전방와셔 분해

황동머리 망치를 사용하여 플라스틱 전방와셔(1)를 노리쇠로부터 분해한다.

> **주　　의**
>
> 전방 와셔 제거가 어려우면 먼저 캠작동 베어링을 제거하고(13)단계 세척용 솔벤트에 노리쇠를 담근다. 그러면 와셔가 쉽게 분해될 수 있다. 솔벤트에 담근후에는 전방와셔를 교환해야 한다.

> **주　　의**
>
> 캠작동 베어링을 세척용 솔벤트에 담그지 말 것! 솔벤트는 베어링 안에 있는 그리스를 용해시킨다.

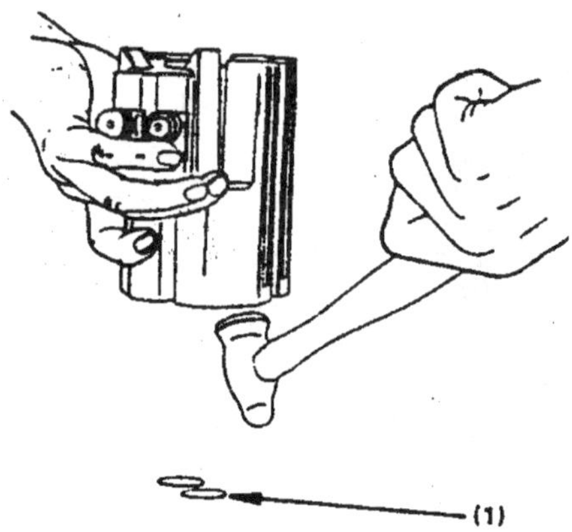

1. 전방와셔

그림 32. 전방와셔 분해

9) 9단계 - 공이덮개 분해

공이덮개를 노리쇠 전면 아래로 밀어 분해한다.

10) 10단계 - 좌측 캠작동 베어링, 격발레버, 공이, 공이멈치, 공이 용수철을 분해한다.

주 의

격발레버 고정못을 제거하고 공이덮개를 분해한 후 격발시키면 부품손상 및 부상을 초래할 수 있다. 격발레버를 후퇴시킨 상태에서 격발시킬 것.

가) 노리쇠 윗면이 아래쪽을 향하도록 노리쇠를 뒤집는다. 격발레버를 뒤쪽으로 후퇴시킨 후 복합공구의 끝을 이용하여 공이멈치를 누른다. 이때 공이가 풀려서 앞으로 전진한다.

나) 3밀리 육모렌치를 용하여 좌측 캠작동 베어링 고정나사를 분해한 후 3/16인치 육모렌치를 사용하여 노리쇠 전면 위쪽의 좌측 캠작동 베어링을 풀어낸 후 고정못 유지쇠를 분해하고 격발레버 고정못 용수철을 들어낸다.

다) 노리쇠 바닥면에 있는 구멍속에 3밀리 육모렌치를 집어넣고 격발레버 고정못을 제거한다. 렌치를 들어내면서 격발레버를 노리쇠로부터 뽑아낸다.

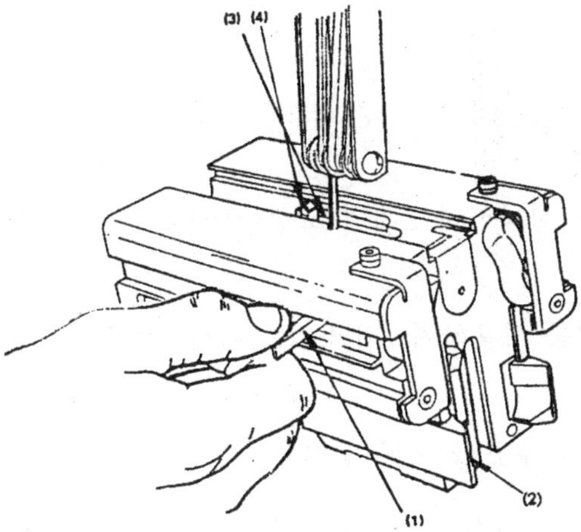

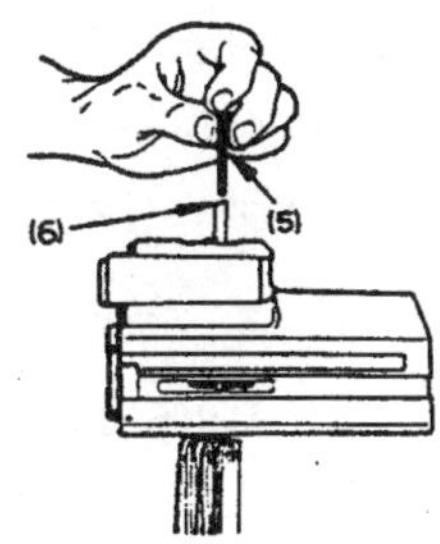

1. 격발레버　2. 고정나사　3. 구멍
4. 공이멈치　5.격발레버 고정용수철　6. 격발레버 고정못

그림 33. 격발레버 제거

라) 노리쇠전면을 아래쪽으로 향하도록 하면서 공이멈치를 한 손으로 누른다. 이때 공이와 공이 용수철이 빠져 나온다.

마) 노리쇠 윗면을 아래쪽으로 뒤집어서 공이멈치를 제거하고 다시 뒤집어서 공이멈치 용수철(대, 소)을 분해한다.

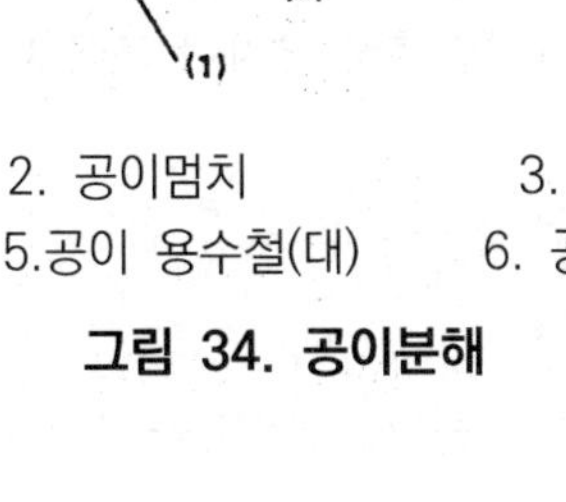

1. 공이덮개　2. 공이멈치　3. 공이
4. 공이 용수철　5.공이 용수철(대)　6. 공이 용수철(소)

그림 34. 공이분해

11) 11단계 - 고정나사, 탄약멈치보호판(좌측), 탄약멈치보호판(우측)을 분해한다.

주 의
고정나사들은 한 번 분해를 하면 언제나 분해한 나사는 폐기하고 신규부품으로 교환한다.

가) 십자드라이버를 사용하여 2개의 고정나사(1)를 각 덮개의 앞면으로부터 분리한다.

나) 5밀리 육모렌치를 사용하여 2개의 고정나사(2)를 양쪽덮개의 밑면에서 분리한다.

다) 양쪽의 탄약멈치 보호판을 떼어낸다.

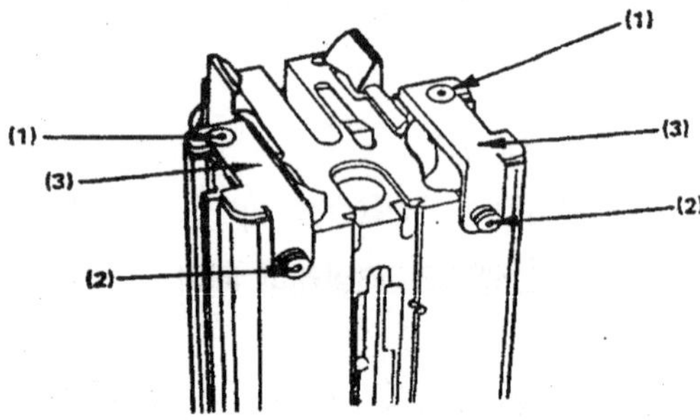

1. 고정나사 (1) 2. 고정나사(2) 3. 탄약멈치 보호판

그림 35. 탄약멈치 보조판 분해

12) 12단계 - 탄약멈치 고정나사, 좌우탄약멈치, 탄약멈치 용수철을 분해한다.

주 의
◦작은 드라이버를 사용하면 나사머리의 파손우려가 있으므로 사용하지 말 것. ◦탄약멈치 용수철 핀의 유무 및 파손을 확인하고 만약, 파손시에는 탄약멈치를 교환한다. ◦고정용 나사는 한 번 분해를 하면 언제나 분해한 나사를 폐기시키고 신규부품으로 교환한다.

가) 노리쇠 밑면을 위쪽으로 뒤집어서 고정나사를 3밀리 렌치를 사용하여 풀어준다.

나) 복합공구에서 큰 드라이버를 사용하여 양쪽의 탄약멈치 고정나사를 모두 푼다. 양쪽나사를 풀 때는 슬립조인트 플라이어로 탄약멈치를 약간 죄어준다.

다) 탄약멈치와 탄약멈치 용수철을 들어낸다.

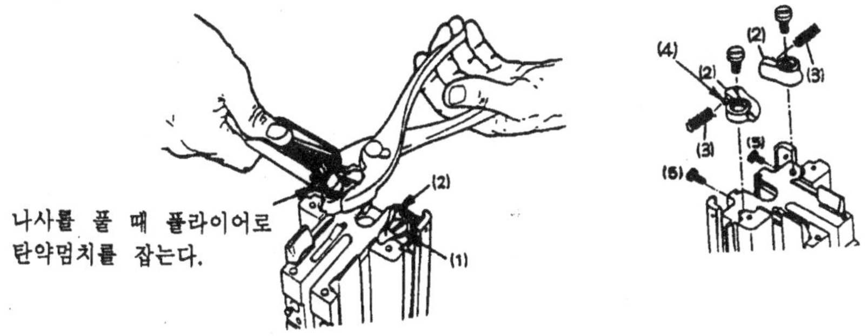

1. 탄약멈치 고정나사　2.고정나사　3. 탄약멈치 용수철
4. 탄약멈치핀　5. 나사

그림 36. 탄약 멈치 분해

13) 13단계 - 고정나사, 우측 캠작동베어링, 고정못 유지쇠를 분해한다.

주　의
노리쇠 윗면의 2개의 고정나사는 한 번 분해한 것은 버려야 하고 새것으로 갈아 끼워야 한다.

가) 복합공구의 3밀리 일자드라이버를 사용하여 노리쇠 전면 위쪽부분에 있는 고정나사를 분해한 후 폐기한다(캠작동 베어링이 분해된 후 구멍에 있는 나일론 조각을 제거하여야 한다.).

나) 3/16인치 육모렌치를 사용하여 캠작동 베어링을 반시계 방향으로 돌려서 푼다.

다) 캠작동 베어링과 고정못 유지쇠를 들어낸다.

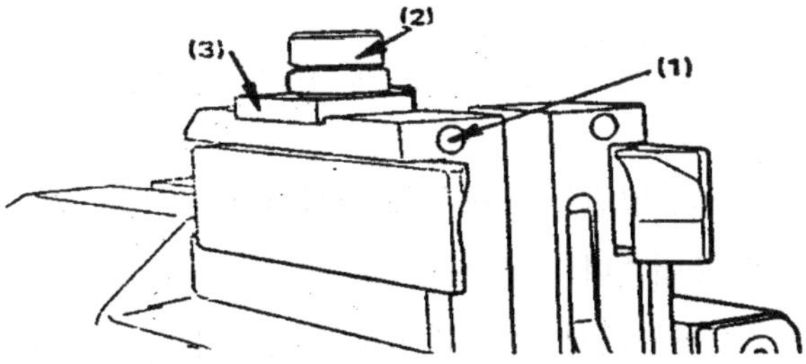

1. 고정나사　2. 캠작동 베어링　3. 고정못 유지쇠

그림 37. 캠작동 베어링 분해

14) 14단계 - 고정못, 칼퀴용수철, 칼퀴를 분해한다.

가) 칼퀴 뒷부분을 안쪽으로 누르면서 드라이버 끝으로 칼퀴 고정못을 제껴 올린다.

나) 고정못을 뽑아낸다.

다) 양쪽에 있는 칼퀴용수철과 칼퀴를 들어낸다.

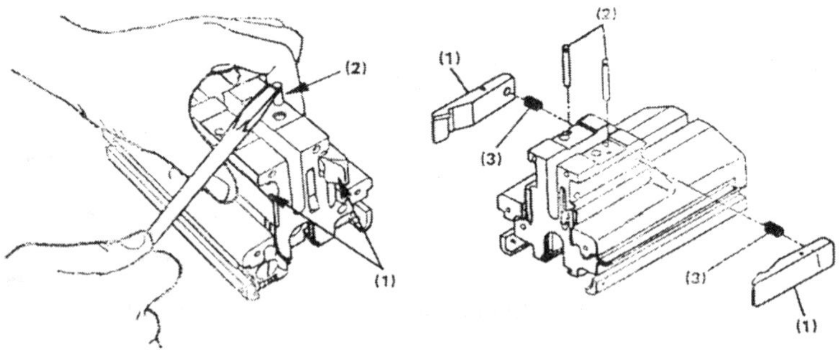

1. 칼퀴　　2. 칼퀴고정못　　3. 칼퀴 용수철

그림 38. 칼퀴 분해

15) 15단계 - 송탄폴, 고정못, 나선용수철을 분해한다.

주　　의

고정못 나사부분만 콤파운드 결합제를 사용하여 고정되어 있기 때문에 가열하여 제거한다. 고정못 나선용수철, 송탄폴은 부품을 교환해야할 때 외엔 분해하지 않는다.

가) 프로판토오치를 사용하여 고정못(1)이 빠질때까지 주변을 조금 가열한다.

나) 고정못을 1/8인치 일자드라이버를 사용하여 풀어내고 송탄폴, 나선용수철을 분해한다.

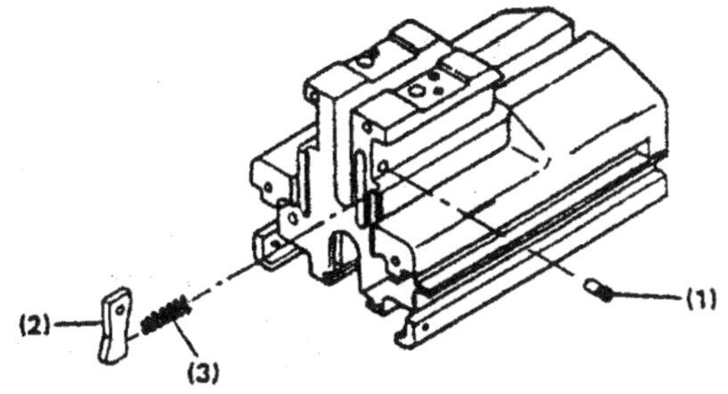

1. 송탄폴 2. 송탄폴 용수철 3. 송판폴고정나사

그림 39. 송탄폴 분해

16) 16단계 - 노리쇠 완충기 뭉치를 분해한다.

주 의

노리쇠 완충기 뭉치는 자주 분해하지 않는다. 완충기 뭉치를 솔벤트나 물에 빠뜨렸을 때 또는 후퇴량이 정상적인 수준보다 커져서 완충기의 교환이 필요하다고 생각될 때에는 다음의 순서에 따라서 분해를 한다.
완충기 뭉치를 재결합 할 때는 모든 부품들을 건조한 상태로 유지하고 윤활처리를 하지 않는다.

가) 바이스의 구리로 된 물림면에 노리쇠 완충기 뭉치를 완충기 마개가 위쪽을 향하도록 물린다. 분해용 공구중에서 대형 일자드라이버를 사용하여 완충기 덮개를 분해한다.

나) 복합공구의 3밀리 렌치를 완충기 몸체내 구성품의 구멍을 통해 넣고 완충기 플런저를 조심스럽게 밀면서 구성품을 빼낸다.

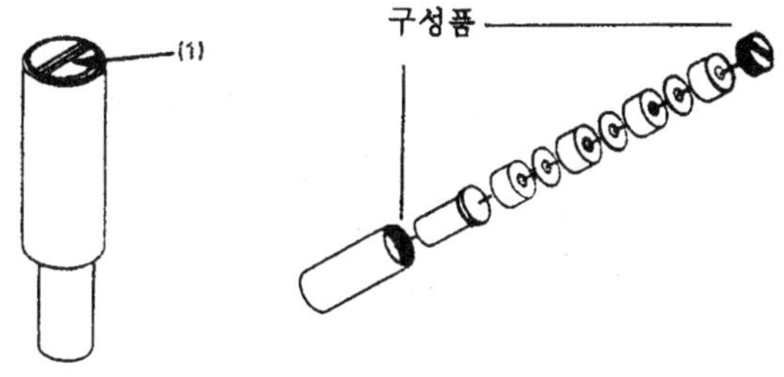

1. 완충기 덮개

그림 40. 노리쇠 완충기 뭉치 분해

17) 17단계 - 잠금판 뭉치를 분해한다.

주 의

잠금판 뭉치는 자주 분해하여서는 안되며, 단지 부품을 교환할 때에만 분해한다. 재결합품에 대해서는 노리쇠 타이밍을 조정한다.

가) 3/8인치 일자 드라이버를 사용하여 조정나사를 완전히 푼다.

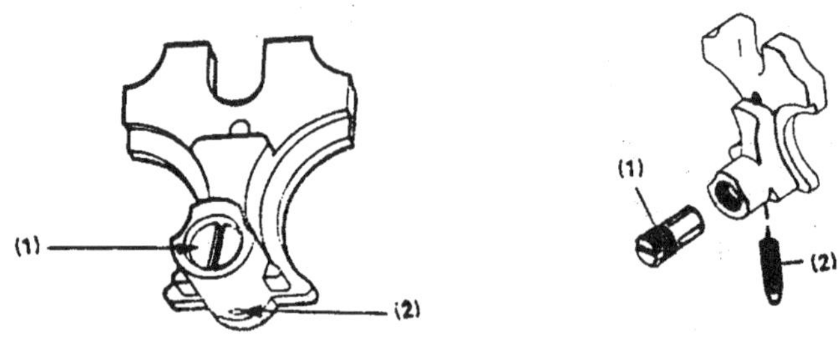

1. 조정나사 2. 플런져

그림 41. 잠금판 뭉치 분해

나) 1/8인치 일자 드라이버를 사용하여 플런져를 뽑아내서 분리한다.

(나) 검사 및 교환, 수리

1) 공구 : 다이알 캘리퍼스, 줄자, 연마석(날카로운 것)

2) 노리쇠 및 방아손잡이 뭉치 노리쇠 및 방아손잡이 뭉치를 세부 분해 할 때에는 반드시 다음사항을 검사한다.

가) 총의 사격일지를 검토하고 최근의 부품교환 이후 사격한 탄수를 확인한다. 표1에 따라 교환해야 할 부품은 교환한다.

표 1. 정기적인 부품 교환주기

교환주기 (발사탄수)	7,000발	7,000발	4,000발	5,000발	4,000발	5,000발	7,000발
구성품	캠작동 베어링 (좌측)	캠작동 베어링 (우측)	노리쇠 단발자	공이 덮개	공이	공이 멈치	총열

나) 표2에 기록된 모든 용수철의 길이를 측정해 본다. 150밀리 이하의 용수철은 다이알 캘리퍼스로, 150밀리 이상의 용수철은 줄자를 이

용하여 측정한다. 만약, 한계치 이하의 길이라면 새용수철로 교환한다. 용수철이 한 쌍으로 이루어진 부품은 2개 모두 교환한다.

부품명(용수철)		한계치수(mm)
노리쇠 및 방아손잡이뭉치	격발레버 고정못 용수철(나선용수철)	19.0
	노리쇠단발자 완충용수철(나선용수철)	33.0
	칼퀴 용수철(나선용수철)	14.7
	탄약 멈치 용수철[대](나선용수철)	21.3
	공이 멈치 용수철[대](나선용수철)	11.7
	공이 용수철(나선용수철)	76.2
	공이 몸치 용수철[소](나선용수철)	14.2
	송탄 폴 용수철(나선용수철)	23.6
	복좌 용수철(나선용수철)	438.0
	전방와셔(교환주기:변형치)	1.5

표 2. 용수철의 한계길이

부품명(용수철)		한계치수(mm)
탄약 완충기 뭉치	탄약 완충기 용수철(나선용수철)	45.7
송탄 슬라이드 뭉치	송탄 완충용수철	144.0

다) 모든 부품들의 일반적인 상태, 특히 아래에 지적된 사항들을 검사한다.

라) 교환부품은 표2를 참고로 하여 사격일지에 기록한다.

마) 노리쇠를 재결합시에는 항상 노리쇠타이밍을 재조정한다.

3) 복좌용수철 안내로드, 중간튜브 그리고 외측튜브 이들 부품의 흠집 특히 각 튜브와 안내로드 끝의 입구 주변의 흠집을 검사한다. 연마석을 사용하여 흠집을 제거한다. 연결쇠와 튜브가 휘어졌으면 새로운 것으로 교환하여 결합한다. 연결쇠와 튜브가 결합상태에서 걸림이 없이 자유롭게 움직이는지 확인한다.

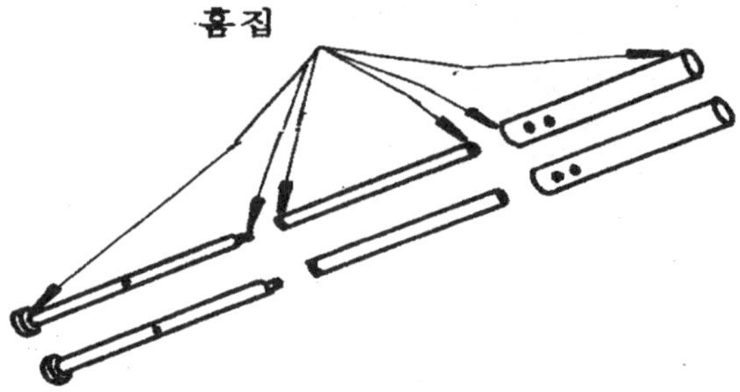

그림 42. 안내로드 검사

4) 전방와셔

2개의 우레탄 전방와셔의 둥근홈을 육안으로 검사한다. 와셔의 홈이 와셔두께(3밀리)의 반이상이면 양쪽 와셔를 모두 새것으로 교환한다.

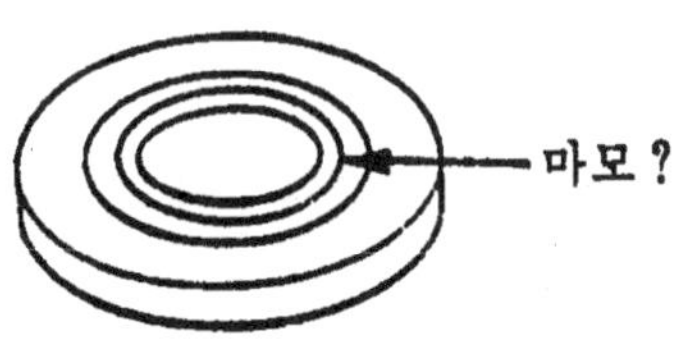

그림 43. 전방와셔 검사

5) 와셔

반경방향 균열이 있는지 검사한다. 와셔에 균열이 발생하였거나 심하게 마모 되었으면 양쪽 와셔를 모두 새것으로 교환한다.

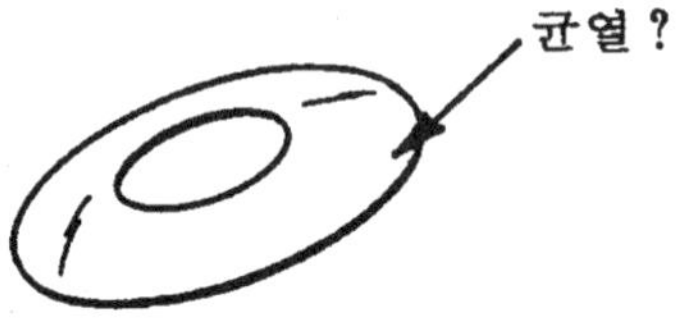

그림 44. 와셔 검사

6) 노리쇠 단발자

그림과 같이 단발자의 단이진 안쪽 모서리에 균열이 발생하였는지 검사한다. 만일, 이 부분에 균열이 발생하였으면 새로운 노리쇠 단발자로 교환한다. 노리쇠 단발자를 제거하거나 새것으로 교환하여 결합하였을 때는 언제나 노리쇠 타이민 조정하고 점검한다.

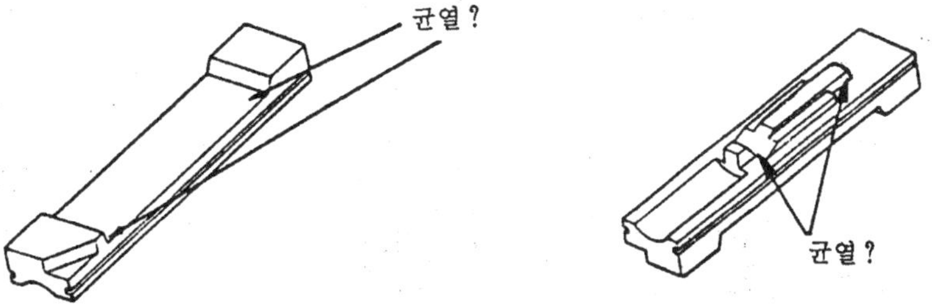

그림 45. 노리쇠 단발자 검사

7) 캠작동 베어링

주 의
세척용 솔벤트에 캠작동 베어링을 담그거나 고압의 스프레이를 사용하지 말 것. 솔벤트는 베어링안의 그리이스를 용해한다. 세척을 하고자 할 때에는 천으로 닦는다.

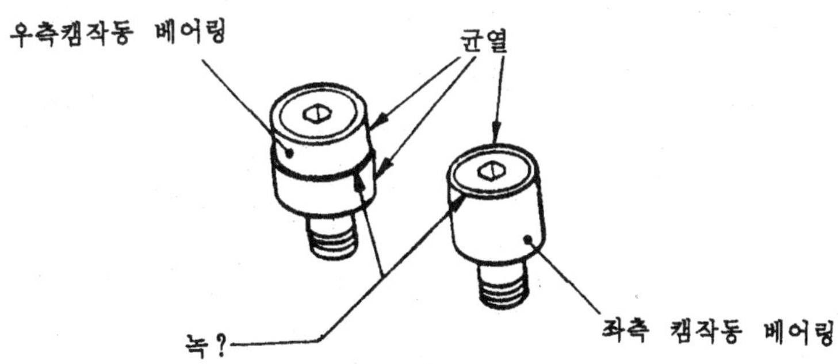

그림 46. 캠작동 베어링 검사

녹이 없는지 확인한다. 캠작동 베어링안에서 녹이 묻어나오거나 잘못하여 물에 담궜다면 새것으로 교환한다. 외부의 녹은 천으로 문질러서 제거한다. 캠작동 베어링의 머리부분이 1차구동 레버와의 접촉으로 균열이 발생하였거나 마모가 발생하지 않았는가 확인한다.

8) 탄약멈치

좌, 우 탄약멈치의 핀이 파손되지 않았는지 확인한다.

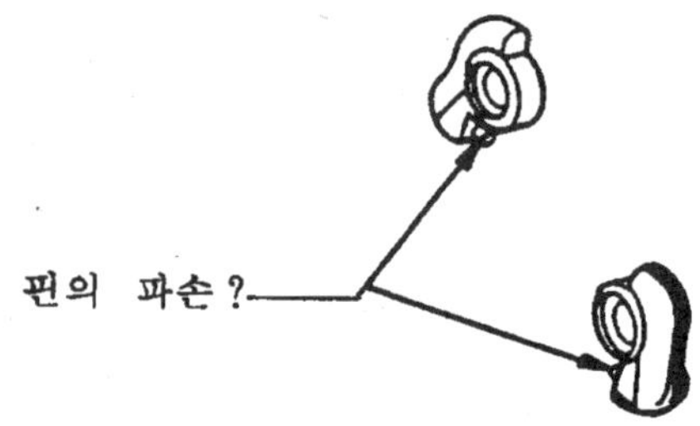

그림 47. 탄약 멈치 검사

9) 공이, 공이덮개, 공이멈치가 그림과 같이 손상되었을 때는 새부품으로 교환하여 결합한다.

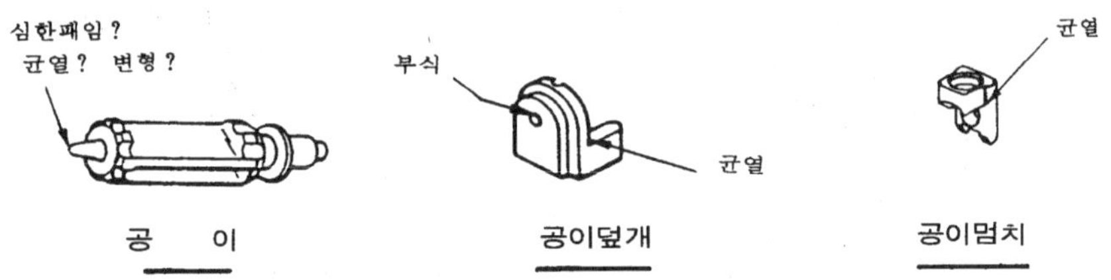

그림 48. 공이, 공이덮개, 공이멈치의 손상

위의 부품들을 분해하거나 새부품으로 교환하여 결합하였을 경우 반드시 노리쇠 타이밍을 조정하고 점검한다.

10) 노리쇠 완충기 뭉치

완충기 뭉치가 물이나 솔벤트에 잘못하여 담궈졌거나 녹이 스며 나오거나 또는 후퇴초과에 의한 기능고장을 해결하고자 할 때에만 분해한다. 재결합하기 전에 분해상태에서는 주유하지 않는다. 완충기 덮개가 완충기 몸체의 안쪽 나사에 스테이킹되어 있는지 확인한다.

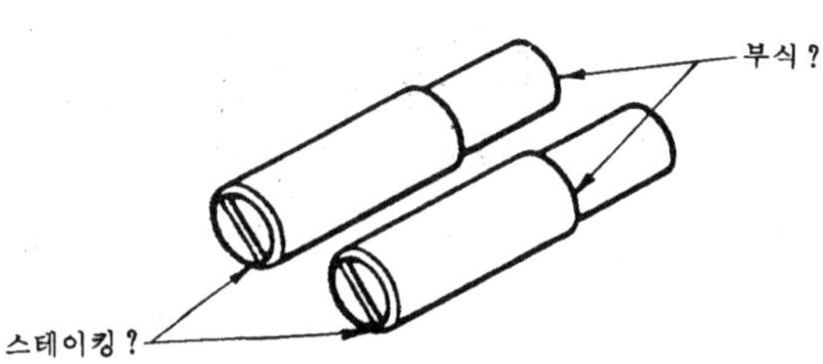

그림 49. 노리쇠 완충기 뭉치 검사.

11) 노리쇠

노리쇠 앞면, 하부 좌, 우에 용접되어 있는 핀들이 파손되지 않았는가 확인한다. 핀이 파손되었으면 일반정비병에게 인계한다. 점검 가능한 모든면의 흠집을 점검하고 연마석을 사용하여 거친 모서리의 흠집을 제거한다.

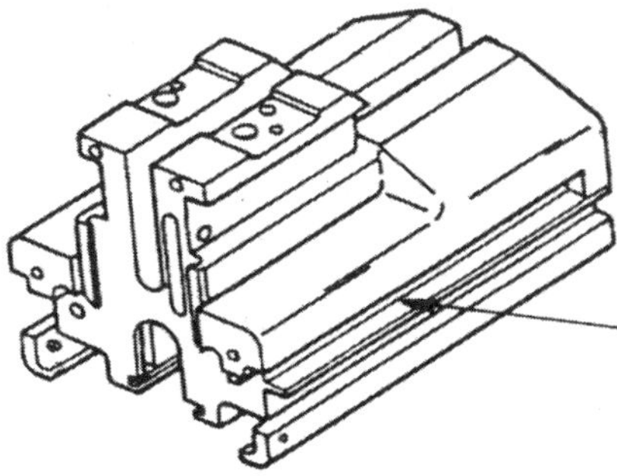

그림 50. 노리쇠 검사

12) 격발레버

다이알 캘리퍼스를 사용하여 격발레버 끝부붙의 마모량을 측정한다. 마모된 부분의 길이가 2.5밀리 이상이면 격발레버를 폐기하고 새것으로 교환하여 결합한다.

그림 51. 격발레버 검사

(나) 결합

주 의

- 아래 '주의' 사항에 제시되어 있는 부품들을 제외한 모든 부품들을 분해할 후 재결합을 하기 전에 세척 및 윤활처리를 하여야 한다.
- 척용 솔벤트에 다음의 부품들을 담궈서는 안된다. 솔벤트는 이들 부품을 손상시킨다. 이들 부품은 천으로 깨끗이 닦는다.

주 의

◦캠작동 베어링
◦완충 슬리브
◦노리쇠 완충기 뭉치
· 노리쇠완충기 뭉치내의 구성품은 윤활하지 말아야 한다. 노리쇠완충기 뭉치에 주유를 하면 사격시 완충기능에 이상이 발생하여 후퇴초과를 유발시킬 수 있다.

1) 1단계 - 잠금판 뭉치를 결합한다.

주 의

세척하기 위해서 잠금판 뭉치를 분해하여서는 안된다. 새부품으로 교환하고자 할 때 분해한다. 재결합후에는 반드시 노리쇠의 타이밍 조정을 한다.

가) 플런저를 나사형상의 끝부분부터 먼저 들어가도록 잠금판의 작은 조립 구멍에 꽂아 넣는다. 1/8인치 일자드라이버를 사용하여 플런저를 들어갈 수 있는데 까지 돌려 넣는다(거의 플런져 머리전체가 보이는 정도의 깊이까지).

나) 조립구멍2)에 1/8인치 육모렌치를 꽂아 넣는다. 이것은 다음단계에서 취약한 플런져의 끝이 파손되지 않도록 하기위한 것이다.

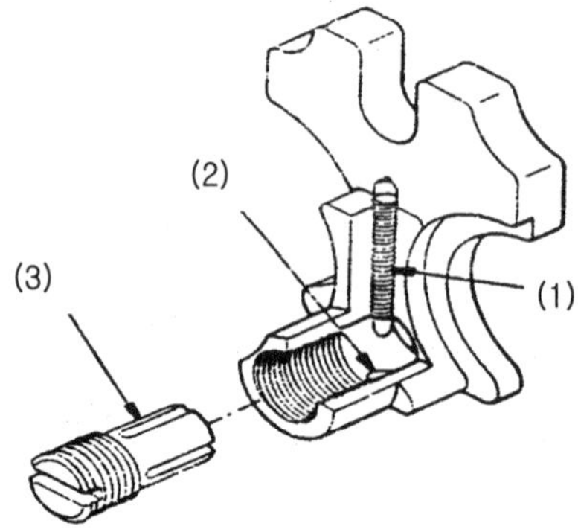

1. 플런져　2. 조립구멍　3. 조정나사

그림 52. 잠금판 뭉치의 결합

다) 육모렌치로 플런져의 끝을 눌러주면서 3/8인치 일자 드라이버로 조정나사가 육모렌치와 접촉할 때까지 돌려 넣는다. 육모렌치를 빼내고 잠금판 면보다 10크리크(2 1/2회전) 안쪽으로 조정나사를 더 돌

려 조인다.

2) 2단계 - 노리쇠 완충기 뭉치를 결합한다.

주 의

노리쇠 완충기 뭉치를 물이나 솔벤트에 담그지 말 것.
내부구성품에 주유하지 말 것. 재결합시 모든 부품은 주유되어 있지 않아야 하며 깨끗이 건조된 상태인지 확인한다.

가) 나사형상의 끝쪽이 위로 향하도록 노리쇠 완충기 몸체를 바이스 물림면(황동면)에 물린다.

나) 플런져의 직경이 작은쪽을 완충기 몸체안에 집어넣는다.

다) 플런져 위에 완충기, 와셔를 그림의 순서대로 정확하게 배열하여 놓는다. 핀 펀치를 사용하여 한꺼번에 밀어 넣는다.

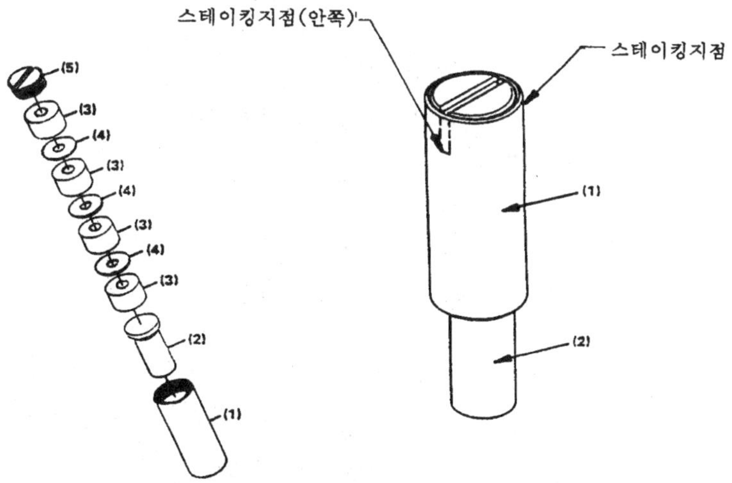

1. 노리쇠 완충기몸체 2. 플런져 3. 완충기
4. 와셔 5.노리쇠 완충기 덮개

그림 53. 노리쇠 완충기 뭉치 결합

라) 노리쇠 완충기 덮개를 결합하고 3/8인치 일자드라이버를 사용하여 완충기 몸체끝면과 같은 면이 될 때까지 돌려서 조인다. 결합상태에서는 완충기 몸체의 가장자리가 완충기 덮개의 나사부위 밖으로 튀어나와서는 안된다.

마) 노리쇠 완충기 덮개를 돌려서 조인후 덮개 머리면의 홈부위와 일치하는 위치 안쪽의 나사부위 끝까지 완충기 뭉치를 중심펀치로 스테이킹한다.

3) 3단계 - 송탄폴, 나선용수철, 고정못을 결합한다.

주 의

콤파운드 결합제가 결합을 위해 필요하다.

가) 송탄폴 용수철과 송탄폴을 구멍홈에 집어넣는다. 송탄폴 고정못을 끼워서 1/8인치 일자드라이버로 약간 조이면서 폴과 용수철이 제위치에 결합되었는지 확인한다.

나) 고정못의 나사부위에 콤파운드 결합제를 바른후 꽉 조인다.

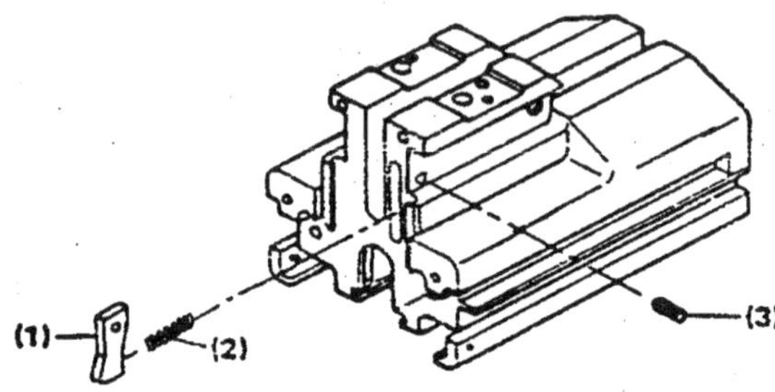

1. 송탄폴　2. 송판폴 용수철　3. 송탄폴 고정나사

그림 54. 송탄폴의 결합

4) 4단계 - 칼퀴용수철과 좌, 우 칼퀴, 고정못을 결합한다.

가) 노리쇠 옆면에 칼퀴를 대고 칼퀴 안쪽구멍에 칼퀴용수철을 끼운다. 칼퀴날의 넓은 모서리부위가 위쪽을 향하도록 한다.

나) 노리쇠 윗부분의 조립구멍에 고정못을 꽂으면서 칼퀴를 밀어 넣는다. 핀이 완전하게 꽂아졌는가 그리고 칼퀴는 제위치에 맞게 결합되었는지 확인한다.

다) 반대편의 칼퀴에 대해서도 위의 과정을 반복하여 결합한다.

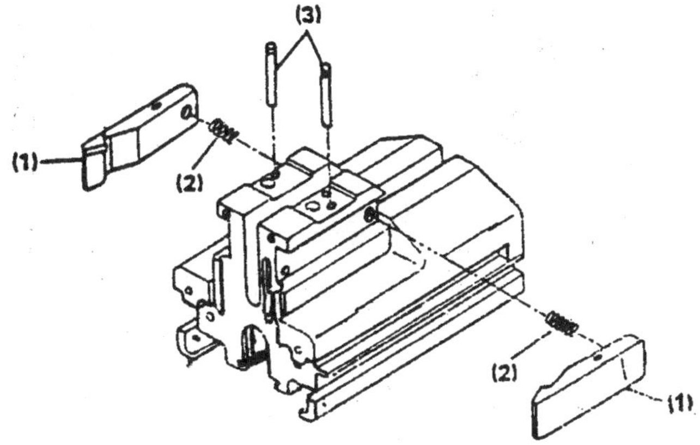

1. 칼퀴 2. 칼퀴 용수철 3. 칼퀴 고정못

그림 55. 칼퀴의 결합

5) 5단계 - 공이와 나선용수철들을 결합한다.

> **주 의**
> 결합과정 동안 공이에 주유가 알맞게 되었는가를 확인한다.

가) 노리쇠 밑면을 위쪽으로 하여 공이멈치 용수철(대, 소)에 복합공구의 3밀리 육모렌치를 넣은 후 노리쇠 중간부분의 사각홈 속에 밀어 넣는다.

나) 공이멈치를 올바른 위치로 하여 공이멈치 용수철 위로 밀어서 결합하여 몇 회 눌러서 공이멈치 용수철의 작동상태를 확인한다.

다) 노리쇠 앞면이 위쪽을 향하도록 노리쇠를 세우고 한 손으로 멈치를 누르고 공이 용수철을 집어넣는다. 멈치를 누른 상태에서 손을 뗀다. 노리쇠의 격발레버 홈과 공이의 홈을 일치시키면서 나선 용수철의 안쪽 구멍에 공이를 결합한다. 공이 결합시에도 공이멈치를 누르면서 결합한다.

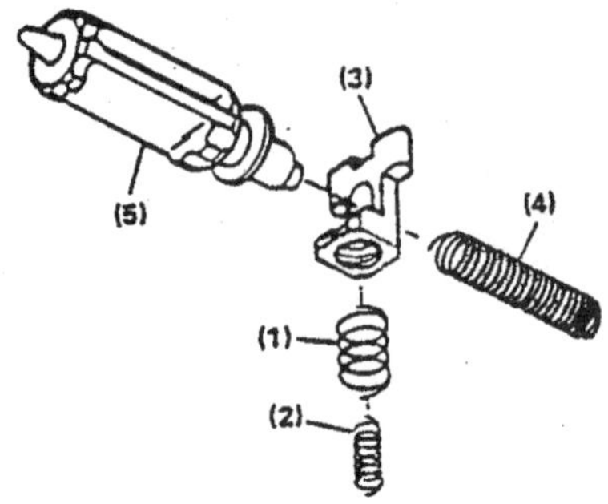

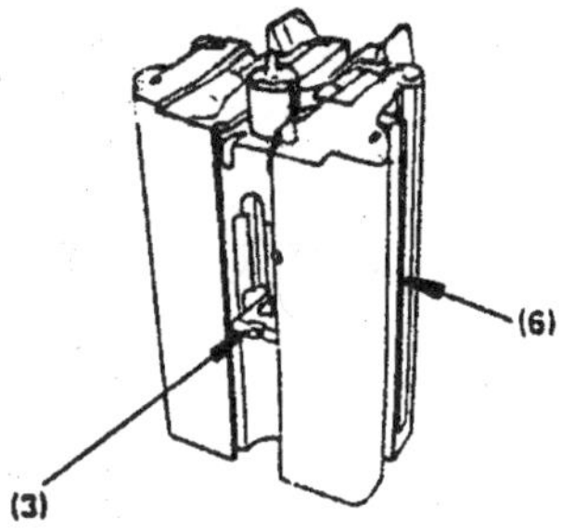

1. 공이멈치 용수철(대) 2. 공이멈치 용수철(소) 3. 공이용수철
4. 공이멈치 5. 공이 6. 격발레버 홈

그림 56. 공이와 용수철의 결합

6) 6단계 - 격발레버와 공이덮개의 결합

주 의

· 공이는 큰 힘을 가지고 풀린다. 공이가 장전되거나 격발되었을 때에는 언제든지 공이를 감싸고 있어야 한다. 그래야 공이멈치가 풀려도 사고를 방지할 수 있다.
· 격발레버를 좌우로 움직여 좌우 끝까지 움직이면 잘못 결합된 상태이니 재결합 하여야 한다.

가) 중간튜브를 사용하여 격발위치에서 '찰칵' 소리가 날 때까지 공이를 눌러준다(공이멈치를 눌러주면서 공이를 누르면 쉽게 결합할 수 있다.).

나) 공이덮개를 결합하여 공이를 덮어씌운다. 이때 공이멈치를 눌러 공이를 격발시킨다.

다) 1/8인치 드라이버를 사용하여 공이 홈과 노리쇠 홈을 일치시킨다.

라) 격발레버를 그 안쪽 곡면이 노리쇠 측면의 반대방향이 되도록 노리쇠의 격발레버홈에 넣는다.

마) 노리쇠를 바로 놓고 격발레버의 구멍과 노리쇠의 격발레버 고정못 구멍을 일치시켜 격발레버 고정못을 꽂아 넣은 후 용수철을 넣고 격발레버를 좌우로 움직여 올바로 결합되었는지 확인한다.

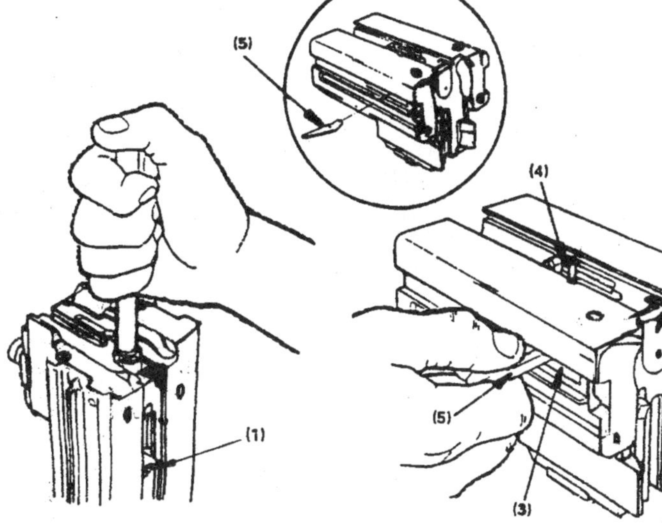

1. 공이멈치　　　　2. 공이덮개　　3.노리쇠 홈
4. 격발레버 고정못　　　　　　　　5. 격발레버

그림 57. 격발레버와 공이덮개 결합

7) 7단계 - 고정못 유지쇠, 좌, 우 캠작동베어링, 고정나사를 결합한다.

가) 좌측 캠작동베어링을 좌측 고정못 유지쇠을 꽂아 3/16인치 육모렌치로 용수철을 누르면서 조인다. 캠작동베어링을 조이는 동안 고정못 유지쇠가 제위치에서 벗어나지 않았는가 확인한다. 우측 고정못 유지쇠와 우측 캠작동베어링에 대해서도 반복한다. 우측 캠작동 베어링에 윤활처리한다.

나) 2개의 새로운 고정나사를 노리쇠 앞면에서 3밀리 렌치로 결합한다.

주　의

우측 캠작동 베어링은 2단 베어링으로 되어 있다.
반드시 우측에 설치한다는 것을 잊지 않도록 한다.

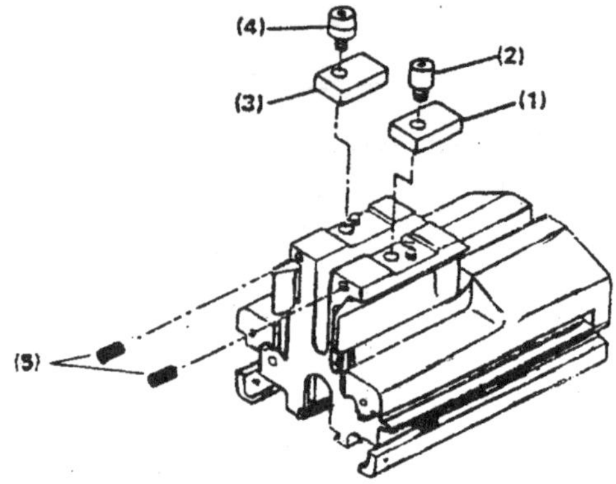

1. 좌측 고정못 유지쇠　2. 좌측 캠작동베어링　3. 우측 고정못 유지쇠
4. 우측 캠작동 베어링　5. 캠작동 베어링 잠금나사

그림 58. 캠 베어링의 결합

8) 8단계 - 좌, 우 탄약멈치 용수철, 고정나사를 결합한다.

가) 탄약멈치의 핀과 노리쇠에 용접되어 있는 핀⑸사이에 탄약멈치 용수철의 끝을 끼워 결합한다.

나) 플라이어를 사용하여 탄약멈치 용수철을 조금 압축시켜 탄약멈치 구멍과 노리쇠 구멍을 일치시켜 대형 일자드라이버로 탄약멈치 고정나사를 돌려서 결합한다.

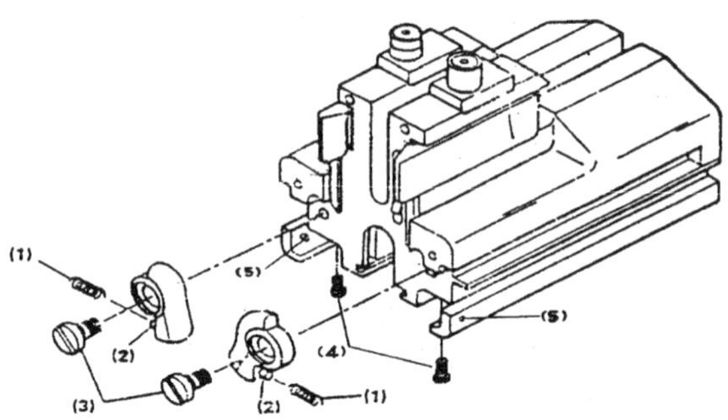

1. 탄약멈치 용수철　2. 탄약멈치 핀　3. 탄약멈치 고정나사
4. 격발레버 고정못　5. 노리쇠에 용접되어 있는 핀

그림 59. 탄약 멈치의 결합

다) 노리쇠 밑면을 위로하고 3밀리 일자드라이버를 사용하여 고정용 나사를 완전히 조인다.

9) 9단계 - 좌, 우 탄약 멈치 보호판, 고정나사를 결합한다.

주 의

한번 나사를 분해하였을 때는 고정나사를 모두 새부품으로 결합한다. 분해한 기존나사들은 폐기한다.

가) 탄약멈치 보호판를 노리쇠 면의 제위치에 붙이고 나사구멍을 일치시킨다.

주 의

노리솨 앞면의 고정나사를 먼저 조여야 한다.
만일, 그렇게 하지 않으면 덮개는 일직선 정렬이 이루어 지지 않을 것이다.

나) 앞쪽의 고정나사(1)을 십자 드라이버로 조인후 노리쇠 아래쪽의 고정나사(2)를 5밀리 육모렌치로 완전히 조인다.

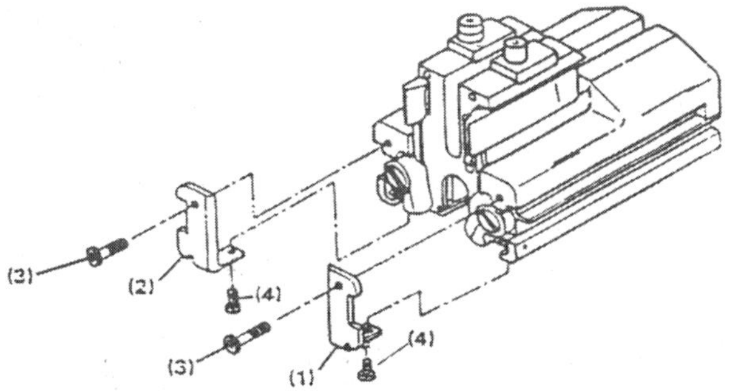

1. 좌측 탄약멈치 보호판　　2. 우측 탄약멈치 보호판
3. 고정나사(1)　　4. 고정나사(2)

그림 60. 탄약멈치 보호판의 결합

10) 10단계 - 전방와셔의 결합

주 의

노리쇠뭉치와 방아손잡이 뭉치의 결합을 하기 전에 노리쇠타이밍 조정(3단계부터 시작)을 실시해야 한다.

노리쇠의 뒤쪽 두 개의 큰 구멍을 우레탄으로 된 전방와셔를 볼록한(튀어 나온) 부분이 위쪽을 향하도록 집어 넣는다.

11) 11단계 - 노리쇠 단발자, 노리쇠완충용수철, 완충슬리브, 완충기 와셔를 결합한다.

가) 공이가 장전되어 있지 않음을 확인한다. 결발레버를 앞쪽으로 밀면서 노리쇠 단발자(1)를 노리쇠 밑명 중앙의 "T"형 홈을 따라 앞쪽부터 끼워넣으면 그림과 같이 뒤쪽으로 원형홈이 형성된다.

나) 노리쇠 단발자의 원형홈에 다음 부품들을 얹어 결합한다.

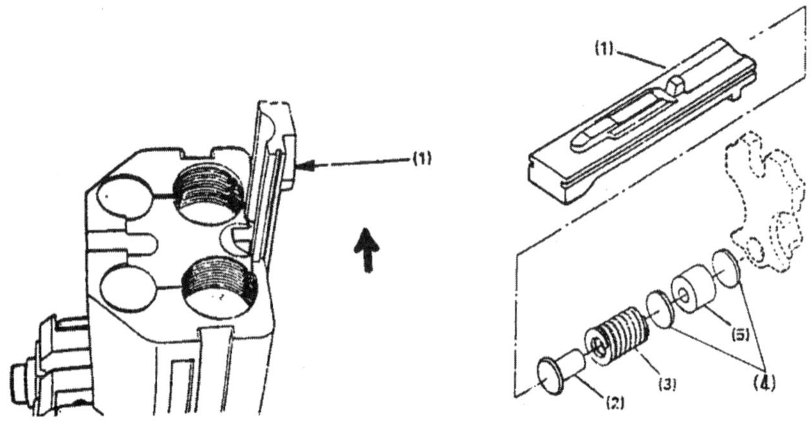

1. 단발자 2. 지지못 3. 완충 용수철 4. 완충 와셔 5. 완충 슬리브

그림 61 노리쇠 단발자 결합

12) 12단계 - 노리쇠 완충기 뭉치와 잠금판 뭉치를 노리쇠에 결합한다.

가) 잠금판을 끼우지 않은 상태에서 노리쇠 완충기 뭉치를 마개부분부터 노리쇠 뒤의 완충기 홈에 각각 꽂는다.

나) 잠금판 뭉치를 노리쇠의 뒤쪽 중앙에 놓고 모서리 형상을 노리쇠의 상대쪽 홈에 맞춘다.

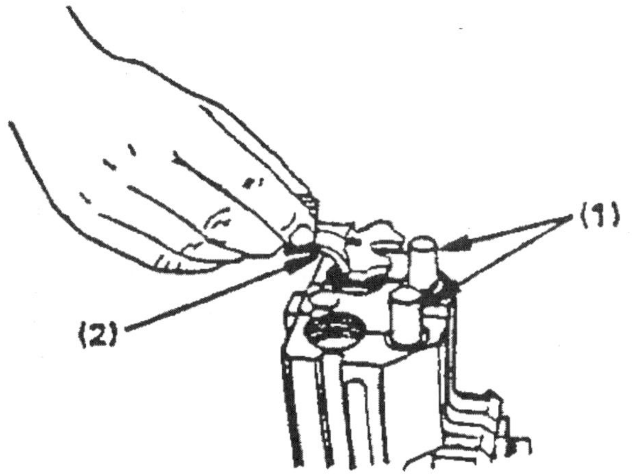

1. 노리쇠 완충기 뭉치 2. 잠금판

그림 62. 노리쇠에 잠금판뭉치를 결합

13) **13단계 - 슬리브, 복좌용수철, 튜브, 안내로드를 결합한다.**

좌, 우양쪽에 대하여 아래와 같이 결합한다.

가) 외측튜브에 중간튜브를 끼운다.

나) 중간튜브에 안내로드를 끼운다.

다) 구경 50 꼬질대에 튜브와 안내로드를 끼워 세운다.

라) 슬리브를 안내로드와 튜브위에 끼운다.

마) 전체결합품 위에 복좌용수철을 끼운다.

바) 복좌용수철을 막대에 끼운 상태에서 압축하면서 1/8인치 펀치를안내로드 구멍에 끼워 복좌용수철을 제위치에 고정시키고 안내로드 끝 위에 와셔을 끼운다.

주 의

와셔의 볼록한 면이 용수철과 접촉하도록 한다.
만약, 그렇지 않으면 사격중 안내로드의 파손을 초래한다.

14) **14단계 - 노리쇠에 슬리브를 결합한다.**

가) 전방와셔가 노리쇠안에 있는지 확인한다. 노리쇠 뒤의 원형 구멍안에 전방와셔가 들어간 위로 슬리브를 끼운다.

나) 복합공구의 스패너를 사용하여 좌, 우 슬리브를 번갈아가며 죄는 양을 비슷하게 하여 단단하게 죈다.

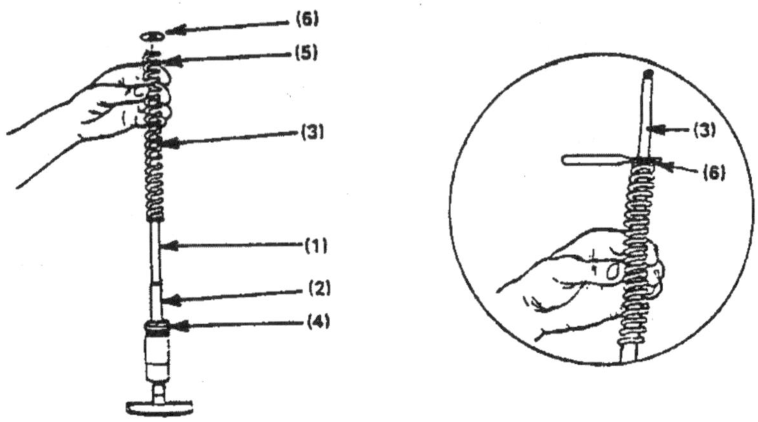

1. 중간튜브　　2. 외측튜브　　3. 안내로드
4. 슬리브　　5. 복좌용수철　　6. 와셔

그림 63. 안내로드의 결합

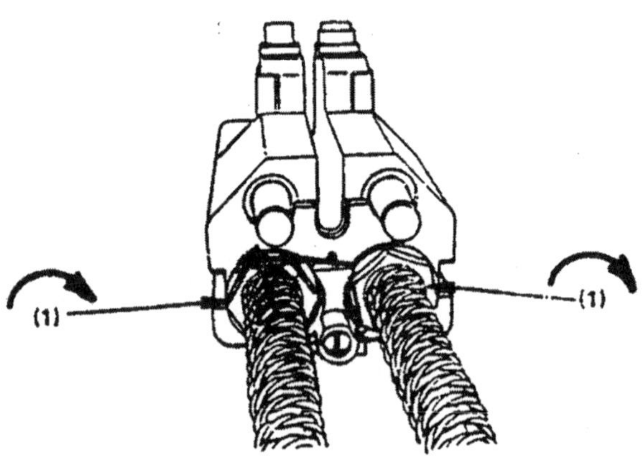

1. 좌·우 슬리브

그림 64. 노리쇠에 슬리브를 결합

15) 15단계 - 방아손잡이 뭉치에 복좌용수철과 안내로드를 결합한다.

가) 방아손잡이 튜브의 편심구멍에 안내로드의 끝을 꽂는다. 안내로드를 약간 이동하여 튜브의 중앙에 맞춘다.

나) 두 개의 1/8인치 펀치를 빼내고 복좌용수철을 풀어 방아손잡이 튜브에 들어갔는지를 확인한다.

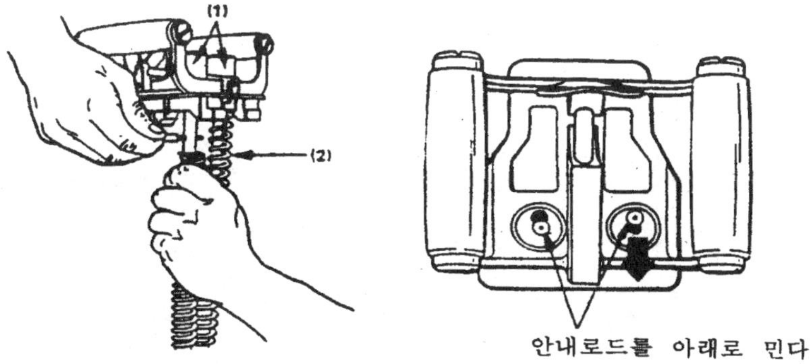

1. 방아손잡이 튜브 2. 복좌용수철

그림 65. 복좌 용수철과 안내로드의 결합

16) 16단계 - 슬리브를 안전철사로 감는다.

그림과 같이 오른쪽 슬리브의 아래에서 왼쪽 슬리브위로 안전철사를 감는다.

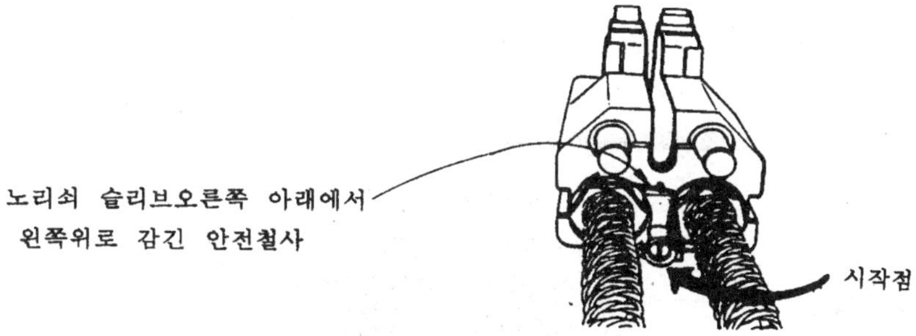

그림 66. 안전철사로 감은 슬리브

(1) 노리쇠뭉치의 타이밍(점화시기) 조정

(가) 정의

점화시기란 공이가 풀려서 뇌관을 때릴 때까지 소요되는 시간을 말한다.

(나) 목적

공이가 적절한 순간에 뇌관을 점화시키도록 함.

(다) 타이밍 조정 실시 시기

총의 격발작용이 원활하지 못하거나 또는 사격주기가 불규칙적일 때 그리고 아래의 부품들이 새롭게 결합되었을 때에는 노리쇠의 타이밍 조정이 필요하다.

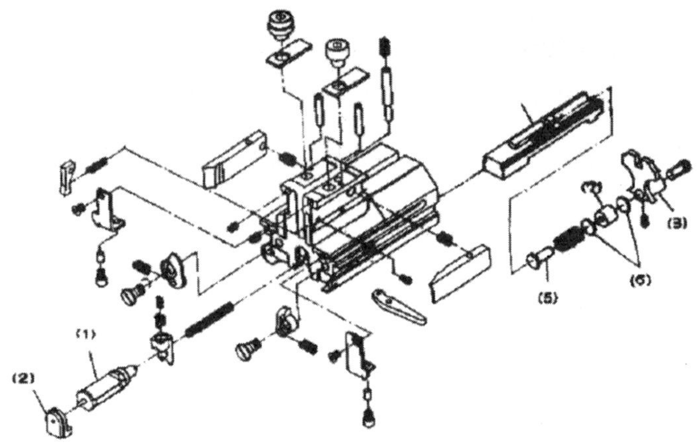

1. 공이　　2. 공이멈치　　3. 잠금판뭉치　　4. 노리쇠 단발자
5. 완충용수철 지지못　　5. 완충 와셔　　6. 완충 슬리브

그림 67. 노리쇠 뭉치의 분해

(라) 타이밍 조정의 절차

주　의

타이밍 조정을 수행하기 전에 공이치기 및 노리쇠의 노리쇠 단발자 사이의 접촉면에 주유가 잘 되어 있는지 확인한다.

1) 1단계

총으로부터 노리쇠와 방아손잡이 뭉치를 분해한다.

2) 2단계

가) 양쪽의 노리쇠 슬리브를 푼다.

나) 잠금판을 들어내고 노리쇠 완충기 뭉치를 분해한다.

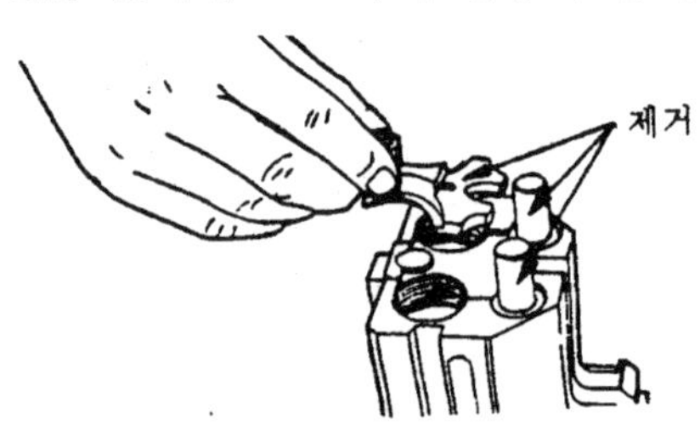

1. 공이　　2. 공이멈치　　3. 잠금판뭉치　　4. 노리쇠 단발자
5. 완충용수철 지지못　　5. 완충 와셔　　6. 완충 슬리브

그림 68. 잠금판 분해

3) 3단계

노리쇠 단발자를 뒤로 빼내에 내부 구성부품들을 분해한다. 완충용수철을 별도로 놓아둔다. 완충용수철을 제외한 다른 부품들을 재결합한다(재결합전 조정나사가 잠금판의 면보다 10크리크(2 1/2회전)돌출되어 있는지 확인한다.).

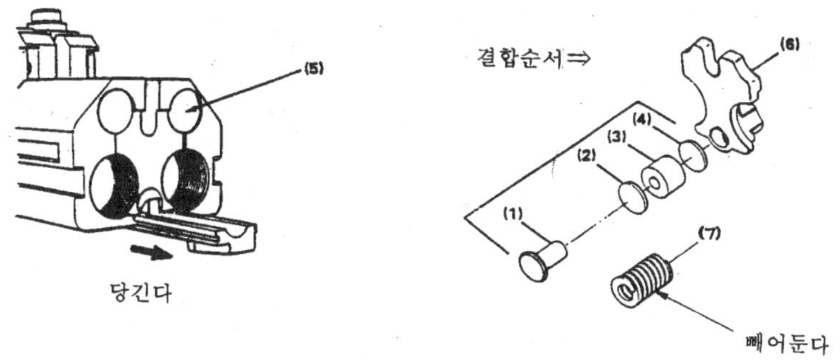

1. 지지못　2. 완충 와셔　3. 완충 슬리브
4. 완충 와셔　5. 노리쇠 완충기 뭉치　6. 잠금판 뭉치

그림 69. 노리쇠 단발자 분해

4) 4단계

노리쇠 슬리브를 복좌용수철 및 용수철 안내 튜브뭉치와 함께 노리쇠 위에 재결합 하여 노리쇠 슬리브를 조여준다. 3/8인치 일자드라이버를 사용하여 잠금판의 조정나사를 시계방향으로 12크리크(3회전)만큼 조여준다.

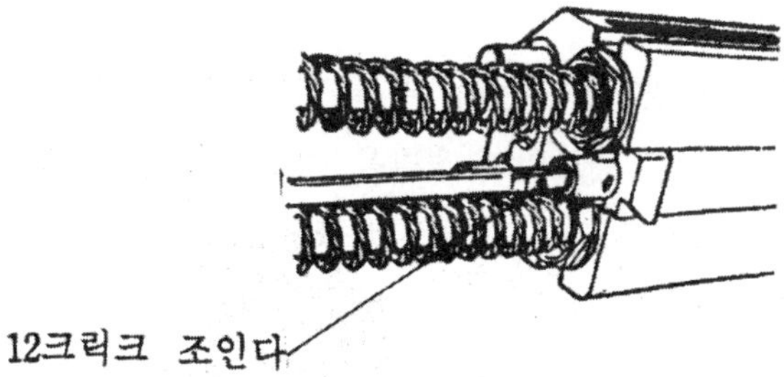

그림 70. 크리크 조정

5) 5단계

가) 노리쇠 앞면이 아래쪽으로 향하도록 한다. 타이밍 조정을 올바르게 수행하기 위해서 노리쇠 앞면이 아래쪽으로 향해 있어야 한다.

나) 격발레버를 노리쇠 앞면쪽으로 당겨서 '찰칵' 소리가 나면 다시 뒤로 복귀시킨다.

주 의

격발레버가 뒤쪽에 있을 때 에만 노리쇠 단발자를 뒤로 밀어야 한다. 격발레버가 앞으로 향하고 있을 때 격발이 되면 작업도중에 손을 다칠 수 있다.

다) 위의 주의내용을 숙지하고 노리쇠 단발자를 손힘으로 뒤로 민다. 노리쇠 단발자에 의해 공이가 격발되는지를 확인한다. 공이가 격발됐으면 6단계를 실시한다. 공이가 격발되지 않았으면 7단계를 실시한다.

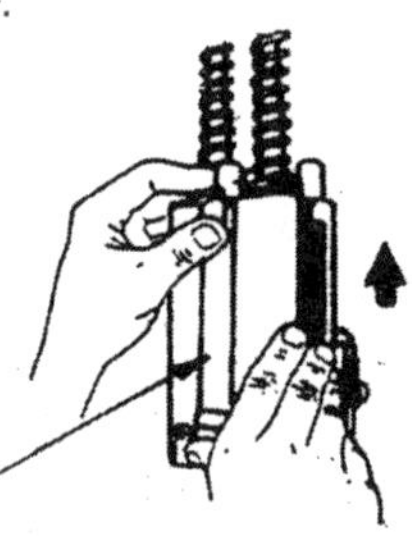

그림 71. 공이 격발

6) 6단계

노리쇠 단발자를 밀었을 때 공이가 격발되면 조정나사를 1크리크 조이고 단발자를 뒤로밀어 격발을 시도한다. 이때 격발이 되면 다시 조정나사를 1크리크 조이고 위의 과정을 격발이 되지 않을 때 까지 반복한다. 임계점의 정확성을 확인하기 위하여 조정나사를 한크리크 풀어서 공이가 격발되는지 점검한다. 이 과정을 몇 번 반복한 후에 격발이 되지 않는 시점에서 1크리크 풀어서 격발을 시킨다. 여기서 다시 반시계 방향으로 7크리크 풀면 바로 타이밍 조정이 끝난 것이다. 8단계를 실시한다.

7) 7단계

가) 단발자를 후퇴시켰을 때 공이가 격발되지 않으면 격발이 될 때까지 조정 나사를 1크리크씩 풀고 노리쇠 단발자를 후퇴시켜 격발을 시도하는 과정을 반복한다. 임계점을 찾았으면 그 위치의 정확성을 확인하기 위하여 공이를 후퇴시키고 조정나사를 1크리크 조인후 격발이 안되는지 확인하고 다시 1크리크를 풀어서 격발을 시킨다. 그리고 조정나사를 반시계 방향으로 7크리크 풀면 이로서 타이밍 조정이 끝난 것이다. 8단계를 실시한다.

8) 8단계

가) 슬리브, 잠금판 뭉치, 노리쇠 완충기 뭉치, 노리쇠 단발자, 완충와셔, 완충 슬리브, 지지못을 분해한다.

나) 위의 부품들을 노리쇠 완충용수철과 함께 올바른 결합 순서에 따라 결합한다.

다) 노리쇠 및 방아손잡이 뭉치를 총기에 결합한다.

(3) 총몸 단발자 뭉치의 분해 및 결합

(가) 공구 : 3/32" 펀치, 망치, 일자 드라이버, 완충기 뭉치 공구, 안전철사(길이 40mm 4개), 복합공구 CAL.50 기관총 꼬질대(손잡이 부위)

(나) 분해

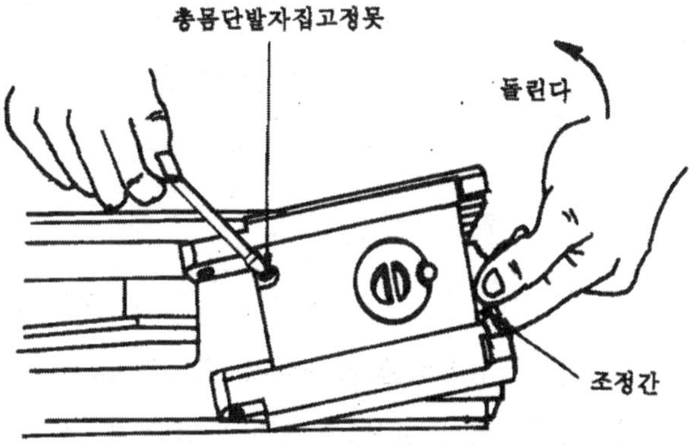

그림 72. 단발자 뭉치 분해

1) 노리쇠 및 방아손잡이 뭉치를 분해한 후 조정간을 '사격' 위치에 놓는다.

2) 총몸을 거꾸로 놓는다.

3) 일자 드라이버 끝을 사용하여 총몸단발집 고정못을 당겨낸다.
4) 단발자와 조정간을 함께 잡은후 단발자 뭉치를 임의의 방향으로 90˚회전시킨다.
5) 회전할 때 단발자를 누르고 있는다.
6) 총몸에서 뭉치를 들어내기 전에 조정간을 '안전'에 놓고 뭉치를 들어낸다.

(다) 세부적인 단발자집 뭉치의 분해는 다음과 같다.

주 의

세척용 솔벤트에 결합된 총몸 완충기 몸체는 담그지 않는다. 솔벤트는 겹쳐진 와셔의 윤활유를 희석시킨다.

1) 1단계 - 총몸으로부터 단발자집 뭉치를 제거한다.
2) 2단계 - 단발자 용수철 및 단발자 용수철 못을 분해한다.
   가) 조정간을 '사격'위치에 놓는다.
   나) 총몸 단발자를 들어 올린다.
   다) 조정간을 '안전' 위치에 놓는다.
   라) 단발자 용수철과 단발자 용수철못을 제거한다.

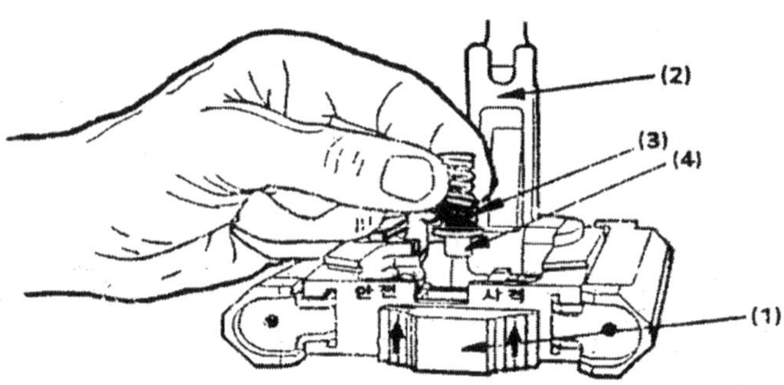

1. 조정간 2. 총몸 단발자 3. 단발자 용수철 4. 단발자 용수철못

그림 73. 단발자 용수철 및 단발자 용수철 못 분해

3) 3단계 - 단발자 몸체 덮개를 분해한다.
   손으로 덮개를 90˚회전시키고 분해한다.

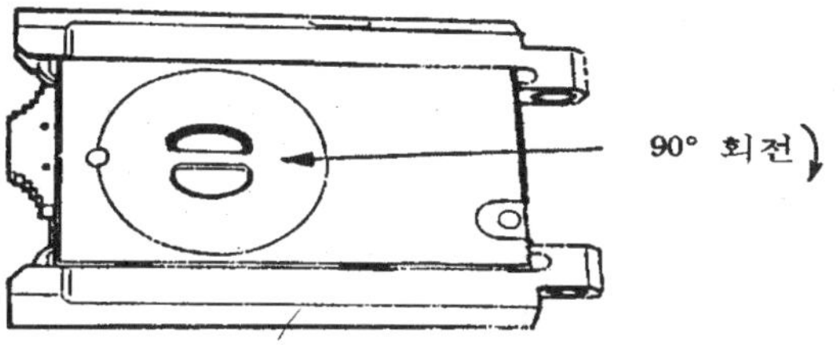

그림 74. 단발자 몸체 덮개 분해

4) 4단계 - 좌, 우 총몸완충기 및 총몸단발자집 완충못을 분해한다.

가) 총몸 단발자를 들어올린다. 복합공구의 3밀리 육모렌치를 사용하여 총몸 완충기 몸체의 구멍을 통하여 완충기 몸체가 움직이도록 우측에서 총몸 단발자집 완충못을 충분히 밀어낸다.

나) 완충기 몸체를 앞으로 밀어서 분리한다. 총몸 단발자집 몸체로부터 완충못을 밀어낸다.

다) 좌측 총몸 완충기 몸체 및 좌측 총몸 단발자집 완충못을 같은절차에 따라 분리한다.

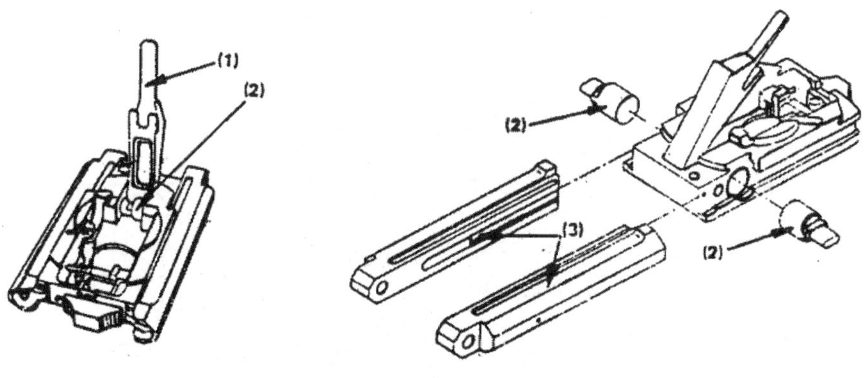

1. 총몸 단발자　　2. 완충기 못　　2. 완충기 몸체

그림 75. 총몸완충기 및 총몸단발자집 완충못 분해

5) 5단계 - 총몸 단발자 힌지핀 및 총몸 단발자를 분해한다.

가) 복합공구의 3밀리 육모렌치를 사용하여 좌측으로부터 총몸단발자 힌지핀을 밀어 몸체의 우측으로 총몸단발자 힌지핀을 분리시킨다.

나) 총몸 단발자를 들어낸다.

6) 6단계 - 안전레버 및 안전레버 고정못을 분해한다(파손시 이외에는 분해하지 말 것)

가) 3밀리 육모렌치를 사용하여 몸체의 아래쪽을 통하여 안전레버 핀을 밀어낸다.

나) 안전레버를 들어 올린다.

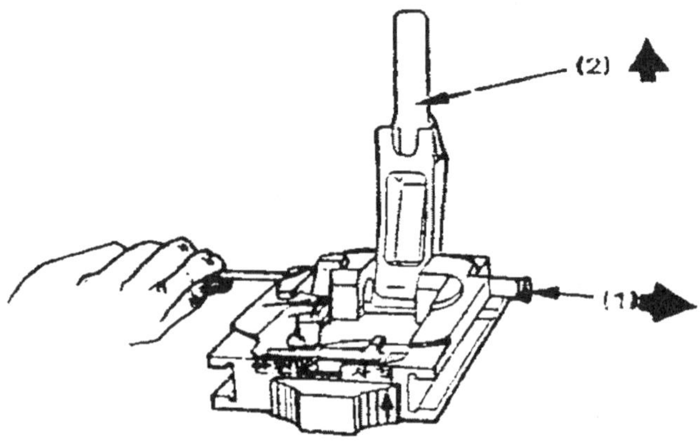

1. 총몸단발자 흰지핀　　　2. 총몸 단발자

그림 76. 총몸 단발자 힌지핀 및 총몸 단발자 분해

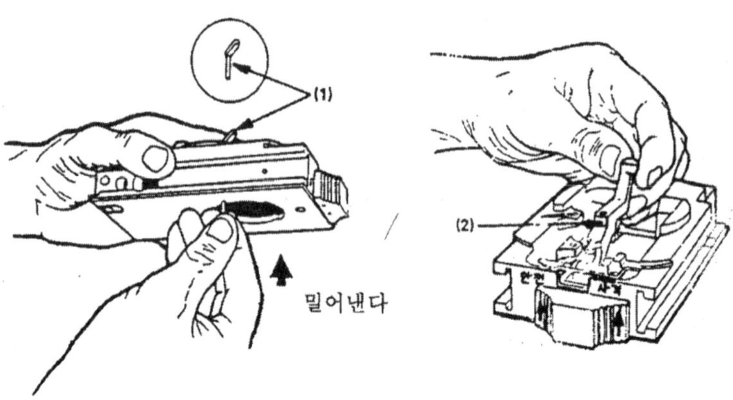

1. 안전레버 핀　　　2. 안전레버

그림 77. 안전레버 및 안전레버 고정못 분해

7) 7단계 - 안전슬라이드 고정못, 안전슬라이드 및 안전레버 용수철을 분해한다.

가) 3밀리 육모렌치를 사용하여 안전슬라이드 고정못을 밀어낸다.

나) 안전슬라이드 및 안전레버용수철을 함께 들어 올린다.

다) 슬라이드와 용수철을 분리시킨다.

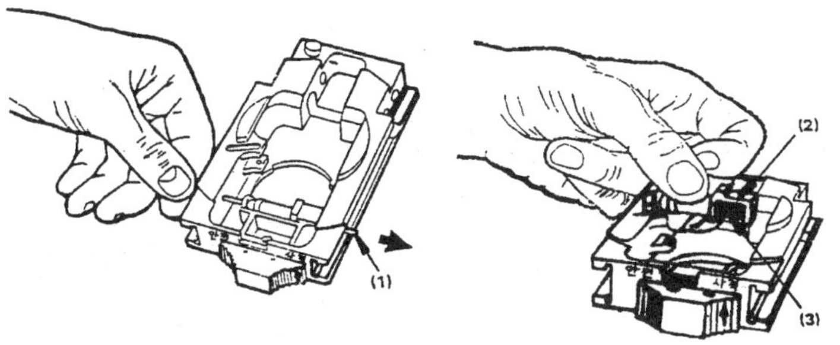

1. 안전슬라이드 고정못 2. 안전슬라이드 3. 안전레버 용수철

그림 78. 안전슬라이드 분해

8) 8단계-총몸단발자집 고정못, 총몸단발자집 고정못 용수철, 총몸단발자집 고정 멈치못을 분해한다.

가) 고정못을 누르고 3/32인치 펀치를 사용하여 총몸단발자집 고정멈치못을 분해한다.

나) 고정못과 고정못 용수철을 들어 올린다.

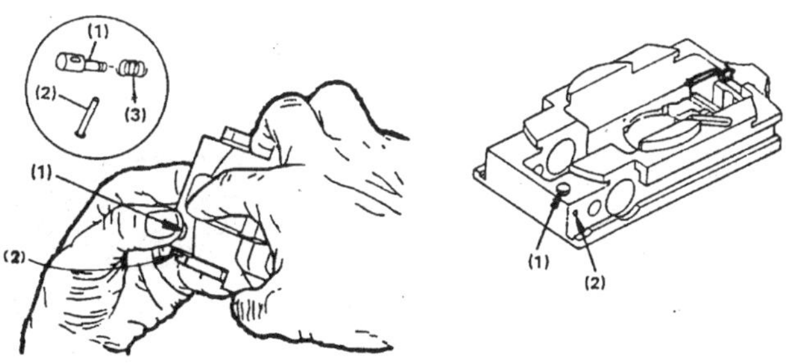

1. 총몸 단발자집 고정못 2. 단발자집 고정 멈치못

그림 79. 총몸단발자집 분해

9) 9단계 - 조정간 및 안전슬라이드 몸체의 분해

주 의

부품교환시 외에는 제거하지 않는다. 만약, 안전슬라이드 몸체 혹은 조정간이 교환되어져야 한다면 동시에 모두 교환한다.

조정간 고정못을 분해하면 반드시 새로운 부품으로 교환한다. 몸체의 윗부분을 아래로 돌린다. 망치와 3/32인치 펀치를 사용하여 조정간으로부터 두 개의 고정못을 쳐낸다. 고정못은 폐기한다. 조정간(2)과 안전 슬라이드 몸체를 분해한다.

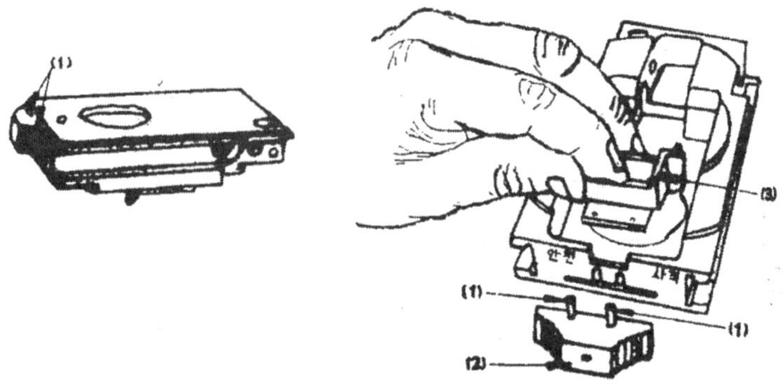

1. 조정간 고정못　　2. 조정간　　3. 안전슬라이드 몸체

그림 80. 조정간 및 안전슬라이드 몸체의 분해

10) 10단계 - 조정간으로부터 플런져의 분해

주　　의

부품 교환의 필요이외에는 조정간으로부터 플런져를 제거하지 않는다. 3밀리 육모렌치를 사용하여 조정간의 플런져를 반시계 방향으로 돌린다. 플런져를 분해하면 폐기하고 새부품으로 교환한다.

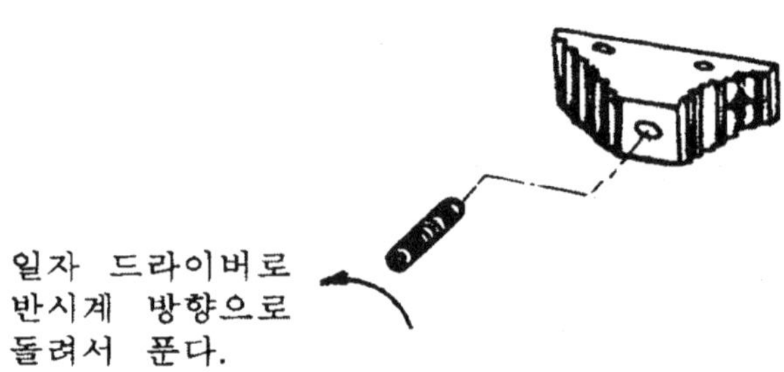

그림 81. 조정간으로부터 플런져의 분해

11) 11단계 - 총몸 완충기 뭉치를 분해한다.

주　　의

각 총몸 완충기 뭉치 구성품의 순서나 위치를 바꾸지 않는다. 각 뭉치의 40여개의 스프링 와셔는 분해의 역순으로 정확히 재결합해야 한다. 만약, 이 순서에 따르지 않으면 후퇴초과가 발생되어 총기내부의 관련 부품이 손상된다.

가) 총몸 완충기 몸체로부터 총몸완충기 마개를 밀어낸다.

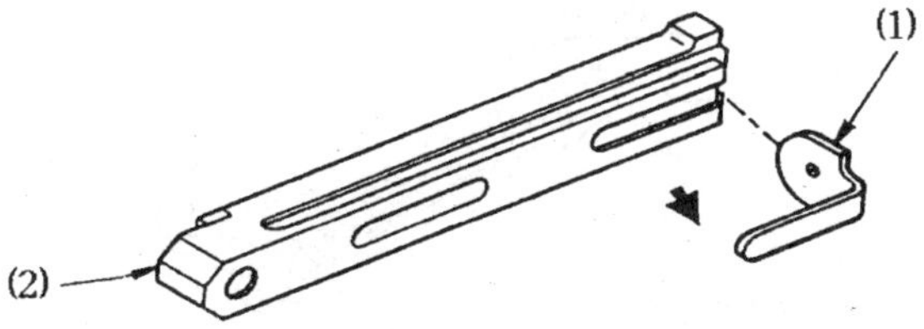

1. 총몸 완충기 마개　　2. 총몸 완충기 몸체

그림 82. 총몸 완충기 뭉치 분해

나) 작은 드라이버로 와셔의 첫셋트(A 그룹)에 밀어 넣는다. 와셔는 3개의 셋트로 뒷면은 뒷면끼리 볼록면은 볼록면끼리 조합되어 있는것에 주의한다. 처음으로 나오는 와셔는 조합된 3개의 세트중 첫 번째 세트와 평행하게 결합 되어 있다. 이를 '예비 와셔'라 부른다. 그것은 틈새를 없애는 역할이며 수량은 1개 또는 그 이상이다.

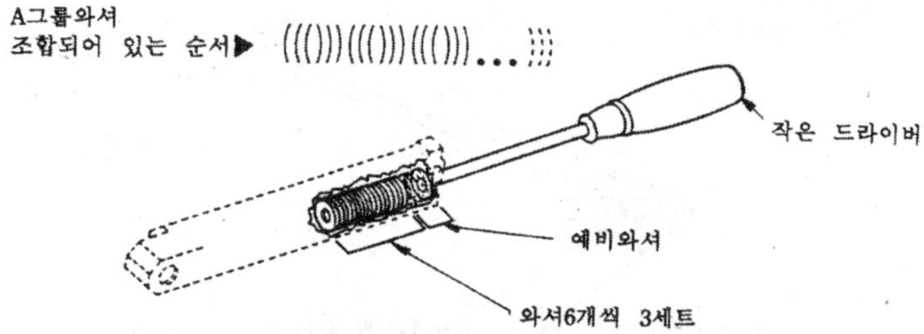

그림 83. 와셔 결합(1)

다) 세척, 검사 및 주유를 위하여 약 400밀리 길이의 철사에 'A'그룹와셔를 끼워 넣는다. 철사의 끝부분은 와셔의 분실을 방지하기위해 매듭을 지워준다.

라) 슬로트가 위쪽을 향하도록 하여 완충기 몸체를 수평으로 놓는다. 작은 스크류우 드라이버를 사용하여 총몸 완충기 로드뭉치 마개(3), 총몸 완충기 로드 뭉치(4)를 총몸완충기 몸체로부터 밀어낸다. 남아있는 스프링 와셔를 흩트리지 않도록 주의한다.

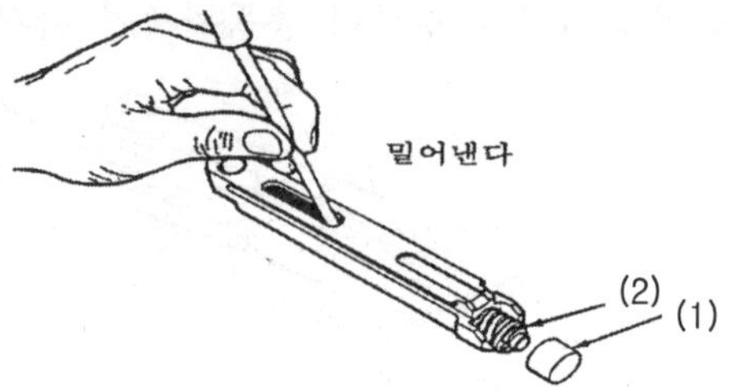

1. 총몸완충기 로드뭉치 마개　　2. 총몸완충기 로드 뭉치

그림 84. 와셔 결합(2)

마) CAL.50기관총 꼬질대의 손잡이부위 위쪽을 남아있는 와셔(B그룹)에 끼워 넣는다. 로드는 완충기 몸체의 끝부분에 도달해야 한다. 모든 와셔를 꼬질대에다 끼우면 완충기 몸체의 내부에서 로드를 흔들 수 있다. 이 그룹은 4개의 4셋트로 정열되며 틈새를 메우는 역할을 하기위해 1개 또는 그 이상 '예비 와셔'가 추가되는 것에 주의한다.

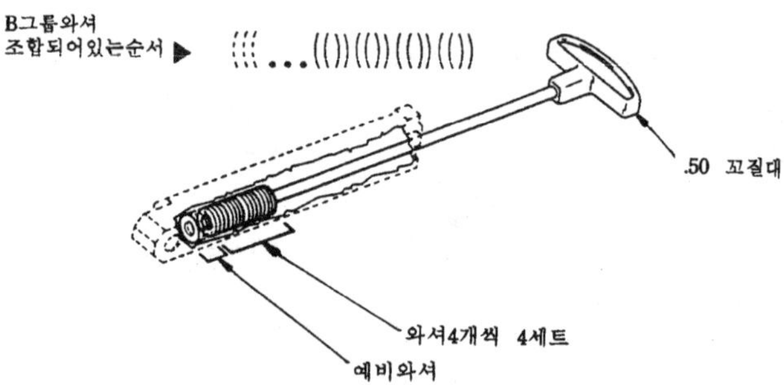

그림 85. 와셔 결합(3)

마) 분실 혹은 뒤섞이는 것을 방지하기 위해 철사로 B그룹의 와셔를 끼워둔다.

바) 다른 총몸완충기 뭉치도 위의 절차를 반복한다.

12) **12단계 - 완충기 뭉치를 분해한다.**

가) 와셔쪽이 완충기 뭉치 공구에 먼저 끼이도록 완충기봉 뭉치를 놓는다.

나) 공구의 손잡이를 시계방향으로 돌려 완충기 봉 뭉치를 압축시켜 와셔를 분해한다.

다) 완충기 공구를 푼다. 완충기 봉 뭉치의 구성품은 쉽게 분리될 것이다. 모든 부품을 잘 보관한다.

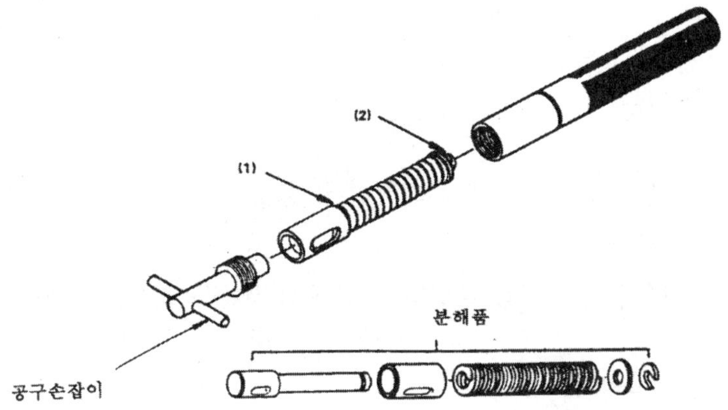

1. 완충기봉 뭉치　　2. 완충기봉 고정와셔

그림 86. 총몸 완충기 봉뭉치 분해

(라) 검사 및 교환

> **주　의**
>
> 각 총몸완충기 몸체 내부 구성품의 순서를 바꾸지 않는다. 각 총몸완충기 몸체의 스프링 와셔(약 40개)는 그들이 분해된 실제의 역순으로 재결합되어야 한다.
>
> 만약, 이 구성품중 어느 것이 취급 부주의로 혼합되거나 교환이 요구될 시는 아래의 지침을 따른다.
>
> 내부 구성품과 함께 결합된 총몸완충기 몸체를 세척용 솔벤트에 담그지 않는다. 솔벤트는 조합 와셔의 윤활유를 희석시킨다.

1) 마지막 부품의 교환후 사격된 탄약의 수량을 파악하기 위하여 총기이력서를 참고한다.

> **주　의**
>
> 새로운 총몸 단발자를 설치할 때마다 역시 새로운 노리쇠 단발자를 설치하고 총기의 타이밍을 조정한다.

2) 단발자 용수철 : 다이알 캘리퍼스를 사용하여 단발자 용수철의 길이를 측정한다. 만약 그것이 표2에서 주어진 치수보다 짧으면 폐기하고 새용수철을 설치한다.

3) 조정간 및 안전 슬라이드 몸체

주 의

안전슬라이드 몸체가 잘못 결합되면 조정간이 작동 되지 않으며 작동시 매우 위험하다.

◦위의 경고사항에 유의하면서 결합시 안전슬라이드 몸체의 위치를 검사한다.

◦용수철 작동을 확인하기 위해 조정간을 좌우로 작동해본다.

4) **스프링 와셔**

'(라)'항 검사 및 교환 서두에 있는 두 개의 주의사항을 유의한다. 와셔의 원주방향 균열을 검사한다. 만약 하나의 와셔가 교환이 요구되면 양쪽 총몸완충기 몸체에 전부 새로운 와셔를 결합한다.

5) **총몸완충기 구성품의 교환 혹은 취급부주의로 혼합시에는 아래의 절차에 따라 결합을 한다.**

6) 공구 : 핀(방아손잡이 고정못), 다이알 캘리퍼스, 일자 드라이버(1/4인치), 스테이킹용 펀치, CAL.50기관총 꼬질대(손잡이부분), 400밀리 철사 2개 또는 4개,

7) 순서

가) 1단계

결합 '(마)'항의 1, 2단계에 따라 총몸완충기 몸체 및 내부구성품을 결합한다. 총몸완충기 몸체를 단발자집 몸체에 결합한다.

나) 2단계

각 총몸완충기 몸체의 큰 구멍에 방아손잡이 고정못을 끼운다.

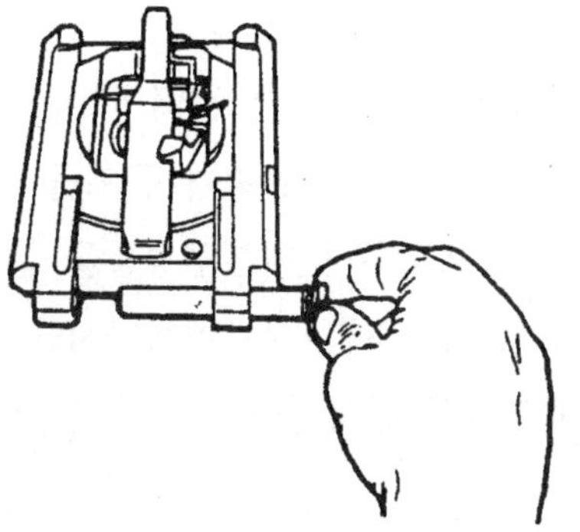

그림 87. 방아손잡이 고정못 결합

다) 3단계

◦단발자집 몸체쪽으로 방아손잡이 고정못을 힘껏 누른다. 이는 방아손잡이 고정못, 총몸완충기 몸체 및 단발자집 사이에 느슨함이 없도록 하기 위함이다.

◦다이알 캘리퍼스를 사용하여 고정못의 내측단과 완충기 몸체와 접촉하는 단발자집 몸체의 우측벽 사이에서 작은 날을 펼친다. 실제거리를 측정한다. 좌측면도 반복한다.

◦몸체벽면과 고정못의 내측단 거리는 7.5밀리±0.4밀리(7.1밀리에서 7.9밀리)가 되어야 한다. 만약, 치수가 7.1밀리보다 작으면 4단계로 간다. 만약 7.9밀리보다 크면 6단계로 간다.

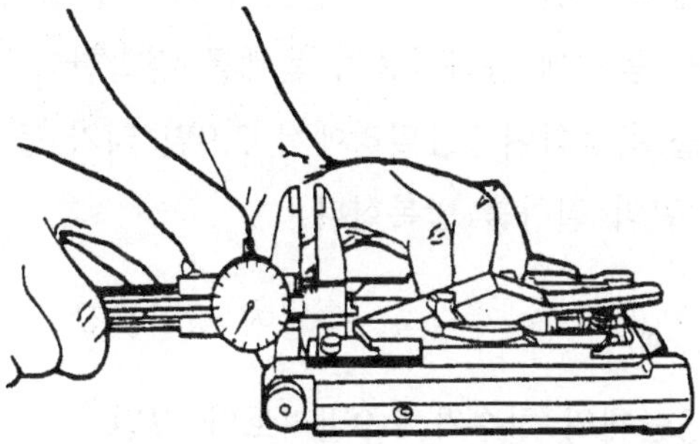

그림 88. 몸체 벽면과 고정못 내측단 거리

라) 4단계

만약, 3단계에서 총몸완충기 몸체의 치수가 7.1밀리보다 작으면

◦단발자집으로 부터 총몸완충기 몸체를 분해한다.

◦총몸완충기 몸체로부터 내부구성품을 분해한다.

◦A그룹(6개씩 3셋트)에 있는 예비와셔중 1개를 빼내어 B그룹(4개씩 4셋트)의 예비와셔에 평행하게 갖다 붙인다.

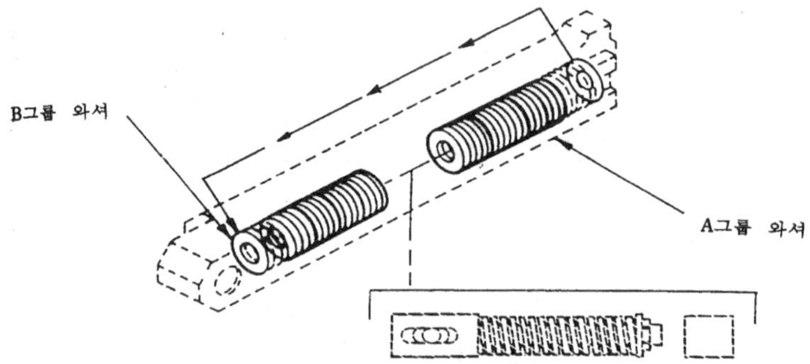

그림 89. 와셔 조정(1)

마) 5단계

◦2단계에서 지시하는 바와같이 총몸완충기 몸체내의 구성품을 재결합한다. 이제 B그룹은 1개의 와셔가 추가 되었고 A그룹은 1개의 와셔가 감소된 상태이다.

◦만약, (A그룹) 위쪽에 빈 공간이 생기면 공간이 찰 때까지 와셔로 평행하게 추가한다. 그리고 완충기 마개를 결합한다.

◦단발자 몸체에 총몸완충기 몸체를 결합한다.

◦치수를 측정하여 7.1밀리에서 7.9밀 리가 될 때까지 1단계부터 시작하여 위의 절차를 반복한다.

바) 6단계

만약, 3단계의 치수가 7.9밀리보다 크면

◦단발자 몸체로부터 총몸완충기 몸체를 분해한다.

◦총몸완충기 몸체로부터 내부 구성품을 분해한다.

◦B그룹(4개씩 4셋트)에 있는 예비와셔로부터 1개를 빼내어 A그룹(6개씩 3셋트)의 예비와셔와 평행하게 갖다 붙인다.

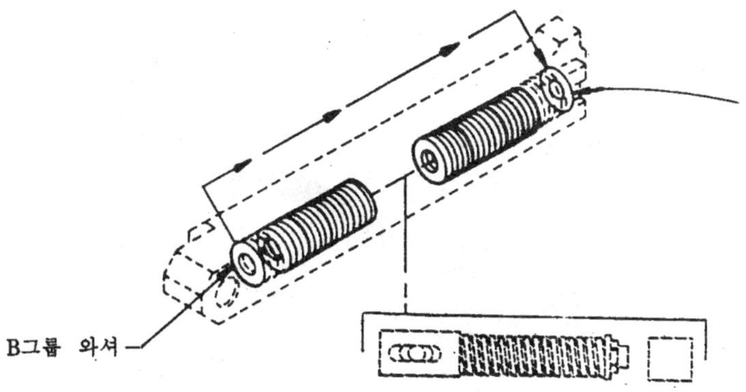

그림 90. 와셔 조정(2)

사) 7단계

◦결합 2단계에서 지시하는 바와 같이 총몸완충기 몸체내의 구성품을 재결합한다. 이제 A그룹은 와셔가 1개 추가되었고 B그룹은 1개의 와셔가 감소된 상태이다.

◦만약, A그룹와셔 위쪽에 빈 공간이 생기면 공간이 찰 때까지 평행하게 와셔를 추가한다. 그리고 완충기 마개를 결합한다.

◦단발자 몸체에 총몸완충기 몸체를 결합한다.

◦치수를 측정하여 7.1밀리에서 7.9밀리가 될 때까지 1단계부터 시작하여 위의 절차를 반복한다.

(마) 결합

1) 1단계 - 완충기 봉 뭉치 구성품의 결합

가) 완충기 봉(2)위에 완충기 부싱(1)을 밀어넣은 후 슬로트를 서로 일치시킨다.

나) 완충기 봉에 완충기 용수철(3)을 넣는다.

다) 용수철의 윗부분에 평와셔(4)를 놓는다.

라) 그림과 같이 완충기 뭉치 공구속에 결합된 구성품을 놓는다.

마) 공구의 손잡이를 돌려서 뭉치를 압축한다. 용수철 고정와셔(5)가 고정못의 끝단에 끼울 수 있을 때까지 돌린다.

바) 다른 완충기 봉 뭉치도 위의 단계와 같이 결합한다.

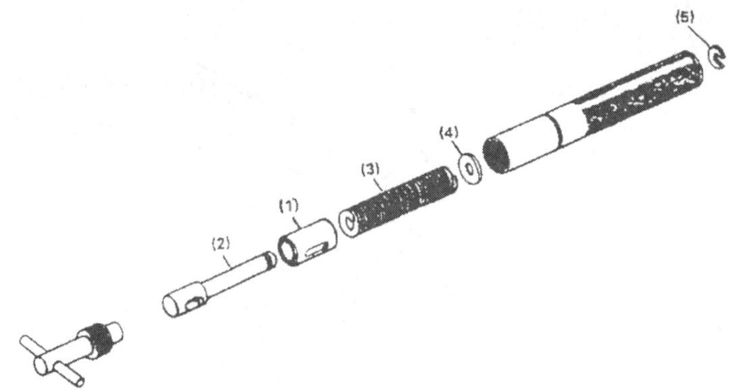

1. 완충기 부싱 2. 완충기 봉 3. 완충기 용수철
4. 평와셔 5. 완충기봉 고정와셔

그림 91. 완충기 봉 뭉치 구성품의 결합

2) 2단계 - 총몸완충기 뭉치에 구성품의 결합

> **주 의**
>
> 각 총몸완충기 뭉치 구성품의 순서를 바꾸지 않는다.
> 각 뭉치의 약 40개 스프링 와셔는 제거되었던 실제의 역순으로 결합되어야만 된다. 만약, 이행치 않으면 총기내의 관련부품의 손상과 함께 후퇴초과가 발생될 것이다.

가) CAL.50꼬질대 손잡이에 철사에 묶여있는 B그룹의 와셔(4개씩 4셋트 더하기 1개 혹은 그 이상의 예비와셔를 끼운다. 예비와셔는 꼬질대의 끝부분에 있도록 해야 한다.

나) 와셔를 흘리지 않도록 조심하면서 B그룹의 와셔(4개식 4세트+예비와셔)가 꼽힌 꼬질대를 총몸완충기 몸체 속으로 넣어서 가장 큰 세트(예비와셔 포함)가 바닥쪽에 있도록 한다.

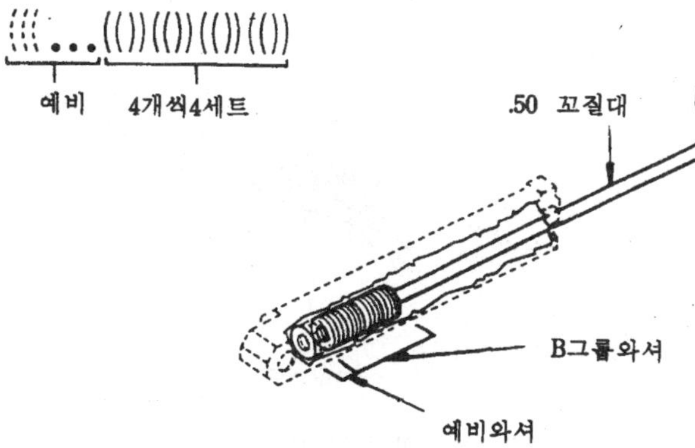

그림 92. 와셔 결합(4)

다) 작은 스크류우 드라이버를 사용하여 그림과 같이 완충기 봉 뭉치를 집어 넣어 몸체의 큰 슬로트와 완충기 봉의 작은 슬로트를 일치시킨다. 완충기 봉 뭉치의 윗 부분에 총몸 완충기봉 뭉치마개를 밀어 넣는다.

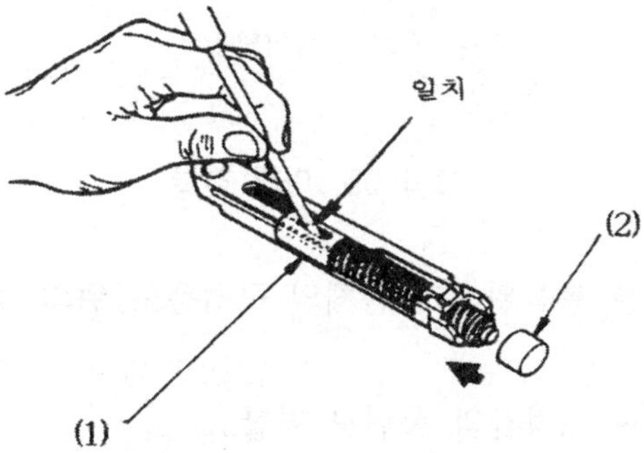

1. 완충기봉 뭉치 2. 완충기봉 뭉치 마개

그림 93. 완충기 봉 뭉치마개의 결합

라) 작은 드라이버로 철사에 묶여있는 A그룹의 와셔(6개씩 3셋트 더하기 하나 혹은 그 이상의 예비와셔)를 끼워 넣는다. 예비와셔는 스크류우 드라이버의 손잡이쪽에 있도록 한다.

마) 흘리지 않도록 주의하면서 A그룹에 와셔를 결합한다. 가장 큰 셋트(예비와셔 포함)가 완충기 몸체속에 마지막으로 결합되도록 한다.

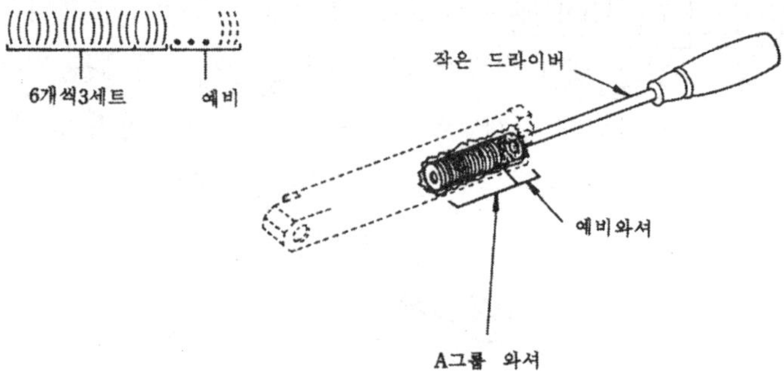

그림 94. 와서 결합(5)

바) 구성품을 고정하기 위하여 완충기 몸체에 총몸완충기 마개를 밀어 넣는다.

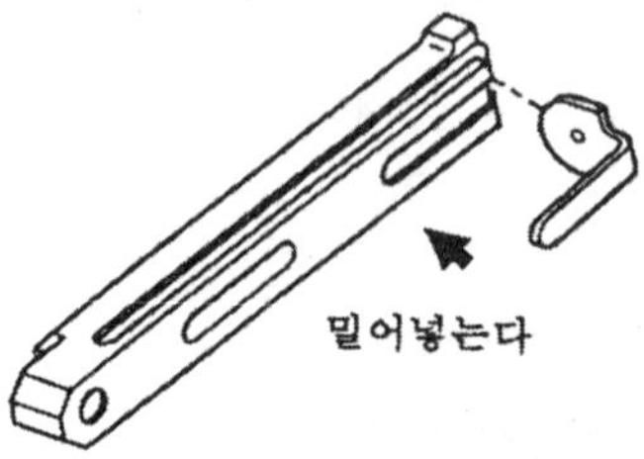

그림 95. 마개 결합

사) 다른 총몸완충기 몸체의 구성품도 위의 절차대로 결합한다.

3) 3단계 - 조정간의 플런져 결합

조정간에 플런져의 나사부 끝단을 넣는다. 플런져 몸체가 조정간과 평행하고 플런져 끝단이 돌출될 때까지 일자 드라이버를 사용하여 플런져를 시계방향으로 돌린다.

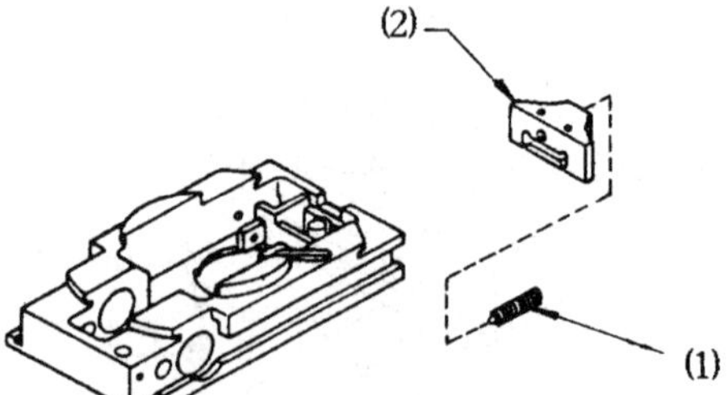

1. 조정간 3. 플런져

그림 96. 조정간 플런저결합

4) 4단계 - 단발자집에 조정간 및 안전슬라이드 몸체의 결합

가) 그림과 같이 단발자집에 안전슬라이드 몸체를 넣는다.

나) 단발자집에 대해 조정간를 누른다. 동제망치를 사용하여 조정간과 평행이 되도록 두 개의 조정간고정못을 친다.

다) 조정간을 좌우로 움직여서 조정간이 '안전'위치에서 '사격'위치로 조정이 잘 되는지 확인한다.

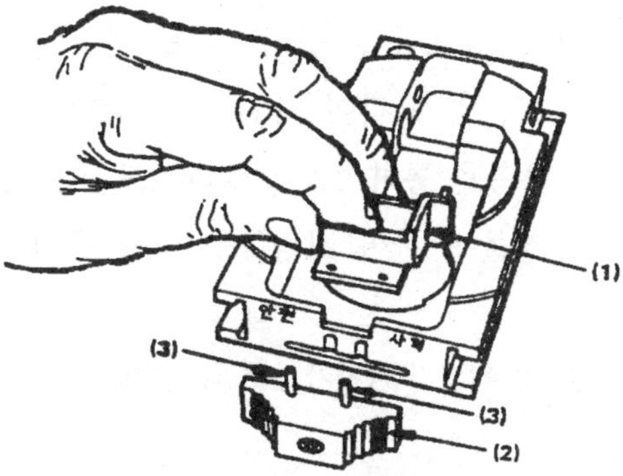

1. 안전슬라이드 몸체　2. 조정간　3. 조정간 고정못

그림 97. 조정간 및 안전슬라이드 몸체의 결합

5) 5단계 - 총몸 단발자집 고정못, 용수철 및 총몸 단발자집 고정 멈치못 삽입.

가) 단발자집의 구멍속으로 총몸 단발자집 고정못 용수철을 넣는다. 같은 구멍으로 총몸 단발자집 고정못을 넣는다.

나) 총몸 단발자집 고정 멈치못이 삽입되어질 때까지 고정못을 누르고 총몸 단발자집 고정 멈치못을 넣는다.

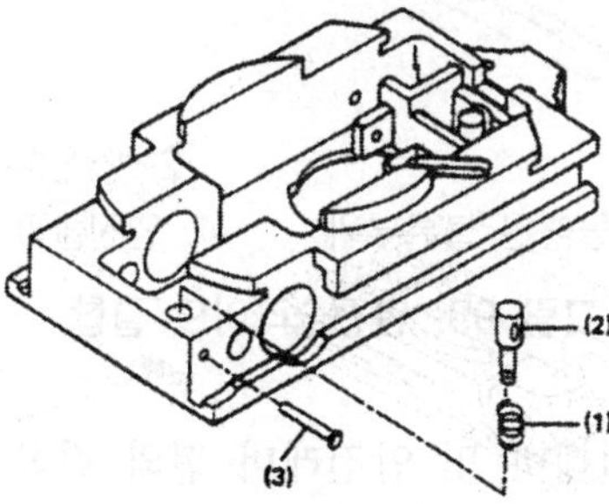

1. 단발자집 고정용수철　2. 단발자집 고정못　3. 단발자집 고정 멈치못

그림 98. 총몸단발자집 고정못 결합

6) 6단계 - 안전슬라이드, 안전레버 용수철 및 안전슬라이드 고정못의 결합.

주 의

다음의 그림과 같이 안전슬라이드를 정확하게 설치한다. 만약, 올바르게 설치하지 않으면 조정간이 기능을 발휘하지 못 할 것이며 매우 위험하다.

가) 안전슬라이드 속으로 안전레버 용수철을 넣는다.

나) 위의 '경고에 유의하면서 안전슬라이드 몸체위로 용수철과 함께 안전슬라이드의 돌출된 블록부위를 끼워 놓는다. 용수철은 다음의 그림에서 보는바와 같이 측면으로 압축되어질 것이다.

다) 몸체의 우측을 통하여 안전슬라이드 고정못을 넣는다. 안전슬라이드 및 용수철을 통하여 고정못을 밀고 몸체의 좌측면과 일치시킨다.

주 의

안전슬라이드 고정못은 완충기 뭉치가 설치되기 전에 빠져나올 수 있다.(9단계)

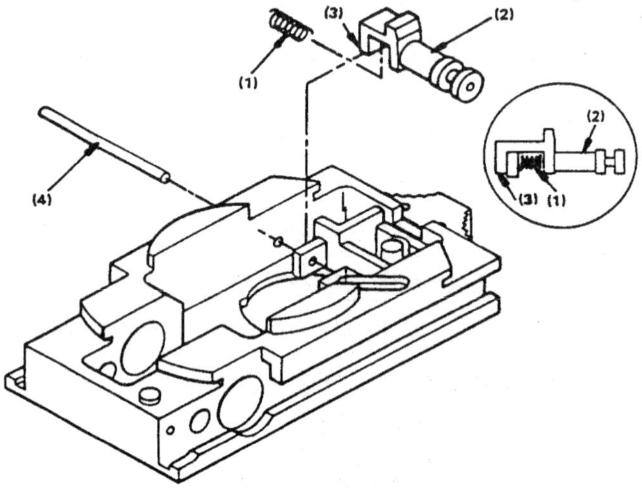

1. 안전레버 용수철　　2. 안전슬라이드
3. 안전슬라이드의 돌출된 블록부위　　4. 안전슬라이드 고정못

그림 99. 안전슬라이드 결합

7) 7단계 - 안전레버 및 안전레버 핀의 결합

가) 안전슬라이드 내의 홈패인 부분을 벌어진 끝단이 맞도록 안전레버를 결합한다.

나) 안전레버핀을 삽입하여 레버를 끼워 넣는다.

다) 안전레버핀과 단발자집 몸체부위를 스테이킹하여 완전히 고정시킨다.

라) 조정간을 안전위치에 놓고 안전레버를 좌우로 움직이면서 조정간이 움직이지 않도록 조정간 플런져를 조절하여야 한다.

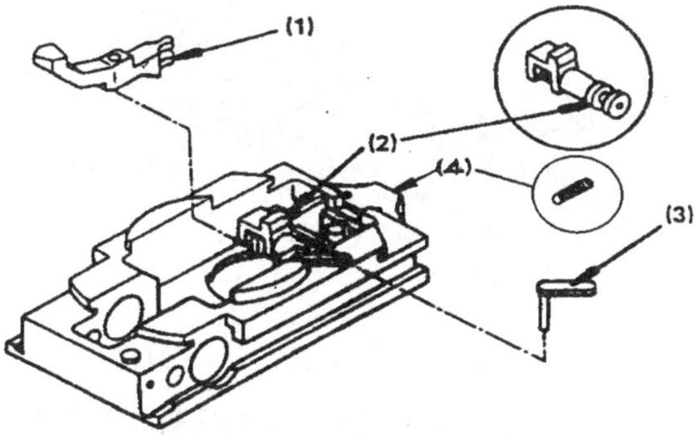

1. 안전레버 2. 안전레버 3. 안전레버 핀 4. 조정간 플런저

그림 100. 안전레버 및 안전레버 핀의 결합

8) 8단계 - 총몸 단발자 및 총몸단발자 힌지핀의 결합

총몸 단발자)를 몸체내에서 일직선으로 들어올려 핀구멍을 정렬시킨다. 우측에서 좌측으로 총몸단발자 힌지핀을 삽입한다.

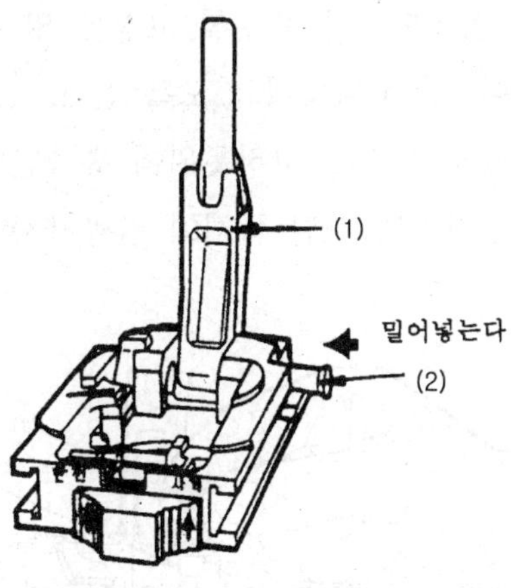

1. 총몸단발자 2. 총몸단발자 힌지핀

그림 101. 총몸 단발자 및 총몸단발자 힌지핀의 결합

9) 9단계 - 총몸단발자집 완충못과 총몸완충기 몸체의 결합.

가) 총몸 단발자(1)를 들어 올린다. 좁고 평탄한 끝면이 몸체의 외측과 평행이 될 때까지 단발자집 측면으로부터 둥근 끝단을 앞으로하여

총몸 단발자집 완충못(2)을 삽입한다. 핀의 좁고 평탄한 끝면이 몸체와 수평이 되도록 한다.

나) 구멍이 일직선이 될 때까지 몸체에 총몸완충기 몸체(3)를 밀어 넣는다.

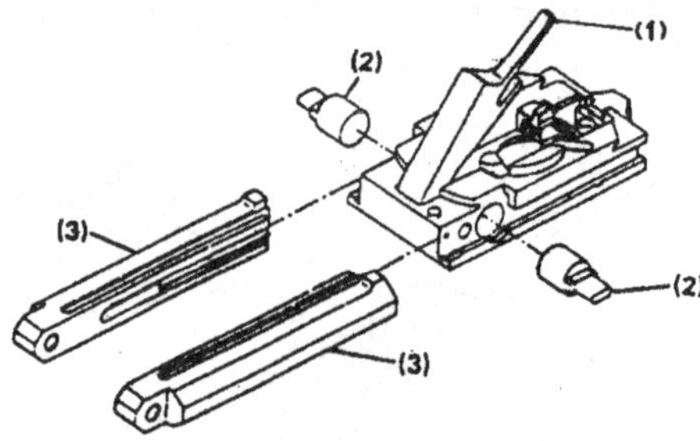

1. 총몸단발자 2. 총몸단발자집 완충못 3.총몸완충기 몸체

그림 102. 총몸단발자집 완충못과 총몸완충기 몸체의 결합.

다) 다른 총몸완충기 몸체 및 총몸단발자집 완충못도 반복하여 결합한다. 총몸 단발자는 만약 총몸단발자집 완충못이 도중에 있다면 눌려질 수 없다. 총몸단발자집 완충못은 단발자를 누르기 전에 완충기 몸체에 완전히 끼이도록 한다.

10) 10단계 - **총몸단발자 용수철 고정못 및 총몸단발자 용수철의 결합**

가) 조정간이 '안전'위치에 있도록 한다.

나) 총몸단발자 용수철 고정못위에 총몸단발자 용수철을 결합한다.

다) 위에서부터 단발자집 몸체에 단발자 용수철고정 못과 용수철을 삽입한다.

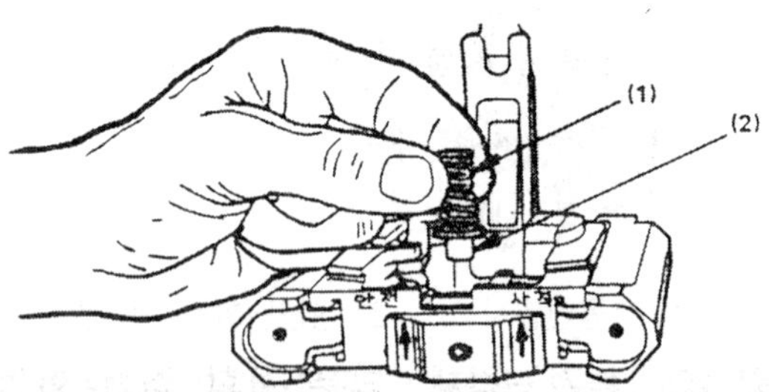

1. 총몸단발자 용수철 2. 총몸단발자 용수철 고정못

그림 103. 총몸단발자용수철 결합

11) 11단계 - 단발자 몸체덮개의 결합

주 의

몸체덮개를 설치하기 전에 단발자를 누르고 조정간을 안전위치에 놓는다. '안전' 위치는 총몸단발자집 완충못의 이탈을 막아주고 단발자를 움직이지 않게 고정해 준다.

가) 조정간을 '안전'위치에 있도록 한다.

나) 단발자집 몸체의 요철홈 형상과 총몸단반발자집덮개의 요철홈 형상을 일치시킨다.

다) 덮개를 누르고 단발자 용수철 못과 덮개의 홈이 일치되도록 90˚ 회전시킨다.

라) 결합이 끝난 단발자집 뭉치는 총기에 결합할 때까지 단발자를 아래로 누르고 조정간은 '안전'위치에 유지시켜야 한다.

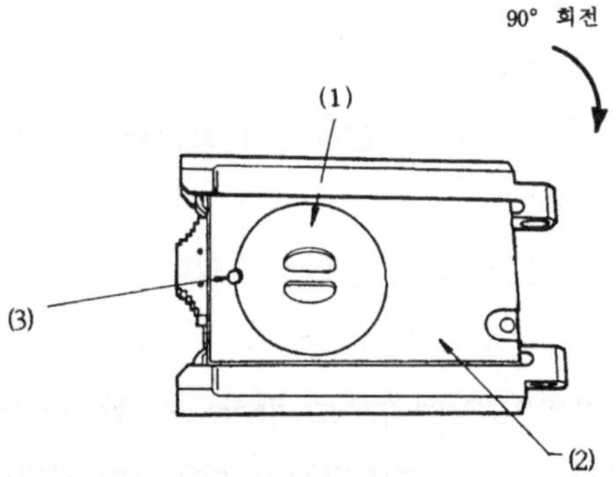

1. 총몸단발자집 덮개 2. 단발자집 몸체 3. 단발자 용수철 못

그림 104. 단발자 몸체덮개의 결합

12) 12단계 - 총몸 단발자 뭉치를 총몸에 결합한다.

이때 조정간은 '사격'위치에 있어야 한다.

4. 검사정비

가. 검사의 종류 : 육안검사, 기능검사, 부품 교환 주기 확인, 게이지 검사

(1) 육안검사

육안검사는 육안으로 장비의 외부 파손, 착색등을 점검하고 덮개뭉치, 방아손잡이 뭉치, 총열뭉치 등의 결합 또는 망실 부품이 없는지 점검한다.

(2) 기능검사

· 조정간을 "안전" 또는 "사격"위치에 놓고 기능검사를 한다.
· 장전손잡이를 이용하여 노리쇠 뭉치의 원활한 후퇴여부 검사
· 덮개뭉치 분해시 타이밍 검사 실시
· 노리쇠뭉치 분해시 타이밍 검사를 실시한다.

※ 타이밍 조정 요령

1) 노리쇠의 잠금판을 제거하고 완충기 뭉치를 분해한다.
2) 노리쇠 단발자를 위로 당겨서 내부 구성품(완충기용수철, 완충슬리브, 완충와셔)을 분해한 후 완충기 용수철을 제외한 다른 부품은 재결합한다.
3) 잠금판 뭉치의 조정나사가 판의 면보다 10크리크(2 1/2회전) 돌출되었는지 확인한다.
4) 노리쇠의 슬리브를 복좌 용수철 및 용수철 안내 튜브 뭉치와 함께 노리쇠 위에 재결합한다.
5) 드라이버를 사용하여 잠금판의 조정나사를 시계방향으로 12크리크(3회전) 조여준다.
6) 격발레버를 노리쇠 앞면쪽으로 밀어서 격발소리가 나면 다시 뒤로 복귀시킨다.
7) 노리쇠 앞면이 아래쪽으로 향하도록 한 후 노리쇠 단발자를 손으로 뒤로 밀면서 공이가 격발되는지 확인한다(격발레버가 뒤쪽에 있을 때 만 노리쇠의 단발자를 뒤로 밀어야 한다).
8) 격발 되었을 시 : 조정나사를 조이면서 격발되지 않을 때까지 조절한 후 다시 1크리크를 풀어서 격발시킨다. 이 상태에서 반시계방향으로 7크리크 풀면 조정이 완료 된다.
9) 격발되지 않았을 때 : 조정나사를 풀면서 격발 될 때까지 조정한 후 다시 반시계 방향으로 7크리크 풀면 완료 된다.

(4) 부품 교환 주기

표 3. 정기적인 부품교환 주기

총열	공이	공이덮개	공이멈치	노리쇠 단발자	캠 작동 베어링
7,000발	4,000발	5,000발	5,000발	4,000발	7,000발

(4) 게이지 검사

(가) 총미경 검사

그림 105. 총미경 검사

1) 검사게이지 : 총미경 검사 게이지
2) 판정법 : 게이지를 약실쪽으로 삽입하여 게이지의 눈금이 초과 삽입되면 기선부 마모로 총열 교환

(나) 직선도 검사

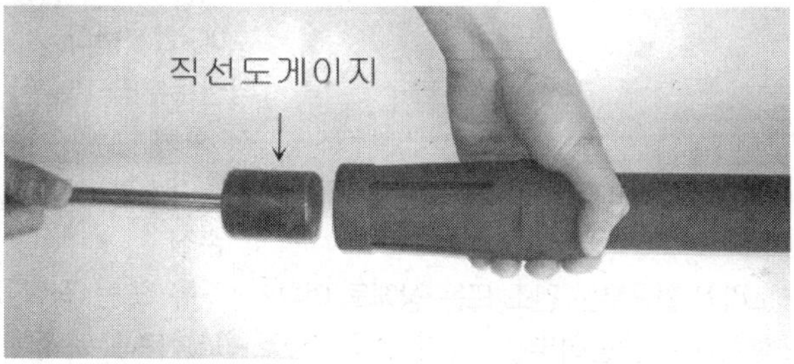

그림 106. 직선도 검사

1) 검사게이지 : 40밀리용 직선도 게이지
2) 판정법 : 꼬질대를 사용, 게이지를 총열에 통과 시켜 통과되면 정상이나 불통과되면 총열을 교환

나. 고장배제

고장이란 기능순환이 갑자기 중단된 상태를 말하며 응급처치를 하여도 기능작동이 안되면 고장배제를 하여야 한다.

기능장애	원 인	조 치
장전 혹은 사격 중 노리쇠 정지	· 탄약멈치 보호판의 유동, 고정 나사의 이완 및 분실 · 송탄 슬라이드 뭉치의 안내로드 용수철의 손상	· 이완된 나사를 죄어서 보호판을 유동 없이 고정시킬 것 · 손상된 용수철 제거후 용수철 교환 및 적정길이로 조정
장전곤란	· 노리쇠 및 총몸 레일 부분의 흠집 · 공이 덮개의 부식	· 레일부분의 흠집을 연마석으로 제거, 윤활처리 · 공이 덮개 교환
사격불능	· 불발여부 · 링크 연결상태 · 탄약 배열상태 · 탄대 고정홈이 먼저 송탄기에 삽입되는가 · 복좌용수철 안내로드 파손여부	· 응급조치 실시 · 수정 · 탄약 정렬 · 탄대 고정홈부터 장전 · 새로운 부품으로 교체
불량탄약	· 약실에 장전되어 있는 탄약확인 · 탄약 검사, 뇌관이 깊이 들어갔으면 탄약불량으로 간주 · 뇌관이 전혀 들어가지 않았으면 공이 불량 확인	· 탄약제거 · 작동중에 발견된 불량탄약을 처리하고 다음 탄약 발사가 안될 시 탄약 전체 교체 · 공이 교체
후퇴부족	· 변형된 탄약인지 확인 · 약실내에 탄매 누적여부 확인 · 노리쇠 활동부분 건조 또는 장애물 여부 · 총기손질 불량여부	· 응급조치 : 연결된 탄약을 송탄기에서 꺼낸다. 약실로부터 변형된 탄약 제거, 노리쇠 후퇴 · 총강솔과 손질포로 약실과 총강 손질 · 주유 또는 장애물 제거 · 보통분해, 손질, 검사, 주유

기능장애	원 인	조 치
후퇴부족	주 의 계속하기 전에 노리쇠를 천천히 전진시킨다. ㅊ · 송탄기나 송탄 슬라이드 뭉치의 이완, 파손, 변형여부 · 노리쇠뭉치 부품이 느슨하거나 파손되거나, 굴곡되지 않았는지를 확인 **주 의** 노리쇠와 방아손잡이 뭉치를 먼저 제거 · 격발시기 불량여부 · 공이 불량유무 점검 · 공이 끝이 앞으로 나오지 않았는가 확인 · 공이 끝이 파손되거나 변형하였는지 확인 · 공이손질이 불량한지 확인	· 낡고, 균열된 불량부품은 모두 부대정비병에 의해 정비 · 부대정비병에 의한 격발시기 조정 · 부대정비병에 의한 정비 · 부대정비병에 의한 정비 · 손질하고 노리쇠 전면에 주유

5. 야전 주요 고장사례 정비요령

가. 사례#1. 수직캠뭉치 결함에 의한 작동불량

(1) 현상

장비구조상 수직캠뭉치의 결함에 따라 기능 작동이 중단되는 현상이 많이 발생되고 있다

(2) 원인

(가) 탄약을 약실과 일직선되게 송탄시 수직캠뭉치가 탄약을 강제로 눌러 이송시킴으로서 수직캠 뭉치 크롬도금 전면에 탄피뒤턱이 녹아 고착되어 기능작동 중단 또는 불량

(3) 정비요령

(가) 분해후 스크레이퍼 또는 밀칼로 융착부분을 갈아 수리한다

나. 사례#2. 윗덮개 뭉치 결함에 의한 작동불량

(1) 현상

윗덮개 뭉치 결함으로 송탄작용 불능사례가 자주 발생되고 있다

(2) 원인

덮개 잠금쇠 용수철의 파손으로 덮개 유동 및 송탄작용 불능

(3) 정비요령

분해 후 덮개 잠금쇠 용수철을 교환한다.

6. 예방정비

예방정비란 규칙적으로 총기를 검사하고 정비하여 고장을 방지함으로서 항상 기능발휘가 가능한 상태로 유지하는 것이다.

품 목	검 사 절 차
기관총	· 외형상 녹슨 부위가 있는지 검사해서 솔로 녹을 제거하고 주유한다.
총강 및 약실	· 균열 및 부식 유무를 점검하고 총강과 약실내의 오물 및 탄매를 총강 손질솔과 손질포로 깨끗이 제거한다. · 총강내 흠집등을 검사한다. · 사격시 발생되는 탄매를 제거한다.
윗덮개 뭉치	· 윗덮개를 열 때 손잡이는 헐겁지 않으며 건조하지 않고 작동이 잘되게 한다. · 사포로 녹을 제거한 후 엷게 주유한다.
2차 구동레버 뭉치	· 흠집을 검사한 후 연마석으로 게거한다. 선회축을 검사한 후 없으면 새로운 고정링을 교환하여 결합한다.
1차 구동레버	· 회전축부분의 흠집을 점검하고 연마석으로 제거한다.

품 목	검 사 절 차
송탄 안내판과 송탄 안내판 폴	· 부식을 검사한 후 사포로 녹을 제거하고 레일은 주유를 잘 하여야한다.
1차, 2차 송탄 폴	· 용수철기능을 확인하기 위하여 눌러서 작동시켜 본다.
송탄슬라이드 뭉치	· 송탄 슬라이드 뭉치가 송탄 안내판내에서 부드럽게 작동하여야 한다. · 용수철기능을 확인하기위해 송탄 안내폴을 본다. · 덮개 밑에 송탄슬라이드뭉치, 송탄 안내판과 2차구동레버를 결합한다. · 노리쇠가 전진되고 송탄슬라이드뭉치가 왼쪽에 있을 때 덮개가 쉽게 닫히는지 확인한다. 만약 덮개가 닫히지 않는다면 2차 구동레버의 슬로트가 1차구동레버의 선회축과 일치되도록 송탄슬라이드 뭉치를 약간 움직이면 닫힌다.
총몸 뭉치	· 2개의 용접된 핀을 확인해서 없으면 수리한다. · 레일과 총몸의 탄알띠안내부위의 흠집을 검사한다. 흠집 제거시에는 연마석을 사용한다. · 노리쇠 및 방아손잡이 뭉치를 분해한 후 총몸내의 부식 및 균열을 검사한다. 사포로 녹을 제거하고 엷게 주유하여 보존한다.
수직캠 뭉치	· 수직캠 뭉치와 1차구동 레버를 빼낸다. · 수직캠 뭉치의 크롬도금 표면에서 흠집, 움푹 패인 곳과 알루미늄의 고착여부를 검사한다. 흠집을 제거하고 광택용 사포로 닦는다. · 접촉면의 중심부가 거울면과 같이 닦이지 않는다면 교환한다. · 1차 구동레버 고정쇠가 잘 작동하는지 확인하여 고착되었다면 주유한다.
탄약 위치기 뭉치	· 탄약위치기가 키홈을 따라 유동없이 작동이 잘되는지 밀어본다.
탄약 안내판 뭉치	· 용수철과 핀 사이에 상대운동이 없도록 탄약안내판이 단단히 고정되었는지 확인한다.
노리쇠 및 방아손잡이 뭉치	· 노리쇠 및 방아손잡이 뭉치를 총몸에 결합하고 정전시킨 후 방아쇠를 누르고 공이의 돌출여부와 상태를 검사한다. · 공이 끝부분의 마모여부를 확인한다. · 총몸으로부터 제거한 후 노리쇠전면에 모의탄을 끼워 손으로 아래쪽으로 밀어본다. 탄약멈치를 압축시키기 전에 탄걸림턱 뒤쪽을 폴이 '찰칵'하고 잡아주는지 확인한다. · 모의탄을 탄약멈치로부터 밀어내어 모의탄이 탄약멈치로부터 쉽게 빠지는지 확인한다. · 주유여부, 녹이 없는지 확인한다. **주 의** 캠 작동 베어링, 총몸 완충기, 노리쇠 완충기 뭉치를 세척용 솔벤트에 담그게 되면 부품이 손상된다.

품 목	검 사 절 차
송탄 안내판과 송탄 안내판 폴	· 부식을 검사한 후 사포로 녹을 제거하고 레일은 주유를 잘 하여야한다.
장전기 뭉치	· 장전 손잡이를 상, 하로 돌린다. · 장전손잡이 레버 잠금쇠의 용수철작동과 손잡이의 회전이 부드러운지를 점검한다. · 장전기 몸체의 안내레일 부분의 흠집을 검사하여 연마석으로 흠집을 제거한다.
총몸 단발자집 뭉치	· 총몸으로부터 총몸단발자집 뭉치를 분해하여 부품의 파손여부를 확인하고 알맞게 주유를 한다.

6. 부수기재

순위	재 고 번 호	품 명	단위	기준수	그림 번호
1	5120002781283	S/DRIVER FLAT	개	1	1
2	5120002348912	S/DRIVER CROSS	개	1	2
3	5120002405300	KEY,SOCKET	개	1	3
4	5140375020467	공구주머니	개	1	4
5	1005004946602	수입솔(총몸)	개	1	5
6	1010375032743	수입솔(총몸)	개	1	6
7	1005006535441	꼬질대	개	1	7
8	1010375020121	수입솔(총강)	개	1	8
9	8465375019922	야전배낭 (사수용)	개	1	9
10	8465375019923	야전배낭 (부사수용)	개	1	10
11	8465375019924	야전배낭 (탄약수용)	개	1	11

그림 1

그림 2

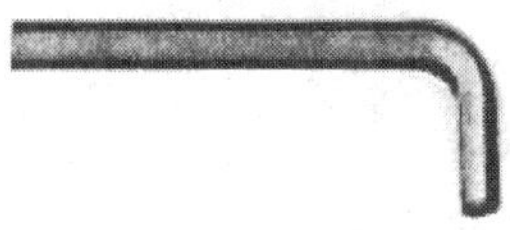

그림 3

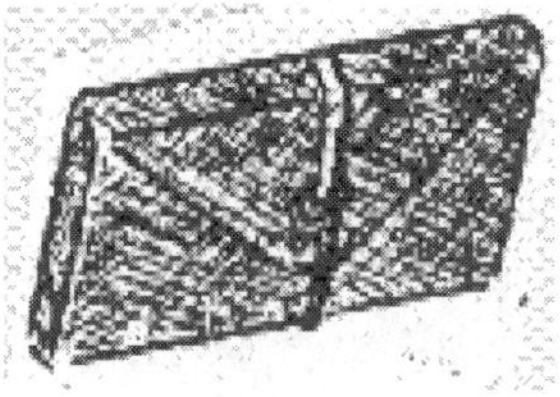

그림 4

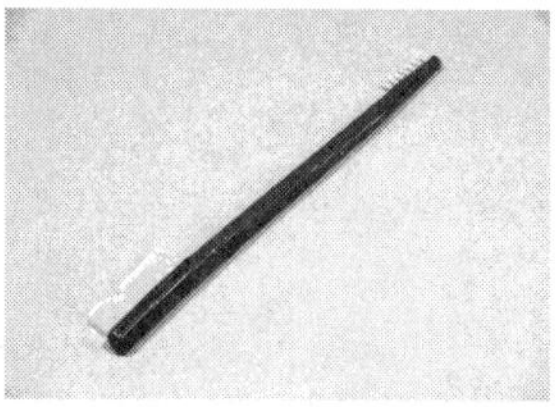

그림 5

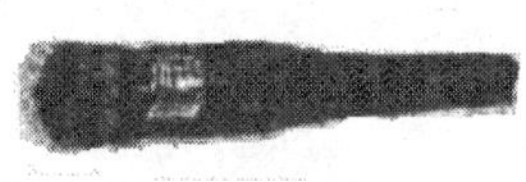

그림 6

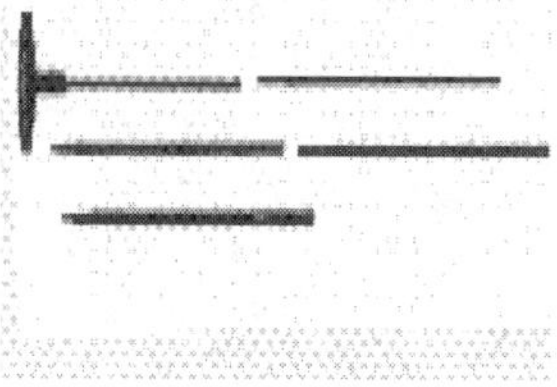

그림 7

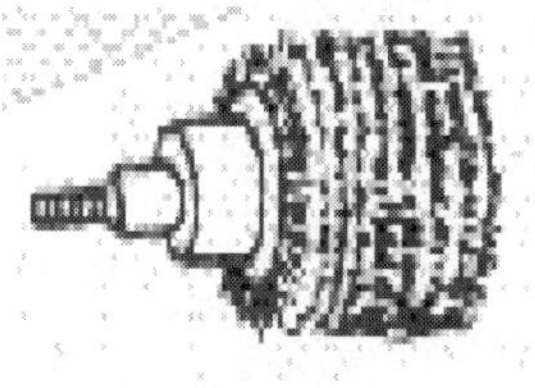

그림 8

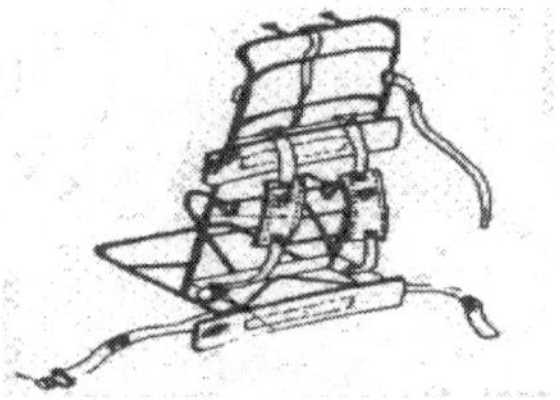

그림 9

그림 10

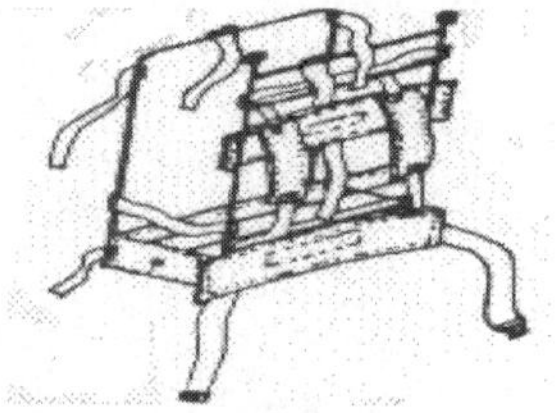

그림 11

부 록

제1장 용어설명

· 가동률(Available Rate)

해당 장비의 총 운용시간에 대해서 불가동 시간을 제외한 가동시간을 판단하여 백분율로 표시

※가동률 = (가동시간 / 총 운용시간) × 100

· 가용예산(Budget Availablity)

가용액이라고 하며, 예산계약승인(배정) 또는 기재된 타 예산과의 이체, 예기된 상환금 등에서 마련된 채무 부담행위의 권한을 가진 금액

※청구 가용액 = 계획(배정)액 - 청구액 + 이월액

· 개창식 재물조사(Cycle Inventory)

수불 행위를 계속하면서 일정한 기간중 보급부대에 위치된 모든 품목의 수량을 셈하는 재물조사이다. 개창식 재물조사는 선정된 품목에 대해서만 실시되며 때에 따라서 여러 종류의 품목에 대하여 동시에 재물조사를 할 때도 있고, 빈번히 불출되는 품목에 대한 것만을 설정하여 실시할 때도 있다. 개창식 재물조사를 하기 위해서는 조사 중인 품목에 대하여 기간 중 수령 또는 불출을 일단 중지한다.

· 계약자유의 원칙

인류가 사회에서 생존하는데 있어서 자기의 의사에 따라 자유로이 계약을 체결하고 사법관계를 규율할 수 있으며, 국가는 되도록 여기에 간섭하여서는 안된다는 근대법의 원칙으로 계약 체결의 자유, 상대방 선택의 자유, 내용 결정의 자유, 계약 방식의 자유가 있다.

· 계절성 품목

매년 같은 계절을 되풀이 하여 높은 불출률을 가지며 잔여기간에는 불출률이 낮은 완제품 또는 수리부속품

· 계정과목

재산과 본의 증감변동을 조직적으로 기록, 계산 정리보고를 목적으로 하는 것이 회계이다. 이를 효과적으로 수행하기 위하여 재산과 자본을 그 종류와 성격에 따라 적절히 분류하여 기록 계산하는 단위를 계정이라 하며 이에 붙인 명칭을 계정과목이라 한다.

※국방관리 회계 제도 하에서의 계정과목 분류

- ◦자산 : 각 부대가 보유하고 있는 자금, 장비, 물자, 부동산 등을 자산이라고 한다.
- ◦채무(부채) : 각 부대가 앞으로 지급 해야 될 의무로서 지급계정, 차입자산 등이 이에 속한다.
- ◦자본 : 각 부대의 순재산을 표시하는 계정으로 자산에서 채무를 차감한 금액이 자본이며, 투하자본이란 계정과목으로 표시한다.
- ◦예산 : 국방부에서 각 부대로 배정된 예산을 표시하는 계정으로 배정예산, 보급예산 등이 이에 속한다.
- ◦대체계정 : 정비의뢰와 같이 상호간의 일시적인 자산이동 관계 및 보급의무와 같은 보급청구에 대한 미 보급 내역을 인식하기 위하여 설정된 계정과목을 대체계정이라 한다.
- ◦비용계정: 부대관리 및 운영유지에 관한 제경비를 기록하는 계정으로 인력유지, 기관 및 부대운영교육, 장비유지, 기타 경비 등이 있다.

· 경제적 보류재고(E.R.S. Economic Retention Stock)

흑자보급 상태에 있는 물자중 장차의 수요충족을 위하여 보류하는 것이 처리하였다가 재조달하는 것보다 경제적인 재고량

※ 경재적 보류재고는 처분비용과 보류비용이 균형되는 점(처분비용 = 보류비용)

· 경제적 수리한계

수리 또는 재활용시 이용되는 재생원가의 최대허용치로서 장비의 경제 수명기간중 임의시점에서 정비할시 토입되는 정비비용과 정비가격(현시가)을 비교하여 정비 또는 폐기 여부를 결정하는 한계인데 연차별 비율 감소제도를 적용, 장비별 유지비 한계비용을 결정하는 것.

※ 적용시 고려사항

◦장비 특성 및 임무 긴요도

◦장비표준화 및 무기체계

◦장비획득 및 도태계획

◦장비 성능(효율성)

◦전술적 가치

◦군직 및 외주 재생능력

· 경제적 청구량(E.O.Q. Economic Order Quantity)

청구비와 보관비의 합계(총변동비)가 최소일 때 1회 발주량

※ 경제적 청구량의 설립시기 : 청구비 = 보관비

· 고액품목(H.D.V. High Dollar Value item)

취급품목중 연간수요 금액이 10,000$ 초과 품목, 미국의 경우 연간수요 금액 50,000~500,000$인 품목

※ 중액 품목 : MDV(Medium Dollar Value item), 품목당 연간 수요금액이1,000~10,000$인 품목

※ 저액 품목 : LDV(Low Dollar Value item), 품목당 연간수요 금액이 1,000$ 미만인 품목

· 고율품목(F.M.I. Fast Moving Item)

액수에 관계없이 일반적으로 높은 비율의 연간불출 횟수를 가진 완제품 또는 수리부속품

· 공통품목

1개 이상의 기술특과(기능)에 의하여 사용되거나 조달되는 보급물자 또는 장비

· 관리자 취급품목

취급품목은 성질상 또는 관리자 통제 목적상 컴퓨터에 의한 처리가 불가능한 품목으로서 관리자에 의해서만 처리되는 품목

- ◦재고번호가 15자리 이상인 품목
- ◦재고번호가 부여되지 않은 품목
- ◦불출수량이 소수점 이하로 거래되는 품목
- ◦기타 특정사유가 있는 품목

· 관리자 통제품목

기지보급의 자동화에 따른 품목의 분류로서 기계취급품목의 일종이지만 컴퓨터에 의해서만 처리되지 않고 관리자의 최종적인 판단이 개입되어야만 되는 품목

· 관리정보 시스템(M.I.S. Management Information System)

전자계산기와 자료 전송장비를 통신회선으로 연결하여 이에 의거 관리에 필요한 정보를 조직내에 각 분야에서 신속 정확하게 모집하여 종합적으로 가공, 저장 유지하여 의사결정 시스템에 필요한 정보를 적시에 제공할 수 있도록 전체 System과 Network를 말한다.

· 국가재고번호(N.S.N. National Stock Number)

보급품을 식별하기 위하여 세계 전국가에 공히 사용되는 신규 저장번호이다.

· 국방관리 회계제도

금전, 물자, 장비, 시설의 개별 회계제도를 화폐가치로 평가하여 단일회계제도로 처리하는 제도로서 부대의 자원관리에 필요한 정보를 제공하여 효율적인 부대 자원관리에 기여하는 회계제도

· 군사원조계획(M.A.P. Military Assistance Program)

수원국이 외부의 침략을 저지할 수 있도록 주로 훈련, 장비를 위해 제공되는 원조

※ 안보원조계획 : SAP(Security Assistance Program)

· 군수(Logistics)

국방목표 달성을 위하여 군수정책 및 방침을 수립하고, 장비 및 물자와 제도 및 기법을 연구 개발하며 모든 가용자원을 효과적, 경제적 및 능률적으로 관리하기 위한 계획, 집행 및 평가하는 군사과학이며 군사활동상의 다음 기능을 포함한다.

- ◦군수품의 보급, 정비 및 송
- ◦인원의 이동
- ◦시설의 획득, 건설, 유지, 운용 및 처리
- ◦용역 및 근무지원의 계획, 획득 및 제공

· 군수지원 원칙

군수지원은 종래는 전투근무지원 원칙과 동일한 개념으로 정립되어 있었으나, 군수기능을 전략 및 군수를 동일한 차원에서 군사활동으로 재정립됨에 따라 다음과 같이 9대 원칙으로 변경되었다. 이것을 영문 첫문자를 따서 "LOGISTICS" 라고 부른다.

- ◦군수정보 : Logistics Intelligence
- ◦목표 : Objective
- ◦지속적 개발 : Generative-Logistics
- ◦간편성 : Simplicity
- ◦적시성 : Timeliness
- ◦추진지원 : Impetus Forwaard

◦비용대 효과성 : Cost Effectiveness

◦경계성 : Security

· 군수책임이관(Logistics Transfer)

어떠한 보급품의 군수책임이 타기술 병과로 전환되는 것.

· 규정 휴대량(P.L.L. Prescribed Load List)

단위부대나 편성부대에서 해당 정비능력(인가) 단계별 정비를 위해 보유하거나 또는 청구중에 있어야 할 수리부속품 또는 특별 공구

· 기능별 체제

기술병과 개념체제를 통합하여 단일지휘아래 기능 분야별로 지원하는 체제

◦장점 : 지휘의 통합, 강력한 통제, 결제성, 신속성, 융통성, 표준화

◦단점 : 운영부대 부담과중과 자동화 필요

· 나노 세칸드(N.S. Nano Second)

십억분의 일초를 말한다.

· 나스다(N.S.D.A.J. Nation Space Development Agency of Japan)

일본 우주개발의 중심적 실시기관으로, 1969년 10월 발족한 국립 우주개발 사업단의 약칭

· 남북 무역

농업국가와 공업국가, 또는 후진국과 선진국간의 무역

· 납품소요시간(D.L.T. Delivery Lead Time)

조달계약하에 생산업자가 최초로 발송한 보급품을 인수한때부터 기록계정상 불출이 가능하게 될 때까지의 시간적 간격

· 노획 아군물자

아군장비 및 물자가 적 수중에 들어갔다가 아군이 다시 노획한 물자

· 능률성 분석

능률성이란 표준대 실적을 비교 검토하는 것.

※ 능률성 = (실제작업량(M.H) / 표준작업량(M/H)) X 100

· 대분배보급(Wholesale Supply)

보급추진계통을 기준으로 할 때 사용자 수요를 직접적으로 충족하기 위하여 조달본부 ⇒ 생산업자 ⇒ 보급창 ⇒ 일반지원 시설부대와 같은 계통은 대분배 계통

※ 소분배보급 : 사용자 수요를 직접 충족하기 위한 계통으로서 보급창과 일반지원 시설부대와의 거래

· 대차대조표

일정시점(분기말 또는 연말)에서 부대의 보유자산과 채무 및 자본의 상태를 표시해 주는 자료

· 데드 라인(D/L Dead Line)

고장으로 인하여 수리부속품이 필요하거나 정비를 요하는 고장장비로서 사용 불가능한 장비를 말함

· 동류전용

사용 불가능한 결합체 구성품 및 완제품을 수리, 재생하여 사용 가능하게 만들기 위하여 타결합체 구성품 및 완제품으로부터 발췌하여 재활용하는 것

· 동시조변 수리부속(Concurrent Repair Parts)

완제품 조변시 일정기간동안 해당 장비의 정비지원에 소요될 수리부속을 완제품과 동시에 조변하는 것.

· 동원 예비물자 소요(MRMR)

동원일(M-DAY)로부터 생산일(P-DAY)까지 총물자 소요에서 평시 군물자 소요(PTFMR)를 공제한 수량

· 라인품목

특정한 물품 및 그 물품에 대한 수량 등을 명확하게 식별하는데 필요한 모든 자료가 반영된 문서상의 기입품목

· 레다유도 및 경보장치(RADAR, Homing & Warning)

적의 SAM:AAA 등의 유도레이다 또는 적추적 및 유도레이다 전파를 탐지하여 적의 위치 및 방향을 조종사에게 표시하여 주어 조종사로 하여금 즉각적인 대응조치를 할 수 있도록 하는 장치

· 레드 갭(Red Gap)

표본분석 결과 규정치가 넘거나 추세가 부적당하다고 판정될 때 시험소에 의해서 장비가동 불능 상태로 판정된 표본

· 레저산업

여가를 즐기려는 사람을 대상으로 하는 유흥, 오락 관광사업

· 롯드(Lot)

제품, 반제품 또는 원재료 등의 단위체 또는 단위량을 어떤 목적에 의하여 모여진 것을 말한다. 생산분야에서의 롯드는 동일한 재료를 사용하며 동일한 제조조건으로 생산된 품목의 일군(一群)을 말하며, 검사에 있어서의 롯드라 함은 검사의 대상이 되는 한 무더기의 검사 집단

· 모둠처리(Batch Processing)

자료처리실에서 전자계산기에 입력하는 자료를 일일, 주간, 월간, 분기, 연간단위로 일정기간 또는 일정량이 될 때까지 모아 두었다가 일시에 처리하는 방식

· 물물교환

군에서 불필요한 품목을 군 이외의 자에게 불하하고, 그대신 군이 필요로 하는 품목과 상호 교환하는 것

· 물자관리

목록작성, 소요결정, 조달, 분배, 정비, 수리 및 물자의 처분 등을 포함하는 군수업무의 국면을 말한다.

※ 재고통제, 재고관리, 보급관리와 동일

· 물자취급 8대 원칙

물자취급의 목적을 효과적으로 달성하기 위한 원칙

- 활성화물의 원칙
- 자중활용의 원칙
- 기계화의 원칙
- 중계제거의 원칙

◦대기제거의 원칙 ◦직선유통의 원칙
◦자중경감의 원칙 ◦최소취급의 원칙

· 물품관리관

각 중앙관서의 장으로부터 물품의 관리에 관한 사무를 위임받은 공무원

· 물품운용관

물품 회계직 공무원으로 물품관리관으로부터 물품의 사용에 관한 사무를 위임 받은 공무원

· 물품출납 공무원

물품 관리관으로부터 물품의 출납 및 보관에 관한 사무를 위임받은 물품회계직 공무원

· 미결 재산표

재물조사의 정확을 기하기 위하여 실셈 수량에 가감하기 위하여 작성하는 문서

※ 유통문서상의 수량을 계산하는 문서로서 실셈수량과 미결증표 수량을 가감한 수량을 재고출납카드(기계)에 반영함

· 발주수송시간(O.S.T. Order Shipping Time)

청구품목이 청구일자로부터 청구량의 90%이상 수입계정 될때까자의 소요시 간적 간격(량)을 말함

· 보급관리분석

보급지원 부대에서 행한 보급거래와 재고통제가 얼마만큼 잘 이루어지고 있느냐 하는 성과에 대한 분석

※ 보급지원 능력 분석

◦인가저장품목(ASL) = (ASL품목수 / 총취급 품목수) X 100

◦수요 융통률 = (ASL 수요 항목수 / (총수요항목수 - (취소 + 장비청구 + 군수이관))) X 100

※ 보급지원 성과분석

◦ASL 보유비율 = (ASL 보유 품목수 / ASL 품목수) X 100

◦재고 고갈률 = (ASL 재고고갈 품목수 / ASL 품목수) X 100

◦보급 조치율 = (ASL 품목 청구수량상 85%이상 조치된 항목수 / (ASL 총수요 항목수 - (취소+군수이관+장비청구))) X 100

· 보급수준(Supply Level)

일명 재고수준(Stock Level)이라고 함. 예상되는 수요에 대비하여 보유할 수 있도록 인가(지시)된 보급품의 수량 또는 일수

※ 안전수준(SL), 운용수준(OL), 발주 및 수송시간(OST) 등이 있다.

· 보급추진계통(Pipe-Line)

보급품을 생산자로부터 사용자에게 중단없이 공급하기 위한 계통

· 보류수준(Retention Level)

처분했다가 재조달 하는 것이 비경제적이기 때문에 어느 한도의 수준까지 재고로서 보류하는 것을 말하며 일명 경제적 보류수준이라고 함.

· 보류재고(Retention Stocks)

보류수준 이하의 경제적 재고량을 마하며 인가된 저장목표(SO)량을 초과하는 흑자보급품

※ 여기에는 현재 사용중인 사용 가능 및 불가능 물자가 포함된다.

· 보충수요(Replacement Demand)

과거에 수령한 경험이 있는 품목으로서 적절한 인가량의 보충을 목적으로 청구 획득할 때를 말함.

· 분개장

거래의 내용을 총 계정원장에 기록하기 위하여 계정과목별로 분류하는 것을 분개라 하며, 일련의 거래를 분개하여 일자별 거래내용을 상세히 파악할 수 있도록 기록 유지하는 장부를 분개장이라 한다.

· 분배재고(Retail Stock)

소량으로 즉시 불출하기 위하여 운반(휴대)되는 보급품

· 분배창

기지창 및 예비창에서 보급품을 수령하여 시설부대나 특정기능 부대에 불출 또는 발송할 목적으로 지정된 보급기관

· 비상보류재고(Contigency Retension Stock)

구식화 되었거나 비표준품목이기 때문에 계획된 소요가 발행하지 않으므로 통상 초과재고로서 간주하지만 예상되는 군사상 또는 방위상의 긴급사태에 대비하여 보유하기로 결정된 품목의 재고

· 비순환수요(Non-recurring Demand)

장차 12개월(통제기간)중 동일목적의 수요가 반복될 것으로 예측되지 않는 "일시적"인 수요 또는 불출이 발생되는 품목

· 비용 분석

건설 또는 운영유지를 위하여 이용되는 군사자원을 금전가치나 물량의 단위로 측정한 양을 말하며, 자원관리 단위부대의 관리회계 자료를 토대로 자원의 운영결과에 의한 사용실적의 집계, 분류, 분석 처리하여 표준비용을 산출함으로써 적정 배분 기준과 사업성과에 대한 평가분석 기준을 제공, 주요 사업계획에 대한 비용대 효과분석을 할 수 있는 최적 대안을 제공하는 업무 체제

· 비용집계 단위부대

자원관리 단위부대에서 예속된 자원의 최종 소비부대 또는 부서로써 비용 소비실적의 기록유지 및 정기적인 보고를 단위부대 지시에 수행하는 부대 또는 부서

※ 각군 총장 또는 직할기관장이 지정한다.

· 비인가 저장품목

기준 수요빈도에 미달되는 품목으로서 시설부대 및 보급창에서 재고수준으로 보유하지 않는 품목 ※기능별 수요빈도 : 3~6회

- 비축소요
  - 동원일(M-Day)로부터 생산일(P-Day)까지의 물자동원 소요에서 물자동원 능력과 평시 군물자 소요를 공제한 수량

· 아이론 정비(I.R.O.A.N. epair Only As Nessary)

제품, 구성품 및 결합체의 수리정도를 검사하여 수리할 부분을 결정한 다음 불필요한 해수리를 억제하고 최소한의 정비로서 비용을 절약하고 설정된 정비표준을 달성케 하는 정비

※ 정비의 목표달성을 위한 경제적 정비방법

· 안전수준(S.L. Safety Level)

예상외의 수요증가 또는 수송지연 및 중단시 계속적인 보급운영을 지속하기 위하여 운용수준(OL)에 부가하여 필요로 하는 보급일수 또는 보급품의 수량

· 알(R) 품목(Recoverable Item)

주요 결합체 및 소결합체를 수리하여 원상태로 복구할 수 있는 품목을 통상 "R 품목"이라고 함

· 예방정비(P.M. Preventive Maintenance)

장비 또는 보급품을 항상 사용 가능한 상태로 유지하고, 결함을 조기발견 시정하기 위하여 촉감, 검사, 조임, 손질, 조정 및 주요(예방정비 6요소)를 체계적으로 실시하는 정비

· 예비재고(Stocks Reserve)

계속적인 보급운용 유지를 할 수 있도록 보장하는 한편 계절품목인 경우에는 당해 계절의 성숙기 이전에 조달하여 경제적 이점을 동시에 추구할 목적으로 금일 현재 직접 필요하지 않으나 그 필요량을 초과하여 획득해두는 재고

· 예비창

기지창의 저장능력을 초과하는 재고품 또는 전투예비량 및 특정품목을저장할 목적으로 운영되는 보급창으로서 기지창 또는 분배창에 대하여 예비임무를 부여할 수 있다.

· 오파

구매자가 요구 또는 필요로 하는 특정품목을 특정 가격 및 조건으로 판매하겠다는 판매제안서

· 오프라인(OFF Line)

컴퓨터의 중앙 처리장치와 직접 연결되어 있지 않는 장치를 오프라인 상태라 함.

※ 온-라인(ON-Line) : 오프라인의 상반되는 말이며, 컴퓨터의 직접 제어하에 있는 상태. 예로서 은행시스템은 온-라인 처리이며, 회사의 급여계산은오프라인 처리라 할 수 있다

· 외자

각 중앙관서의 장이 외국환 관리법의 규정에 의한 대외지급 수단으로 구매하는 물품과 용역

· 외주정비

군장비, 구성품 및 결합체를 민간업체에 정비 · 의뢰하여 정비하는 것

· 운영결과 보고서

일정기간(1분기 또는 1년) 동안 부대의 관리 및 운영유지를 위한 제경리의 사용내역을 표시해 주는 자료

· 운영량

부대임무, 인가병력, 교육훈련 소요에 의거 결정되는 평상시 운영에 필요한 장비 및 물자의 수량

· 운용수준(O.L. Oing Level)

보급수준의 일종으로서 보충보급의 수령과 수령사이에 보급운영을 하기 위하여 필요한 보급일수 또는 보급품의 수량

· 워드프로세스(Word Processor)

컴퓨터 입력장치의 하나인 키보드 등을 통하여 문장을 입력함으로써 본문을 만들고, 이를 수정, 삭제, 추가등의 기능을 하는 처리기

· 워사(W.RE.S.A. War REserve Stocks for Allies)

동맹국을 위한 전쟁예비물자 : 미 육규에 의한 동맹군 지원계획으로 전시 75일간 전투 소모 보충을 위한 해외 기지 및 본토에 저장된 전쟁 예비재고

· 워스페프(W.S.S.S.F.A.F. WArtime Standard Support System For -Foreign Armed Forces)

외국군을 위한 전시표준 지원제도 : 미육규 700-7에 의한 외국군 전시표준 지원 제도로서 전시 75일 이후 소요물자를 FMS절차에 의거 지원하기 위한 청구 및 불출 제도

· 인가저장품목(.A.S.L. Authorized Stockage List)

각급 보급기관에서 현 보급운용을 지속하고 장차 예측되는 소요를 충당하기 위하여 항상 저장 유지하도록 인가된 보급품의 총목록, 일명 “상비성 재고품” 이라고 함.

· 일반관리비

사업전체의 유지관리에 관하여 공통적으로 발생하는 비용

※ 임원급여, 급료와 임금, 제수당, 충당금, 후생복지비, 소모품비, 감가상각비, 지급임차료, 보험료, 조세공과, 수선비, 수도료, 교통여비, 통신비등 c명 야전지원재고라고도 하며, 전군에 대한 일반 지원소요의 지원을 위한현재고

※ 계획지원재고 : PB(Project Balance)

※ 전투예비재고 : CB(Combat Balance)

· 자금결산

자금 사용부대와 지원부대간의 자금사용액 확인절차

※ 결산 주요 내용

◦자금결산 = 보급조치량 + 불출예정 설정량

◦회계년도내 미사용자금 및 불출예정 설정량은 이월지원

· 자금계정부호(R.C.N. Record Control Number)

품목을 자금에 의한 결산, 집행 및 분석을 위한 부호이다. 집행예산중 야전지원 사업에 국한하여 적용되고 있으며, 예산의 세세항 및 목에 따라 기능별, 무기체계별, 수리부속품 및 물자별로 분류하여 자금계정번호를 부여하였으며 자금계정 번호별로 자금배정, 자금이용, 자금통제 및 자금결산을 행한다.

※ RCN 부호 : X(국방표준 자금 계정부호) X (기능부호) X (품종) X (품류)

· 자금관리 비교 평가제도

자금사용 실적과 장비 및 물자의 전투준비 태세를 동급부대 및 동종의 장비별로 비교평가함으로써 개인 및 지휘관의 주인정신을 유발하여 효율적 자원관리를 통한 경제적 군운영을 기하는데 있음

※ 자금관리제도 : 81.1.1부터 전군이 시행하며 적기, 적량의 청구 유도 및 지원을 보장하기 위해 자금으로 환산하여 배정된 범위내에서 자유로이 청구 사용하는 제도

· 자산(Assets)

자산(보급품의 수량) = 현재고 + 수입예정량 - 불출예정량

· 자원관리 단위부대

자원관리의 책임단위 부대로서 예산소요의 판단 자원의 사용 및 통제, 각종 회계장부의 비치, 운영결과 보고 등의 책임을 진다

· 잠정규격서

소요되는 군수품의 조달에 잠정적으로 사용하기 위하여 일정한 내용을 구비하여 제정한 규격서로서 계속 사용에 지장이 없을 때에는 3년 이내에 정식규격화 하여야 할 규격서를 말한다. 정식규격서화 할 수 없을 때에는 국방부장관의 승인을 얻어 잠정규격으로 계속 사용할 수 있다.

· 재고통제(Stock Control)

기록 및 보급제도를 통하여 보급품의 자산, 위치 및 상태에 관한 제반제원을 통제 유지하는 절차

· 재무제표

재무제표는 회계 주체의 재무계산 결과에 의하여 재무상태 및 경영실적을 명확하게 하고, 그것을 여러 종류의 보고목적을 위하여 작성하는 모든 서류를 총칭한 것

· 재물조정보고

장부기록(전산기)상의 재고를 실제재고와 동일하게 수정한 후에 그 사실을 승인받기 위해 작성하여 재물조정 승인기관에 제출하는 문서

· 재분배

어느 편성부대, 시설부대 또는 특정기능 부대의 초과재산을 다른 편성부대, 시설부대 또는 특정부대의 인가 부족량으로 충족시켜 주는 것

· 재상품 차등단가

자금관리 비교평가 제도에서 보급거래에 대한 자금 결산시 기지재생 수리부속품 및 물자에 대하여 차등 단가를 적용하는 제도

※ 재생품 = 재생원가 / 신품가격

· 재청구점(R.P. Recorder Point)

안전수준(SL)을 사용하지 않고, 현 보급운용을 지탱할 수 있도록 수준 보충청구를 하여야 할 시점 ※RP = 안전수준(sL) + 발주수송시간(OST)

· 저장목표(S.O. Stockage Objective)

현 보급운용을 지속하고 예측할 수 있는 장차의 수요를 담당하기 위하여 보유하여야 할 재고 수준. 즉, 저장목표(SO) = 운용수준(OL) + 안전수준(SL)

· 저장 3대 기능

수령기능, 보관기능, 불출기능

· 저장 3대 자원

저장공간, 노동력, 물자취급장비

· 정비계단

군정비 방침에 의거 이를 구체화 시킨 장비구분의 한 형태로서 1계단부터 3계단까지 나눈다.

※ 1계단정비 : 사용자 정비로서 일일정비와 주간정비와 부대 기술병이 실시하는 정비로서 월간, 분기, 반기 정비로 구분

※ 2계단정비 : 야전 정비부대에 의하여 수행되는 정비로서 수리부속과 결합제의 교환 및 각종 정비근무

※ 3계단정비 : 창정비를 말하여 주요품목의 분해수리 및 재생작업을 실시하며 수정작업 지시에 의한 작업을 실시

· 정비 대충장비(M/F Maintenance Float)

일명 운영 대충장비라고도 하며 임무수행상 긴요하고, 또한 정비의 중요성도 띠우고 있는 완제품 또는 주요 구성품으로서 구성되며, 통상 직접 및 일반지원 정비부대 또는 보급시설에서 작전임무 수행에 필요한 사용불가 장비의 대치용으로 인가된 것을 말하며 TO&E 또는 T/D&E 정비시설에 공히 저장된다.

· 종합 군수지원(I.L.S. Intergrated Logistics Support)

무기체계에 대한 효율적이고 경제적인 군수지원을 보장하기 위하여 모든 군수지원 사항을 장비의 초초 계획단계부터 통합하고 도태까지 종합관리하는 일련의 과정

※ 체계 운영

◦주장비 및 군수지원 요수의 균형관리

◦최상의 무기체계 계획을 운영 유지

※ 목표

◦운용 및 지원비용의 초소화로 고도의 전투준비 및 유지에 있다

※ 통합 군수지원의 주 요소는 다음과 같다

◦정비 계획(The Maintenance Plan)

◦인원 및 훈련(Personal and Training)

◦보급 지원(Supply Support)

◦지원 및 시험장비(Support and TEst Equipment)

◦기술 제원(Technical Data)

◦수송 및 취급(Transportation and Handling)

◦시설(Facility)

◦군수지원 자금(Logistics Support Resource Fund)

◦군수관리정보(Logistics Support Management Information)

· 주요품목

일반 참모부에서 보급 및 수요에 영향을 미치는 모든 소요를 세밀히 분석하고 검토하여야 할 필요가 있는 중요한 완제품

· 지출원인 행위

지출의 원인이 되는 계약 기타의 행위를 말한다. 지출의 원인이 계약일 때는 그 계약을 체결하고, 상대방의 반대 급부의 이행을 확인하여 일정한 금액을 지출할 것을 결정하는 행위

· 직접 보급지원제도(D.S.S. Direct Support System)

사용부대에 소요되는 모든 물자 및 장비를 상급부대 또는 지원시설이 최대한으로 직송 및 추진보급하는 지원제도를 말하며, 신속한 집중지원과 전투부대에 근접하여 지원하는 총괄적 개념으로서 그 구체적 수단으로는 직송과 부대분배 및 보급제도의 단순화 등이다

· 창고부도

불출 지시된 품목이 창고에 저장되어 있지 않아(재고고갈)불출이 불가능한 상태

· 청구목표(R.O. Requisitioning Objective)

현 보급운영을 지행하고, 예상되는 장차의 수요를 충당하기 위하여 보유하고 있거나 발주중에 있어야 할 보급일수 또는 보급품의 수량

· 창구보급제도

할당 보급제도와 대응되는 보급제도로서 이것은 사용부대 또는 지원시설부대의 청구행위에 의하여 보급 조치를 취하는 제도. 즉, 사용자 ⇒ 단위부대 ⇒ 편성부대 ⇒ 직접지원시설 ⇒ 일반지원시설 ⇒ 기지보급시설 ⇒ 보급원천의 위계적 보급추진 계통에 따라 단계별로 보급소요가 발생할 때마다, 적기에 청구조치를 취함으로써 이루어지는 형태의 보급제도

· 청구서 편수

청구서에 대한 심사로서 청구서 작성의 정확성, 근거, 배당량 및 청구량의 산출법과 청구품목에 대하여 대용품으로 불출가능한 품목의 가용성 등을 심사 수정하는 것

· 초도 수요

과거에 수령한 경험이 없는 보급품을 최초로 획득하기 위하여 하는 청구

· 총계정 원장

분개에 의하여 분류된 내용을 이용하여 계정과목별로 증감 내역을 기록 유지하는 장부로서 분개장과 함께 국방관리 회계제도의 주요 장부이다

· 카테고리(Category)

재정적인 관리목적상 단위체에 통합된 관련품목의 집단을 말한다. 하나의 카테고리는 어떤 물자의 전체로서 또는 그 전체중의 세분된 부분으로써 구성

· 커들(C.R.D.L. Critical Requirements Deficiency List)

전쟁 초기 30일까지 긴급보충 소요를 지원하기 위한 WRSA 지원계획의 일부로 국내 및 미 본토에 저장된 평시 미측 초과 운영재고품(장비 및 부속) 중 선정

· 코드(Code)

부호, 약자, 데이터 처리의 일종으로서 일상 영어와 유사하며, 통제 또는 사무의 부호이다.

· 코스타 체제(C.S.S.T.A. Combat Service Support to The Army)

"야전군에 대한 전투근무지원"이라는 뜻으로 1965년도에 미국에서 개발, 전 야전군에 적용시켰던 군수 지원체제로서 전술지휘관의 행정지원 부담을 감소시키는데 역점을 두고 계획과 운영기능의 분리, 종전의 8개 거래선을 3개 거래선(탄약, 의무, 일반물자)으로 단

순화 하였으며, 야전군급에 지원사령부를 두고 인사, 민사, 군수의 통합지원과 각 군단지역에 지원여단, 사단에 사단지원단, 야전군 예하부대에 대한 행정지원(전투근무지원)부대를 단일 지휘계통하에 통합한 지원체제

· 코코(COCO)체제(Contractor-Ownnned, Contractor-Operated)

민간기업이 모든 생산설비를 소요하고 운영하는 무기체계 생산체제를 말한다.

· 코콤(COCOM(Co-Cordinating Committee for Export Control))

대공산권 수출조절 위원회의 약자로서 공산권에 대한 나토(북대서양 조약기구)회원국들의 전략물자 수출금지 또는 수출제한을 목적으로 1949.11월 미국 주장으로 설립된 것

· 킷드(Kit)

결합체를 구성하는 부분품중에서 고장나기 쉬운 부분품들을 모아서 포장한 단위로 보급하는 집합된 수리부속(예, 제너레다 킷드, 캬브레타 킷드)

· 탄약할당(A.A. Ammunition Allocation)

현 가용량으로 해외 재보급시까지 지속하기 위한 부대별 탄약할당량으로 종전 CSR과 유사한 개념임. 단, CSR은 무기당 일일 발수를 할당한 반면, AA는 부대당 1일 발사수로 할당

· 통제기간

검토기간 종합 구성체로 청구목표를 결정하는데 사용되는 평균수요의 계산을 하기 위한 기본 기간이다. 통상 저장결정 및 저장목표 계산에 소요되는 수요경험의 누적된 기간을 근거로 하여 일수단위로 표시하는 경우에는 360일(365일중 5일간은 통계적 관리치로 수불행위가 없는 일수로 계산)로 그리고 월수단위로 표시하는 경우에는 12개월로 사용한다.

· 통제보급률(C.S.R. Controlled Supply Rate)

작전을 수행하기 위해 일정한 기간중 허용된 보급 한계량으로 일일 무기당 발수로 표시되며, 탄약재고 가용성 및 작전상활에 따라 수시로 변경, 통제됨. 연합사에서 AA를 붇은 군사령부에서는 CSR를 산출, 군단에 하달해야 함.

· 통합회계

금전, 용역, 시설등 부대의 재정상태와 손익(운영결과)을 일정한 원리에 입각하여 종합적으로 기록 계산 및 보고하는 육군의 회계제도를 말한다. 지휘관리제도의 일환으로 통합회계는 회계단위부대(군공창, 군수사, 전교사)에서 실시한다.

· 파괴검사(Destructive Inspection)

물품을 파괴하거나 상품가치가 떨어지는 시험을 하지 않으면 그 목적을 달성할 수 없는 검사

· 파일(File)

연관된 기록의 집합, 예를 들어 재고관리에서 항목별 명세서의 한 줄이 한 항목이며 전체 명세서가 한 레코드, 이러한 레코드 등의 집합이 된다.

· 편수(Editing)

청구서에 대한 심사로서 청구서 작성의 정확성, 근거, 청구량의 적절성, 대치품목의 가용성 등을 심사 수정함을 말하며, 기계처리품목은 전산기에 의해서 편수한다.

· 평균 보급수준

저정수준 보충기간중 분배소에 보유하여야 할 물자의 평균수량을 말한다.

· 폐검정

경제적 수리한계가 초과되고, 정비 및 재생 가치가 없는 물자를 폐품으로 판정하는 것

· 폐기율(M/R Mortality Rate)

완성 장비, 결합체, 구성품 등을 재생하는 과정에서 사용될 보충 부속품의 소요 예측에 적용하기 위하여 설정된 손실률

※ M/R = ((폐품 + 망실수) / 분해수) X 100

· 폐전환

폐품화된 물품을 보급단위(낱개)별로 취급할 필요성이 없어 같은 성질의 품목을 유별(중량단위)로 전환 계정하는 것

· 폐창식 재물조사(Complete Shut Down Inventory)

보급창 또는 시설부대내에 저장되어 있는 전 품목을 선정된 날자 현재로 수불행위를 중단하고 지정한 날에 일제히 셈을 하는 재물조사

· 폐처리

폐검정된 장비를 군 보유현황에서 삭제하는 과정

· 표준가격

한국의 표준가격이라 함은 일정 기간 동안에 파악할 보급품의 총량을 변동되지 않는 일정한 가격으로 환산하기 위하여 설정한 가격

· 표준품목

작전 소요를 충족하는 품목으로서 이 품목에 지정된 것에 한하여 조변 요구를 할 수 있으며, 부분품은 정상 소요를 확보한다. 이 표준품목에는 표준장비, 결합체, 부품, 원재료가 포함된다.

· 품목기본철(Master File)

품목기본철의 제원이 수록된 철(綴)로서 물품회계 출납원장이 되며 자산현황, 재고통제, 보급관리분석, 기본자료 등이 수록되어 있으며, 전산처리철명을 RIZ이라 함.

· 하자처리

하자품이 발생하였을 때 보고절차, 보고된 하자품의 기술조사와 분석, 군재산권 복구를 위한 요구 및 이행상태의 감독과 행정정리 일련의 과정을 총칭

· 할당보급제도

보급소요를 과거의 수요실적에 의하여 소요를 예측하는 이외의 방법으로 소요를 예측하여 사용자의 의사에 관계없이 지원부대가 일반적으로 보급지원하는 제도

· 항공화물

항공기편으로 우리나라 공항에 도착한 군원물자를 말하며, 군수사령부는 긴급 공수요청에 대한 대미 청구서를 제출한 24시간 이내에 공수요청 명세서인 "공수 사전통보서"를 수송사령부에 통보하여 공수 사전통보서에는 항공화물의 발송희망 착지를 명시하고 공수사전통보서를 통보한다.

· 해체 품목철

해체 장비의 동류전용되는 품목의 제원과 동류전용 수입매상량 및 해체품목의 연간 폐처리 수량, 동류전용 품목의 상태별 반납량 등이 수록된 철

· 현대보급제도(MASS Project-Mass)

Project-Modern Army Supply System의 약자로서 통상 "매스" 계획이라고 불려지고 있다. 이 제도는 단일관리제도와 함께 "밀스트립" 제도의 근간이 되고 있는 제도로서 1956년부터 보급제도의 기계화(단순화)의 표준화를 기하기 위하여 시험계획된 제도이다.

※ 현대 보급제도의 기본요소 : 발전된 통신수단, 신속한 수송수단, 야전 재고 통제 제도

· 현대화 4대요소

다양한 전술 상황하에서 전투부대에 대한 효과적인 군수지원을 제공하기 위한 군수편성 고려요소를 말한다.

◦고도의 통신수단 즉, 커뮤니케이션(Communication)

◦자동제원 처리제도 즉, ADPS 적용

◦충분한 자원(Resources) 확보

◦고도화된 수송수단 즉 무브먼트(Movement)

· 현지수리

장비의 사용부대에서 긴급을 요하거나 장비가 고정 설치되어 있기 때문에 고장장비를 운반하는 것이 불리할 때 정비시설에 의뢰하여 현지에서 수리하는 것

· 현지조달

중앙조달기관 이외의 기관이 국내에서 보급품, 용역 또는 장비를 조달하는 것

· 현지조달 군원물자

주한 미군 구매처에 의하여 대한민국에서 군원 자금으로 조달한 물자

· 혼성장비

독립적으로는 장비로 분류될 수도 있는 여러 종류의 장비가 상호연결 또는 결합되어 독자적인 장비명 및 제형을 가지고 기능을 발휘하는 복합체제로서 주장비 부문과 보조장비 부문으로 구분되며 주장비의 군수관리 책임병과에서 관리한다.

· 후입선출(LIFO Last-in, First-out)

가장 늦게 취득(수입)한 것부터 먼저 불출하는 제도로서 재고품은 먼저 취득한 것이 남게 된다.

※ 반대 : 선입선출(FIFO)

· 흑자보급(Long Supply)

평시 군물자 소요와 동원예비물자 소요를 합한 보급품의 수량을 초과하는 상태

· 희소장비

동종 모델의 장비로 전군 보유 10대 미만 보유 장비를 말하며, 이는 정상적인 정비단계에 의한 정비유지가 불가하거나 현행 정비체계에 의거 정비시 비경제적인 장비

참고문헌

1. 야교 1-31-2 M60기관총 / 1988. 12. 30 / 육군본부
2. 기교 9-1005-224-24 및 P, 7.62밀리 기관총 M60 / 1984. 3. 31 / 육군본부
3. 야교 23-68, 한국형기관총(K-3) / 1989. 8. 30 / 육군본부
4. 기교 K9-1005-313-12 및 P, 구경 5.56밀리 기관총 K3 / 1989. 9. 30 / 육군본부
5. 기교 K9-1005-313-34 및 P, 구경 5.56밀리 기관총 K3 / 1989. 9. 30 / 육군본부
6. 야교 23-55, 기관총 (구경30, 50) / 1980. 8. 30 / 육군본부
7. 기교 9-1005-213-25 및 P, 구경 50 기관총 M2 / 1985. 8. 30 / 육군본부
8. 기교 K9(1)- 1005-214-10, 구경50 기관총 K6 / 1999. 9 30 / 육군본부
9. 기교 K9(1)- 1005-214-24 및 P, 구경50 기관총 K6 / 1999. 9 30 / 육군본부
10. 기교 K9-1010-230-10, 40밀리 유탄기관총 K4 / 1993. 11. 30 / 육군본부
11. 기교 K9(1)-1010-230-24 및 P, 40밀리 유탄기관총 K4 / 1993. 11. 30 / 육군본부
12. 신편 병기공학 / 청문각 / 1998. 1. 10
13. 무기체계학 / 청문각 / 1997. 7. 15
14. 지상무기체계 원리 / 육군본부 / 2002. 10

저자소개

이영욱 교수

전) 대덕대학 특수무기과 학과장
호원대학교 국방기술학부 교수
전주기전대학 부사관과 학과장
현) 대전과학기술대학교 교수